高职高专机电类专业统编教材
全国水利水电高职教研会组编

机 械 制 图

(近机械类)

主　编　张多峰　陈伟珍
副主编　刘　凯　刘多学
主　审　徐跃增

黄河水利出版社

内 容 提 要

本书是高职高专机电类专业统编教材，是根据全国水利水电高职教研会制定的《机械制图》课程教学大纲编写完成的。本书共分12章，内容包括制图的基本知识，正投影原理，点、直线、平面的投影，基本体的投影，轴测图，基本体的截交线与相贯线，组合体的视图与识读，机件常用表达方法，标准件与常用件，零件图，装配图，电气工程制图简介。

本书采用2003年最新颁布实施的《机械制图》国家标准编写，与《机械制图习题集》(黄河水利出版社，徐跃增主编)配套使用，供高职高专院校近机械类相关专业作为教材使用，同时可供机电工程技术人员参考。

图书在版编目(CIP)数据

机械制图：近机械类 / 张多峰，陈伟珍主编．郑州：黄河水利出版社，2008.11
高职高专机电类专业统编教材
ISBN 978-7-80734-441-4

Ⅰ.机… Ⅱ.①张… ②陈… Ⅲ.机械制图-高等学校：技术学校-教材 Ⅳ.TH126

中国版本图书馆CIP数据核字(2008)第127009号

组稿编辑：王路平　电话：0371-66022212　E-mail：hhslwlp@126.com
简　群　66026749　w_jq001@163.com

出 版 社：黄河水利出版社
地址：河南省郑州市金水路11号　邮政编码：450003
发行单位：黄河水利出版社
发行部电话：0371-66026940、66020550、66028024、66022620(传真)
E-mail：hhslcbs@126.com
承印单位：黄河水利委员会印刷厂
开本：787 mm×1 092 mm　1/16
印张：13
字数：300千字　印数：1—4 100
版次：2008年11月第1版　印次：2008年11月第1次印刷

定价：25.00元

前　言

本书是根据教育部《关于加强高职高专人才培养工作意见》和《面向 21 世纪教育振兴行动计划》等文件精神，以及由全国水利水电高职教研会拟定的教材编写规划，报水利部批准，由全国水利水电高职教研会组织编写的水利水电类全国统编教材。

本书是根据“全国水利水电高职教研会机电类专业第二轮教材编写工作会议”的要求编写的。采用 2003 年新颁布实施的《机械制图》国家标准和 1998 年正式实施的《技术制图》国家标准。本书结合当前国家对高职高专教育培养人才目标的要求，以水利水电类岗位技能要求为培养目标，以必需、够用为度，严格控制教学内容和教学难度，体现高职教育的特色，使之符合高职学生的知识基础和认知能力。

在教材编写过程中，编者认真总结长期的课程教学实践经验，广泛吸取兄弟院校同类教材的优点，力求做到与工程实际相结合精选图例和习题、简化理论、内容实用，适当增加教材中每单元课时的图例，以适应多媒体教学手段的运用。

在内容上，考虑到各校均开设(AutoCAD)计算机绘图课程，本教材淡化手工仪器作图训练内容，增加圆弧连接等徒手训练内容。教师可以利用开放性试验环境将计算机绘图训练贯穿于教学全过程。

本书在编排上，基本体的投影和基本体的截交线、相贯线分开编写，考虑到教师可根据学时数和教学要求按一定的深度、广度进行取舍，并有利于课堂教学组织。

本书编写人员及编写分工如下：山东水利职业学院张多峰(绪论、第四章、第六章)，安徽水利水电职业技术学院王礼鹏(第一章、第五章)，四川水利职业技术学院刘凯(第二章、第十一章)，湖南水利水电职业技术学院刘多学(第三章)，广西水利电力职业技术学院陈伟珍(第七章、第十章)，浙江同济科技职业学院单澜(第八章)，广西水利电力职业技术学院邓岐杏(第九章)，浙江同济科技职业学院卢蔚瑶(第十二章)。本书由张多峰、陈伟珍担任主编，由张多峰对全书统稿，由刘凯、刘多学担任副主编，由浙江同济科技职业学院徐跃增担任主审。

本书与《机械制图习题集》(黄河水利出版社出版，徐跃增主编)配套使用，供高等职业院校近机械类专业教学使用，同时可供工程技术人员参考。热忱欢迎读者对本书批评指正。

编　者

2008 年 5 月

目　录

绪 论

一、本课程的作用

准确表达机械零件的形状、尺寸要求及装配关系的图样称为机械图样。机械图样是表达设计意图、组织生产施工、交流技术思想的重要技术资料。

在机械制造业中，机器设备是根据图样加工制造的。如果要生产一部机器，必须首先画出表达该机器的装配图和所有非标准零件的零件图，然后根据零件图制造出全部非标准零件，再按装配图装配成机器；产品用户通过图样来进行生产管理、维护和维修。所以，机械图样是生产中不可缺少的重要技术文件和生产施工依据。因此，机械图样是每个技术人员必须能够识读的“工程技术语言”。

《机械制图》是学习绘制和阅读机械图样的一门专业基础课，是机电类各专业的主干课程。

二、本课程的内容及要求

(1)制图基本知识——要求掌握制图基本标准，正确使用制图工具，掌握平面图形的基本作图方法。

(2)投影制图原理和方法——要求掌握正投影的基本原理及各种图示方法；掌握常用轴测图的基本画法。

(3)专业制图——要求掌握零件图和装配图的图示特点、表达方法，能够识读相关专业图纸。

三、本课程的特点和学习方法

本课程是一门既有系统理论又有很强实践性的技术基础课，具有以下几个特点：

(1)投影作图理论的学习是循序渐进的过程，前后章节联系紧密。学习中必须认真听课，并及时复习和巩固，前面的内容真正理解和掌握，后续的学习才会顺利。

(2)机械零件图和装配图的学习过程中涉及许多机械加工工艺方面的知识，学习中注意理论与生产实际相结合，注意画图与看图相结合，逐步培养空间想象能力，不能死记硬背。

(3)课程配有《机械制图习题集》，制图课的作业质量要求较高，绘图和读图能力的培养，主要是通过一系列的绘图实践来实现。所以，制图的学习是一个艰苦积累的过程，应有一个不骄不躁的学习态度。

(4)图形中的任何错误都可能给生产造成不可弥补的损失，学习中要严格遵守制图的有关国家标准的规定，养成严谨细致的工作作风。

第一章　制图的基本知识

第一节　常用制图工具

一、绘图板与丁字尺

图板的主要用途是铺放图纸，所以绘图板至少有一面要求平整、光滑和洁净，工作边要求平直。丁字尺由尺头和尺身两部分组成，绘图前，利用丁字尺，保证纸的边缘与绘图板的边平行，然后再用透明胶带将图纸固定在适当的位置，如图 1-1 所示。图板有大小不同的规格，可以根据实际需要选用。

丁字尺主要用于画水平线。在画水平线时，一般多用左手扶住尺头，右手拿尺身，并推动丁字尺上下移动至需要画线的位置，然后左手按住尺身，右手持铅笔从左至右画出水平线。如图 1-2 所示。

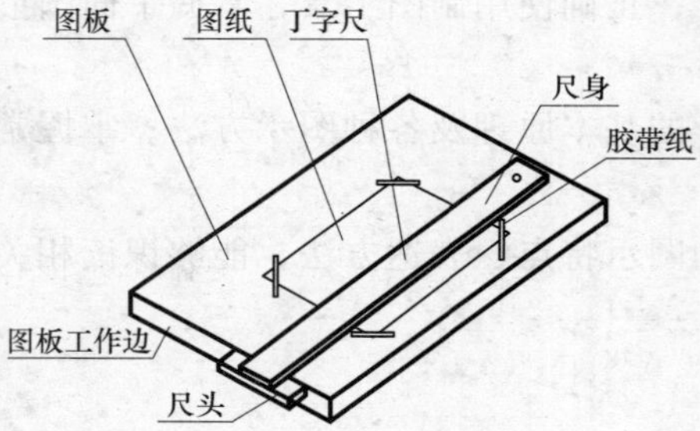

图 1-1　图板的使用

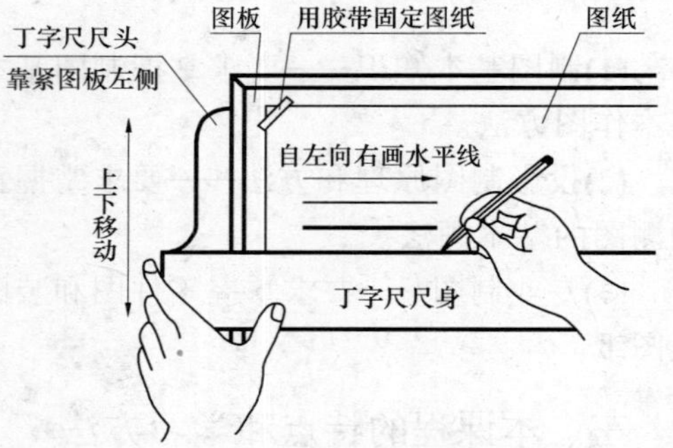

图 1-2　图板与丁字尺配合

二、三角板

一副三角板有两块，其中一块为 45° 等腰直角三角形，另一块为有一个角为 30° 的直角三角形，一般均为透明树脂制成。

三角板主要与丁字尺配合画出一系列不同位置的铅垂线，还可以画出与水平线成一定角度的斜线，例如 30°、45°、60°、75°，以及 15° 倍数的各种倾斜线，使用方法如图 1-3 所示。

三、铅笔

常用的绘图铅笔根据软硬不同，主要使用以下几种型号：2H、H、HB、B 和 2B，其中，2H 最硬，2B 最软，硬度由高到低逐渐降低。

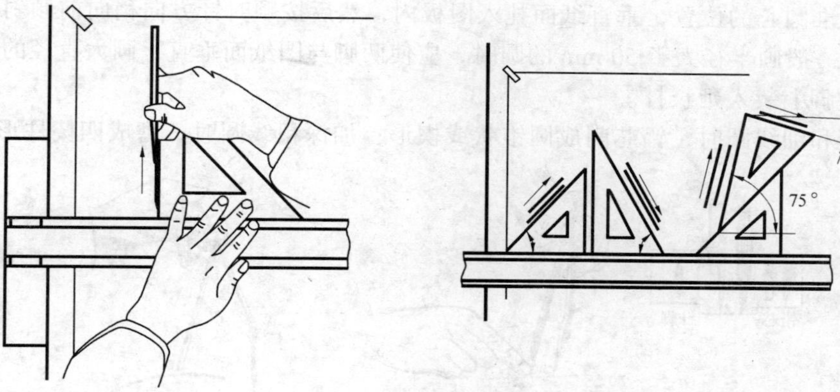

图 1-3　三角板的使用

一般绘图时，常用 H 或 2H 的铅笔打底稿和画细实线，用 HB 的铅笔写字和徒手画图，用 B 或 HB 铅笔加深粗实线，而将 B 或 2B 铅笔的铅芯装入圆规的铅芯插脚内，用来加深粗线的圆和圆弧，以确保一幅图中的粗实线颜色深浅程度一致。

画底稿线、细线和写字用的铅笔芯应削成圆锥状；画粗线用的铅笔，笔芯的前端约 3 mm 长应削磨成扁平状，如表 1-1 所示。

表 1-1　铅笔与铅芯的选用及削磨

项　目	铅　笔			圆规用铅芯	
用　途	打底稿 画细实线	写字	加深粗实线	打底稿 画细线圆	加深粗线圆和圆弧
软硬程度	H 或 2H	HB	HB 或 B	H 或 HB	B 或 2B
削磨形状	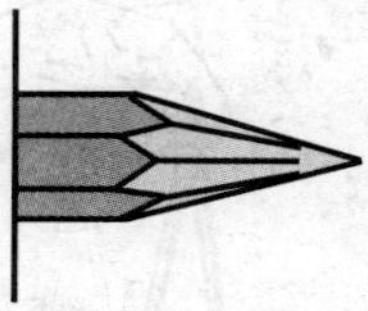		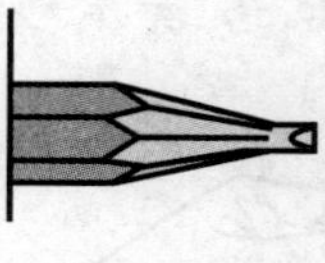	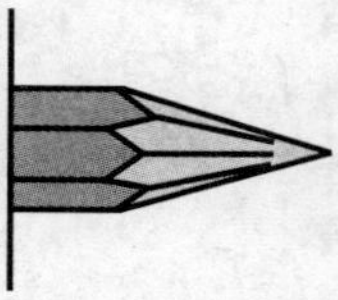	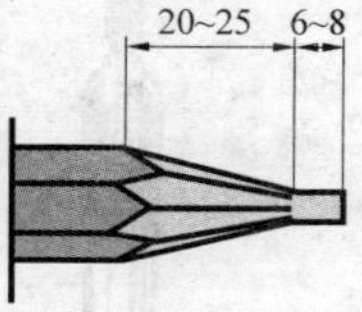
	锥状		扁平状	楔状或锥状	四棱柱状

四、分规与圆规

(一)圆规

圆规的主要用途是画圆或圆弧，也作分规用。

圆规的两脚中一个为固定插脚，另一个为活动插脚。固定插脚上钢针两端的形状有细微差别，带有台阶的一端用于画圆和画圆弧时定圆心，台阶可以有效防止针眼的扩大，避免圆心位置的不准确；圆锥形的那一端可作为分规使用。圆规的活动插脚可分别装入铅芯插脚、延长杆(画大圆时用)、钢针脚(当分规用)或鸭嘴脚(描图时用)，如图 1-4 所示。

画圆或圆弧前，应该调整钢针与铅芯，使钢针台阶与铅芯尖端平齐。画圆或圆弧时，将钢针尖对准圆心的位置，垂直纸面扎入图板内，然后按顺时针方向稍向前倾斜均匀地转动圆规。一般画半径大于 50 mm 的圆时，应使两脚与图纸面垂直，画大直径的圆时，可在活动插脚上装入延长杆。

画底稿和细线圆时，铅芯削成圆锥状或楔形；加深粗线圆时，磨成四棱柱形状。

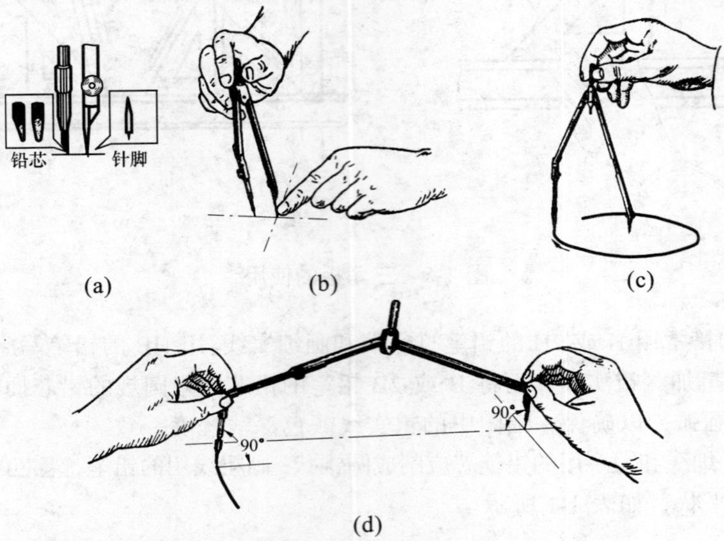

图 1-4　圆规的使用

(二)分规

分规是用来量取线段和等分线段的工具。分规两脚端部为钢针，当两脚合拢时两针尖应当平齐，如图 1-5 所示。

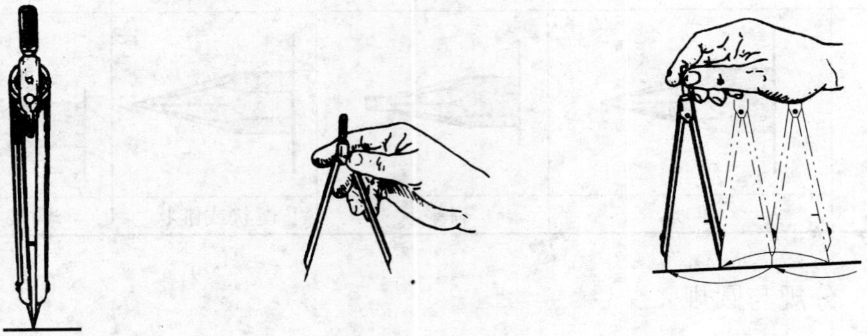

图 1-5　分规的使用

使用分规量取尺寸时，针尖的两端平放在尺子面上，也可以从图形的某处量取尺寸，然后在纸上扎两个孔，量取两孔之间的距离(纸一定要铺平整)。

在等分线段时，首先要进行目测，使得分规两针尖之间的距离接近等分线段的长度，然后再进行试分，发现有余量时，就要重新调整分规两脚间的距离，再进行试分，直至满意为止。

第二节　制图标准简介

图样是工程界的技术语言，为了便于生产、进行技术交流和使用管理，国家质量技术监督局颁布了一系列技术制图和机械制图的国家标准(国家标准简称“国标”,代号为“GB”)。本节主要介绍图幅、比例、图线、字体、尺寸标注等。

一、图纸幅面和标题栏

(一)图纸幅面

1. 基本幅面

为了使图纸统一，便于进行图样管理，用于绘制图样的图纸，其幅面的大小和格式必须遵循《技术制图　图纸幅面和格式》(GB/T 14689—1993)中的规定。

制图标准对图纸的基本幅面规定了 5 种不同的尺寸，如表 1-2 所示。绘制技术图样时，应优先采用表中规定的基本图纸幅面。

表 1-2　基本幅面及图框尺寸　　(单位：mm)

幅面代号		A0	A1	A2	A3	A4
尺寸 $B \times L$		841 × 1 189	594 × 841	420 × 594	297 × 420	210 × 297
周边	a	25				
	c	10			5	
	e	20		10		

基本幅面中，A0 幅面为 1 m^2，长边的边长是短边的 $\sqrt{2}$ 倍，各种图纸幅面之间的关系可由表 1-2 中看出。

2. 图框格式

在图纸上必须用粗实线画出图框，其格式分为不留装订边和留装订边两种，但同一种产品的图样只能采用一种格式。

不留装订边的图纸，其图框格式如图 1-6 所示，周边的尺寸见表 1-2。目前广泛应用

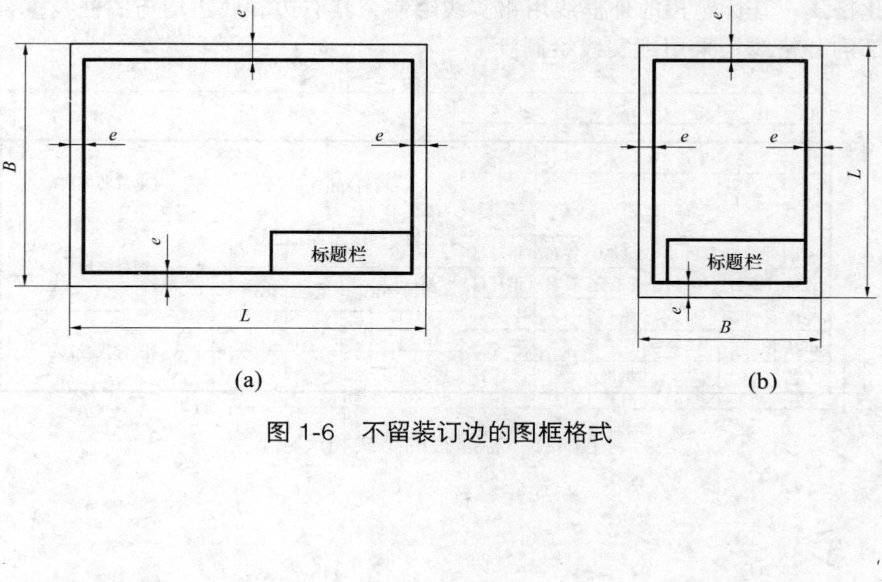

图 1-6　不留装订边的图框格式

自动晒图机完成晒图、复制、剪切、折叠等全过程，若需要附加装订边，它可以自动粘贴一条具有装订孔的装订边。因此，不留装订边的图纸对绘图、复制、折叠、装订和使用都十分方便，应优先使用。

留有装订边的图纸，其图框格式如图 1- 7 所示，周边的尺寸见表 1-2。

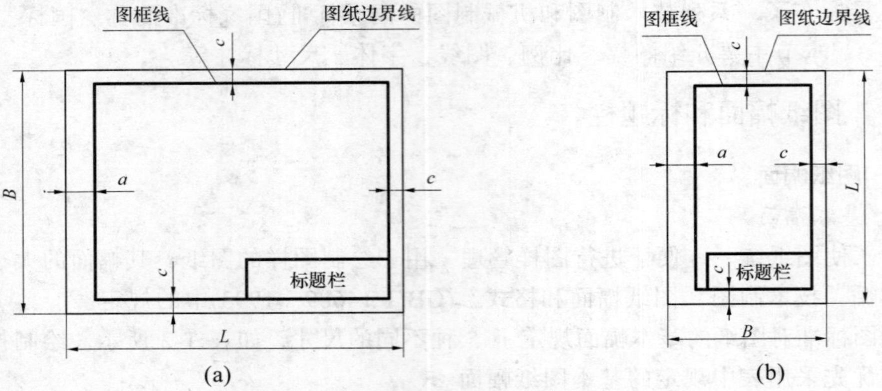

图 1-7　留装订边的图框格式

加长幅面的图纸，图框的尺寸按所选的基本幅面大一号的图框的尺寸来确定。例如 A3 × 3 的图框尺寸，按 A2 的图框尺寸确定，即 e 为 20(或 c 为 10)。

(二)标题栏

1. 标题栏的方位

每张图纸上都必须画出标题栏，标题栏的位置应位于图纸的右下角。

标题栏的长边置于水平方向并与图纸的长边平行时，则构成 X 型图纸，如图 1-6(a)和图 1-7(a)所示；标题栏的长边与图纸的长边垂直时，则构成 Y 型图纸，如图 1-6(b)和图 1-7(b)所示。在此情形下，读图的方向应该与标题栏的方向一致。

2. 标题栏的格式

国家标准《技术制图　标题栏》(GB/T 10609.1—89)对标题栏的格式作了统一的规定，如图 1-8 所示。为了方便学习以及绘图的快捷，在学校的制图作业中，建议采用图 1-9 推荐的简化格式。其标题栏的外框线用粗实线绘制，其右边和底边均与图框线重合；标题栏的内部的分格线均采用细实线绘制。

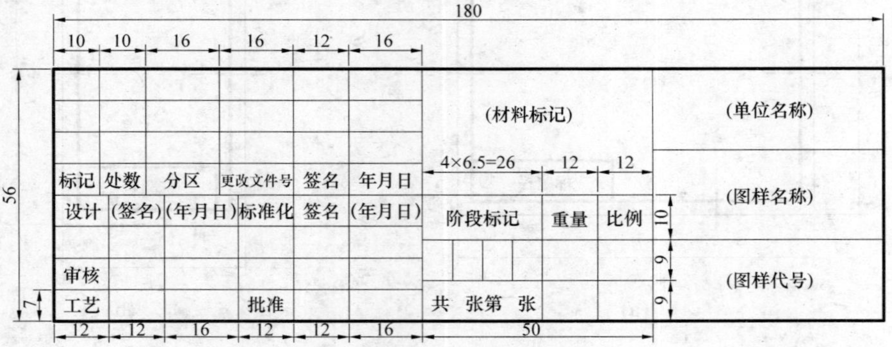

图 1-8　标题栏的格式和尺寸

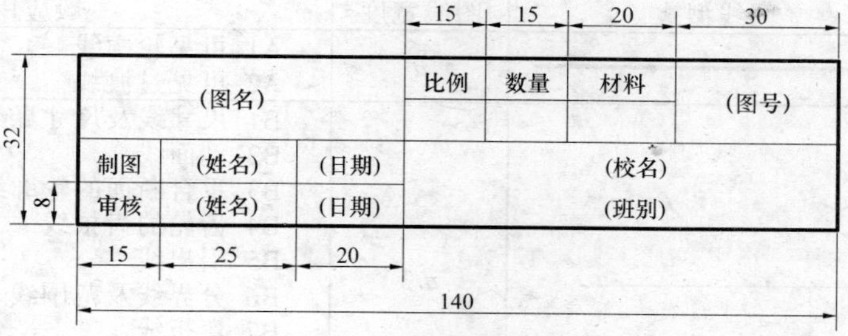

图 1-9　简化标题栏

二、图线

在绘制图样时，图样中的图线应遵循国家标准《技术制图　图线》(GB/T 17450—1998)和《机械制图　图样画法　图线》(GB/T 4457.4—2002)的规定。

(一)基本线型的宽度

所有图线的宽度都应该按图样的类型和尺寸大小在下列数系中选择：

0.13 mm、0.18 mm、0.25 mm、0.35 mm、0.5 mm、0.7 mm、1.0 mm、1.4 mm、2.0 mm。

绘制机械图样的图线分为粗和细两种。粗线的宽度用 d 表示，可在 0.5～2 mm 之间选择(练习时一般采用 0.7 mm)，细线的宽度为 $d/3$。

(二)图线的应用

工程图样是采用不同的图线画成的，为了便于看图和绘图，绘制图样时应采用国标中规定的图线。国家标准《技术制图》中规定了 15 种基本线型，常用图线的线型、名称及主要用途见表 1-3。常用图线的应用，如图 1-10 所示。

(三)图线的画法

不论虚线还是各种点画线，在出现相交时应该注意，尽量相交于线，而不应该相交于点或间隔。在绘图时，可以适当调整相交处的画线长，适当延长或缩短，避免上述情况。如图 1-11 所示。

虚线与粗实线、虚线与虚线、虚线与点画线相接处的画法，如图 1-11 所示。

当两种或两种以上的图线重叠时，应按以下顺序画出所需的图线：可见轮廓线→不可见轮廓线→尺寸线(细实线)→轴线和对称中心线→双点画线。

三、字体

图样中书写字体应按国标《技术制图　字体》(GB/T 14691—1993)的规定书写，必须做到字迹工整、笔画清楚、间隔均匀、排列整齐。

字体高度(用 h 表示)的公称尺寸系列为：1.8 mm、2.5 mm、3.5 mm、5 mm、7 mm、10 mm、14 mm、20 mm。字体高度代表字体的号数。

为了保证字体大小基本一致，排列整齐，建议初学时先画格子，然后在格子里书写。

表 1-3　机械图样中的线型及其应用

图线名称	图线型式	图线宽度	一般应用
粗实线		d	A1 可见轮廓线 A2 可见过渡线
细实线		$d/3$	B1 尺寸线及尺寸界线 B2 剖面线 B3 重合断面的轮廓线 B4 齿轮的齿根线 B5 引出线 B6 分界线及范围线 B7 弯折线 B8 辅助线 B9 不连续的同一表面的连线 B10 呈规律分布的相同要素的连线
波浪线		$d/3$	C1 断裂处的边界线 C2 视图和局部剖视的分界线
双折线		$d/3$	D1 断裂处的边界线
虚线	2~6　1	$d/3$	F1 不可见轮廓线 F2 不可见过渡线
细点画线	15~25　3	$d/3$	G1 轴线 G2 对称中心线 G3 轨迹线 G4 节圆及节线
粗点画线		d	J1 有特殊要求的线或表面的表示线
双点画线		$d/3$	K1 相邻辅助零件的轮廓线 K2 极限位置的轮廓线 K3 坯料的轮廓线或毛坯图中制成品的轮廓线 K4 假想投影轮廓线 K5 中断线

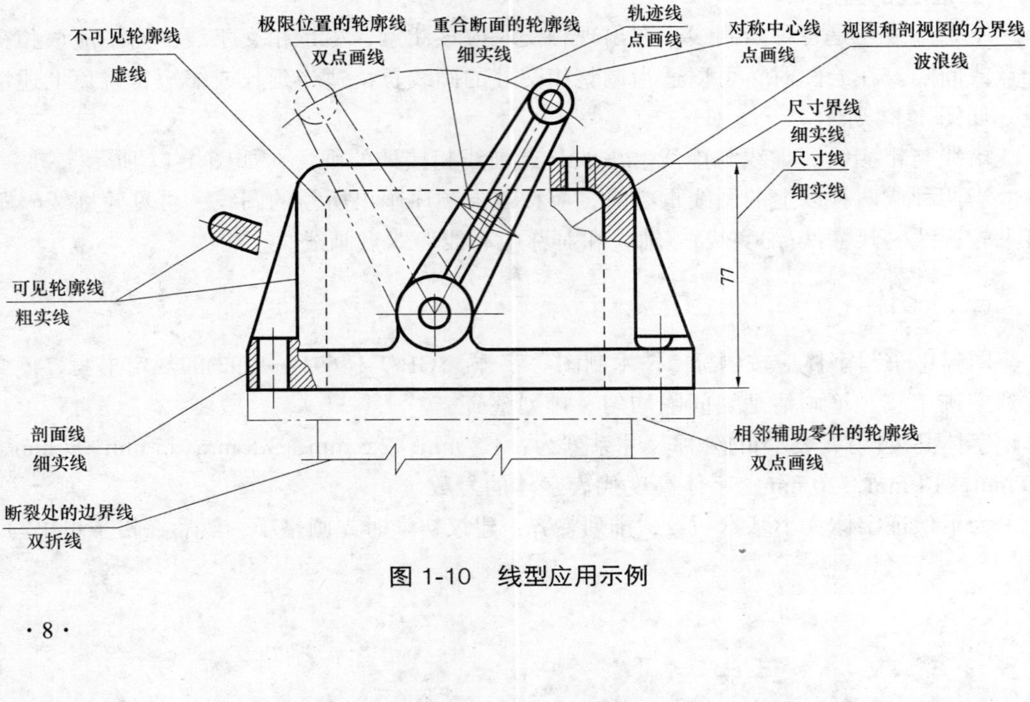

图 1-10　线型应用示例

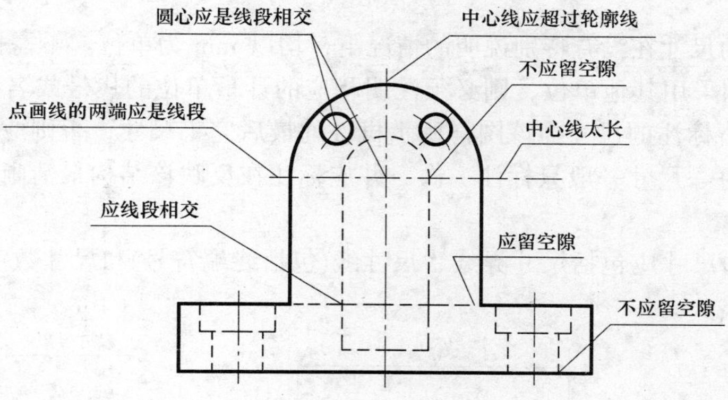

图 1-11　图线的绘制示例

(一)汉字

汉字应写成长仿宋体，并采用国家正式公布推行的简化字。汉字的高度 h 不应小于 3.5 mm，其字宽一般为 $h/\sqrt{2}$ 。长仿宋体的书写要领是横平竖直、起落有锋、结构匀称、填满方格。如图 1-12 所示。

字体端正　笔画清楚

排列整齐　间隔均匀

横平竖直 注意起落 结构匀称 填满方格

图 1-12　长仿宋体字示例

(二)数字和字母

数字和字母分 A 型和 B 型。A 型字体的笔画宽度(d)为字高(h)的 1/14；B 型字体的笔画宽度(d)为字高(h)的 1/10。在同一图样上，只允许选用一种型式的字体。为了与汉字协调，建议采用 A 型字体。

字母和数字可写成斜体和直体。斜体字字头向右倾斜，与水平方向成 75°。图样上一般采用斜体字。

四、尺寸标注

图样中的图形仅仅表示机件的结构形状，机件的大小是通过标注尺寸来确定的。下面介绍尺寸标注(GB 4458.4—2003，GB/T 6675.2—1996)的一般规定。

(一)基本规则

(1)机件的真实大小应以图样上所注的尺寸数值为依据，与图形的大小以及绘图的准确度无关。

(2)图样中的尺寸在没有特别说明的情况下，均以 mm 为单位。不需标注计量单位的代号或名称，如采用其他单位，则必须注明相应的计量单位的代号或名称。

(3)图样中所标注的尺寸为该图样所示机件的最后完工尺寸，否则应加以说明。

(4)机件的每一尺寸一般只标注一次，并应标注在反映该结构最清晰的图形上。

(二)尺寸要素

一个完整的尺寸应包括尺寸界线、尺寸线(包括终端符号)和尺寸数字三个要素，如图 1-13 所示。

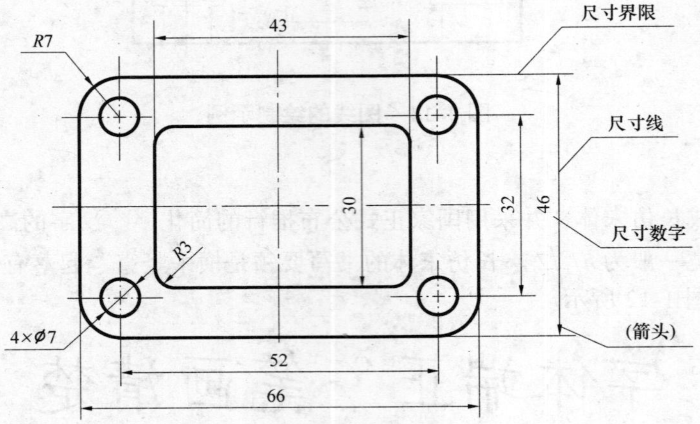

图 1-13　尺寸要素

1. 尺寸界线

尺寸界线表示所注尺寸的范围，用细实线绘制。尺寸界线应该从图形的轮廓线、轴线或中心线处引出,也可以直接利用轮廓线、轴线或中心线作为尺寸界线。在光滑过渡处标注尺寸时,必须用细实线将轮廓线延长,从它们的交点处引出尺寸界线，如图 1-14 所示。

2. 尺寸线

尺寸线表示尺寸的度量方向，尺寸线必须用细实线单独绘制，不能用图中的任何图线来代替，也不能画在其他图线的延长线上。尺寸线一般与尺寸界线垂直，尺寸界线需超出尺寸线终端箭头约 2 mm。

尺寸线终端有两种形式：箭头和斜线，在同一张图纸上，只能采用一种尺寸终端形式。机械图样中主要采用箭头，其使图纸比较清晰，方便看图。箭头要求如图 1-15 所示。

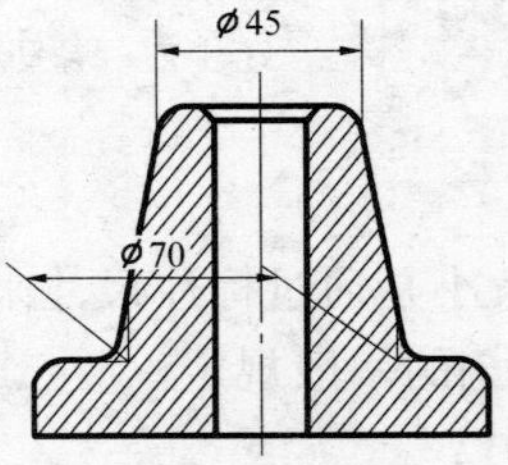

图 1-14　尺寸界线

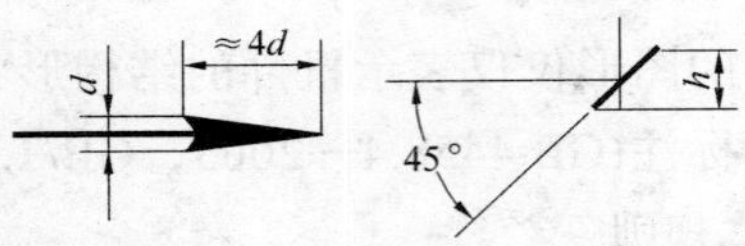

图 1-15　尺寸线终端

标注线性尺寸时，尺寸线必须与所注的线段平行，间距不能小于 7 mm，同一图样中间距要基本保持一致。在标注互相平行的尺寸时，应把小尺寸注在里面，大尺寸注在外面，如图 1-13 所示的尺寸 52、66。

3. 尺寸数字

尺寸数字表示机件的实际大小。同一张图样上的尺寸数字字高应该一致，一般多用 5 号字。尺寸数字一般应注写在尺寸线上方，并且尽量居中，不允许被任何图线穿过，当无法避免时，必须将图线断开。

线性尺寸、圆和圆弧尺寸、球面尺寸、弧长尺寸、角度尺寸，以及不同大小尺寸的标注方法各有不同，有关标注的相关规定及形式见表 1-4。

表 1-4　常用尺寸标注法规定

项目	说明	图例
线性尺寸数字的注写方向	1. 水平尺寸字头朝上，铅垂尺寸字头朝左，倾斜尺寸应保证字头朝上的趋势 2. 尽量避免在 30° 范围内标注尺寸，当无法避免时，可以标在引出线上	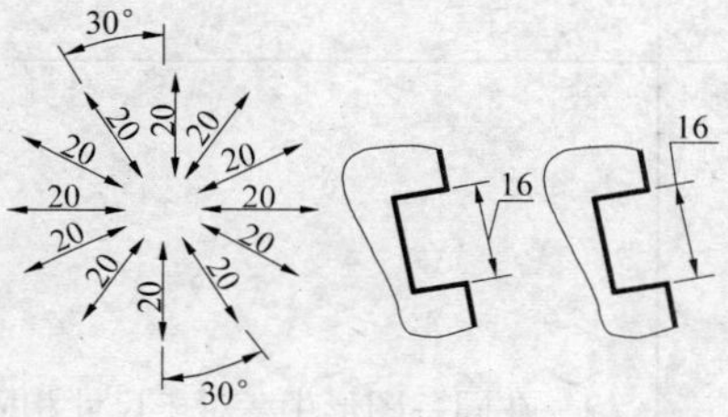
圆和圆弧尺寸的注法	1. 标注半径和直径的尺寸时，应在数字前分别加注符号 R 和 ϕ 2. 圆和大于半圆的圆弧标注直径，半圆和小于半圆的圆弧标注半径 3. 大圆弧的注法分注出圆弧圆心法和不注圆心法两种	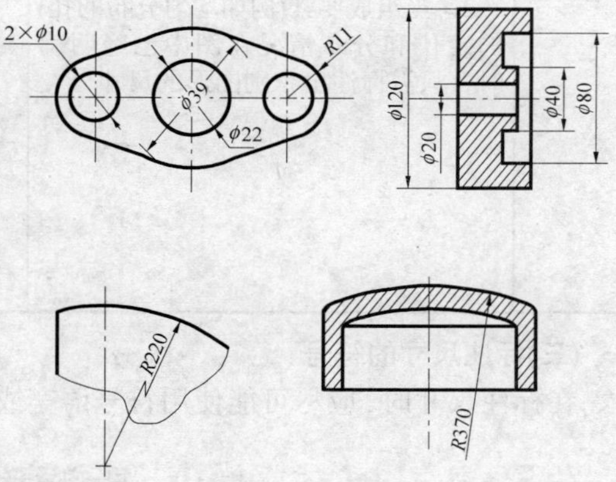
球面尺寸的注法	在标注球面直径或半径时，应该在符号“ϕ”或“R”前加注符号“S”	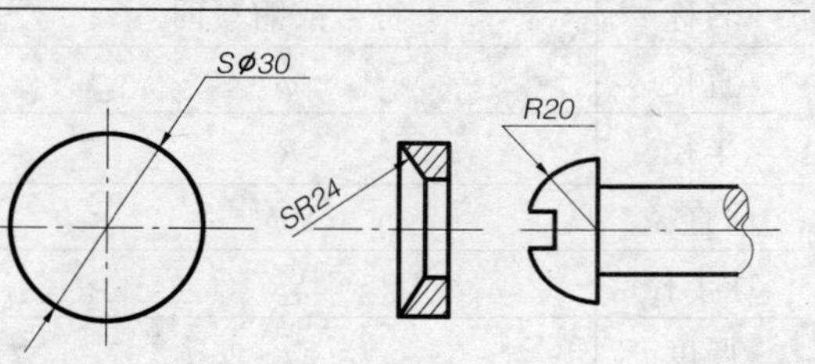

续表 1-4

项目	说明	图例
角度尺寸的标注	1. 尺寸界线沿径向引出，尺寸线是以角度顶点为圆心的圆弧 2. 角度数字一律水平注写，一般注写在尺寸线的中间位置。有时为了方便绘图，也可注写在尺寸线外或引出标注	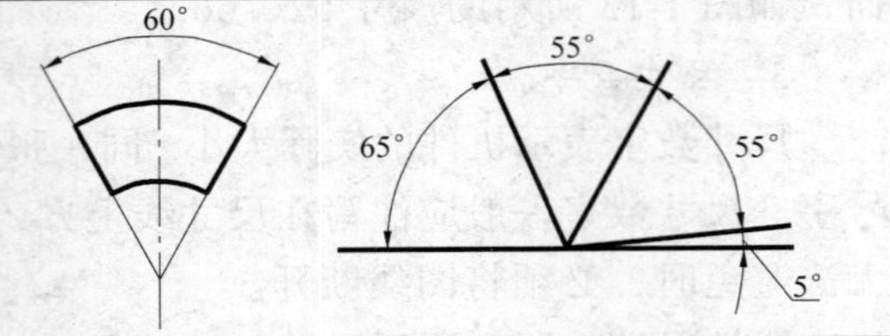
小尺寸的注法	1. 在尺寸界线之间没有足够位置画箭头或注写尺寸数字时，可按图例形式标注 2. 标注连续尺寸时，中间的箭头可用圆点代替，圆点的大小应与箭头尾部宽度相同	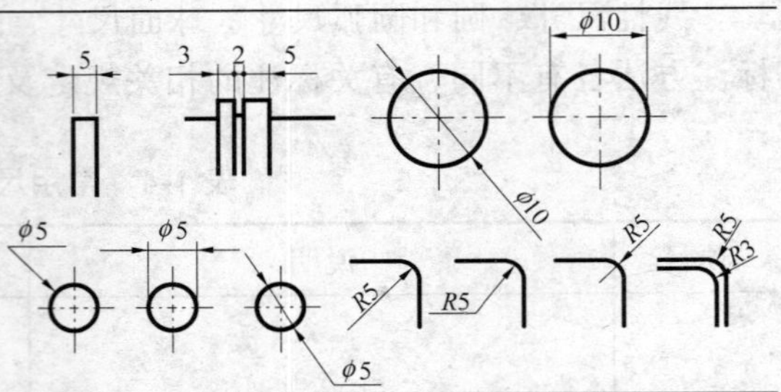
相同组成要素的注法	1. 在同一图形中，对于尺寸相同的孔、槽等组成要素，可仅在一个要素上注出其尺寸和数量 2. 当组成要素(例如均匀分布的孔)的定位和分布情况在图中已经明确时，只需标注出个别图形的尺寸	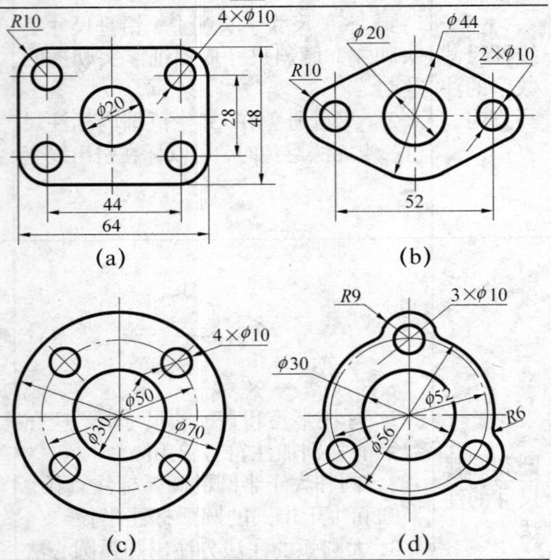

(三)标注尺寸的符号

在标注尺寸时，应尽可能使用符号语言或缩写词。常用的标注符号和缩写词见表 1-5。

表 1-5　尺寸标注中的符号和缩写词

名称	符号或缩写词	名称	符号或缩写词
直径	*φ*	45°倒角	*C*
半径	*R*	深度	↧
球直径	*Sφ*	沉孔锪平	⌴
球半径	*SR*	埋头孔	⌵
厚度	*t*	均布	EQS

第三节　常用几何图形的画法

一、斜度

(一)斜度的概念

斜度是指某直线(或平面)相对于另一直线(或平面)的倾斜程度，其大小用该两直线(或两平面)之间夹角的正切值来表示。如图 1-16 所示即：

$$斜度=\tan\alpha=H/L$$

通常在图样中把比值化成 1∶n 的形式。

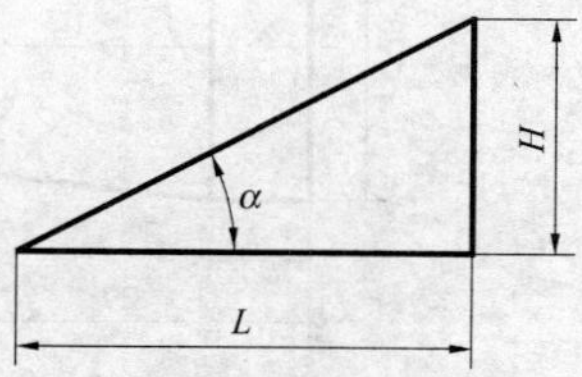

图 1-16　斜度的概念

(二)斜度的画法

图 1-17(a)所示斜度为 1∶5，其作图方法如图 1-17(b)所示。

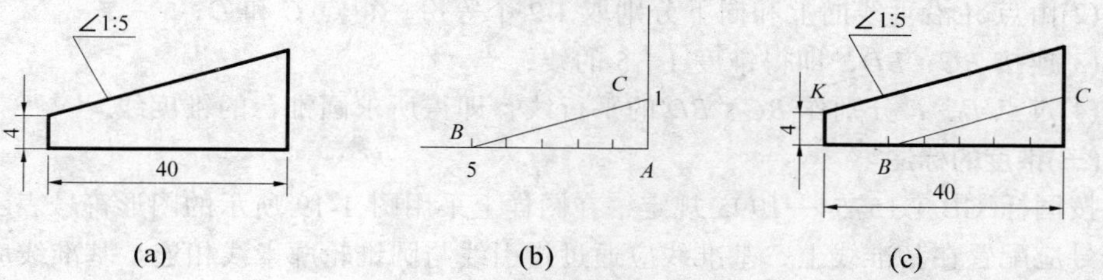

图 1-17　斜度的画图方法

作图步骤：

(1)自点 A 在水平线上任取 5 等份，得到 B 点；

(2)自点 A 在 AB 的垂线上取相同的一个等份点 C；

(3)连接 BC 即得到斜度 1∶5 的斜线；

(4)过点 K 作 BC 的平行线，即得所需的斜线。

(三)斜度的标注

斜度的符号及标注，如图 1-17(c)所示。符号的方向应与斜度的方向一致。

二、锥度

(一)锥度的概念

锥度是指正圆锥体底圆直径与圆锥高度之比。如果是圆锥台，则为上、下底圆直径之差与圆锥台高度之比。如图 1-18 所示。

$$锥度=2\tan\alpha=D/L=(D-d)/l$$

锥度在图样上也以 1∶n 的简化形式表示。

图 1-18　锥度的概念

(二)锥度的画法

图 1-19(a)所示物体的右边是一个锥度为 1∶5 的圆锥台，其作图方法如图 1-19(b)所示。

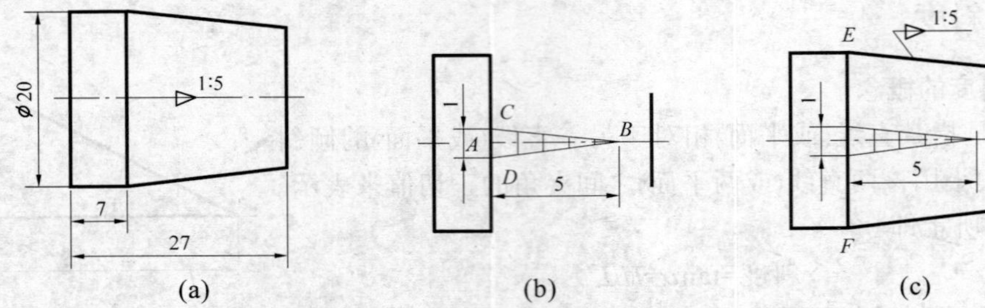

图 1-19 锥度的画图方法

作图步骤：

(1)由点 *A* 沿轴线向右取 5 等份得终点 *B*；

(2)由点 *A* 沿垂线向上和向下分别取 1/2 个等份，得点 *C* 和 *D*；

(3)连接 *BC*、*BD*，即得锥度 1∶5 的线；

(4)过点 *E*、*F* 分别作 *BC*、*BD* 的平行线，即得所求圆锥台的锥度线。

(三)锥度的标注

按国标 GB/T 15754—1995 规定，在图样上采用图 1-19 所示的图形符号表示圆锥，该符号应配置在基准线上，基准线应通过指引线与圆锥轮廓素线相连。基准线应与圆锥的轴线平行，图形符号的方向应与圆锥方向一致。

锥度在图样上的标注如图 1-19(c)所示。

三、圆弧连接

(一)圆弧连接的概念

在绘图时，经常需要用圆弧光滑地连接相邻的两条已知线段。这种用一段圆弧光滑地连接两相邻已知线段的作图方法，称为圆弧连接。

(二)圆弧连接的作图方法

圆弧连接的实质就是要使连接圆弧与相邻线段或曲线相切，以达到光滑连接的效果。具体连接的基本形式及其作图方法见表 1-6。圆弧连接的作图可归结为：

(1)找到连接圆弧的圆心；

(2)找出连接点即切点的位置；

(3)在两连接点之间画出连接圆弧。

四、椭圆

椭圆有两条相互垂直而且对称的轴，即长轴和短轴。椭圆的画法种类很多，常见的椭圆画法主要有两种。

(1)理论画法(同心圆画法)，先求出曲线上一定数量的点，再用曲线板光滑地连接起来。

表 1-6　圆弧连接的基本形式及其作图方法

连接要求(连接弧半径 R)			求连接弧的圆心 O 和切点 K_1、K_2	画连接弧
连接相交两直线	两直线倾斜	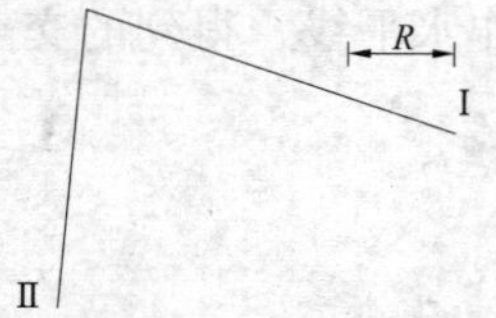	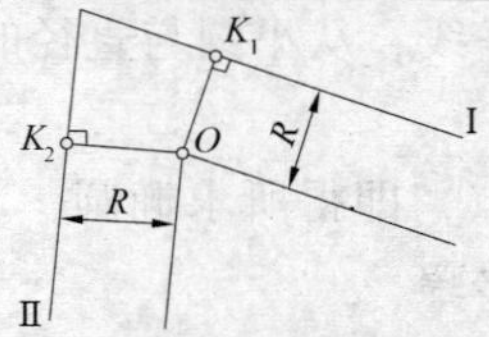	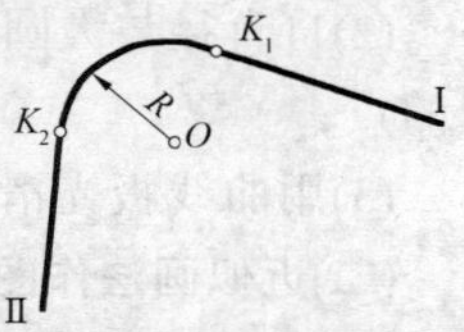
	两直线垂直	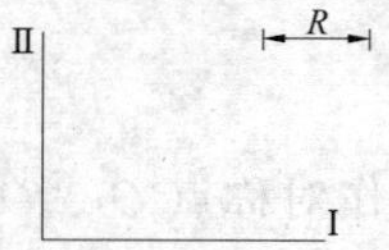	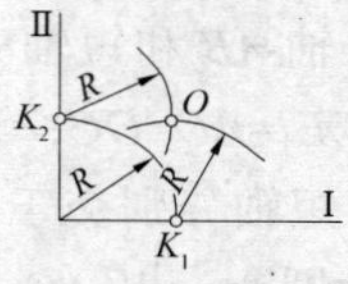	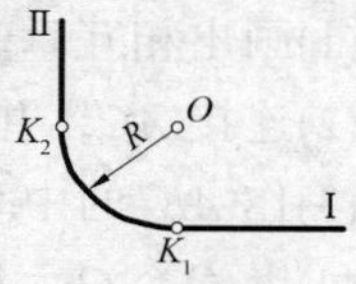
连接一直线和一圆弧		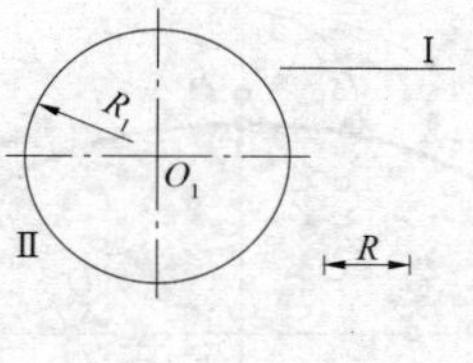	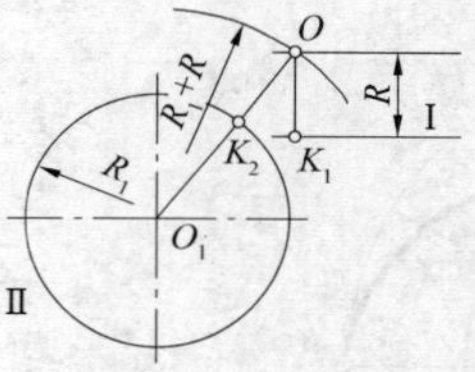	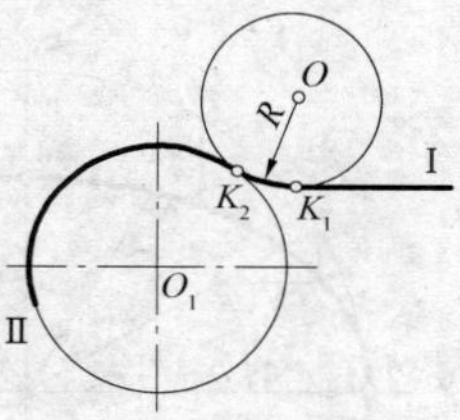
连接两圆弧	外切	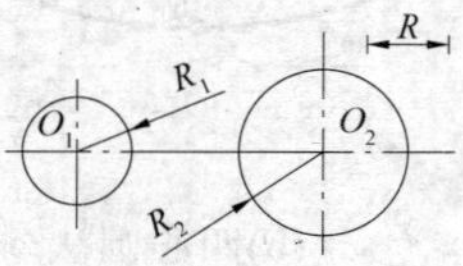	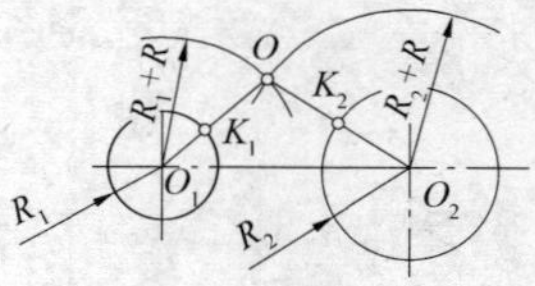	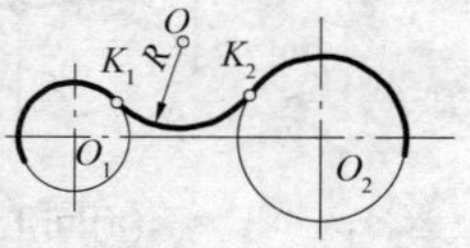
	内切	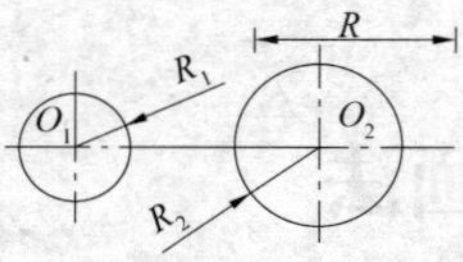	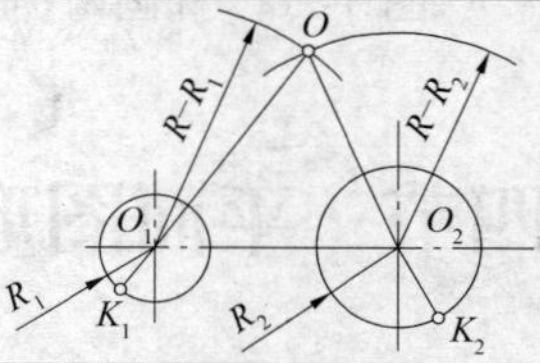	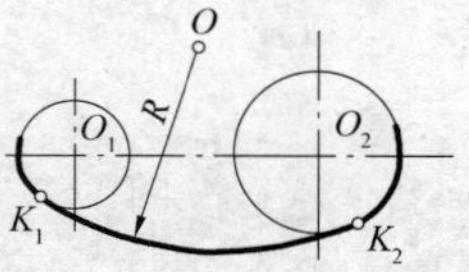
	内外切	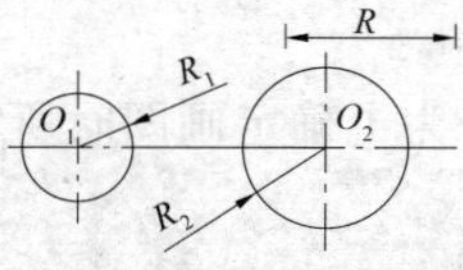	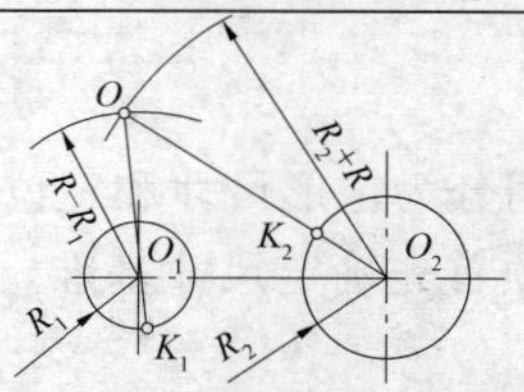	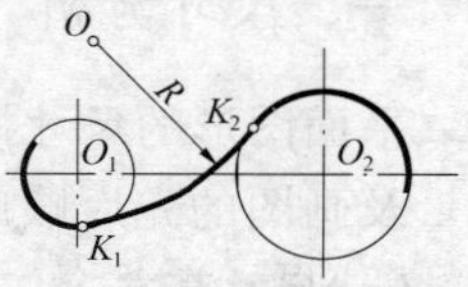

(2)近似画法(四心圆法)，求出画椭圆的四个圆心和半径，用四段圆弧近似的代替椭圆。

下面介绍这两种椭圆的作图方法和步骤。

(一)理论画法作图方法和步骤

如图 1-20(a)所示，已知椭圆长轴 AB 和短轴 CD，用同心圆画法作椭圆的步骤如下：

(1)以长轴 AB 和短轴 CD 为直径画两同心圆，然后过圆心作一系列直线与两圆相交；

(2)自直径与大圆交点作垂线，从小圆与直径的交点作水平线，得到的交点就是椭圆上的点；

(3)用曲线板光滑连接各点，即得所求椭圆。

(二)近似画法作图方法和步骤

如图 1-20(b)所示，已知椭圆长轴 AB 和短轴 CD，用四心圆画法作椭圆的步骤如下：

(1)画出相互垂直且平分的长轴 AB 和短轴 CD；

(2)连接 AC，并在 AC 上取 $CE_1=AO-OC$；

(3)作 AE_1 的中垂线，与长、短轴分别交于 O_1、O_2，再作对称点 O_3、O_4；

(4)以 O_1、O_2、O_3、O_4 各点为圆心，以 AO_1、CO_2、BO_3、DO_4 为半径，分别画弧，即得近似椭圆。

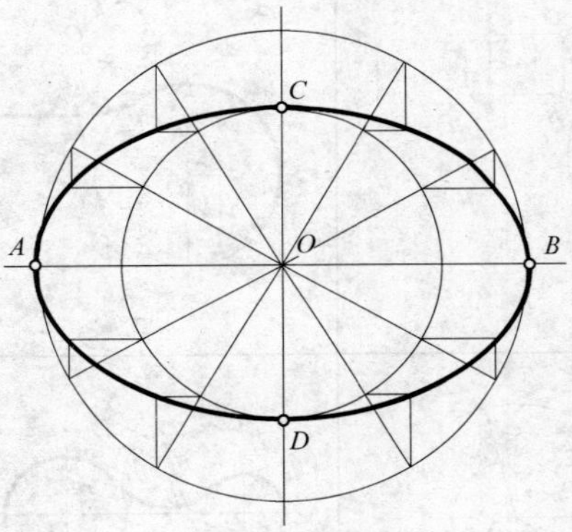

(a)同心圆法

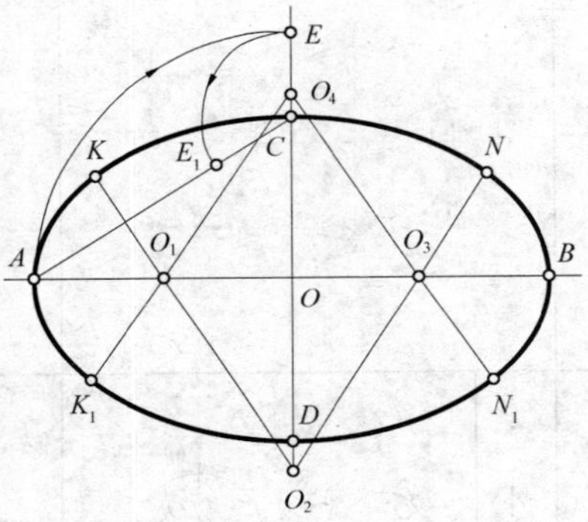

(b)四心圆法

图 1-20　椭圆两种画法

第四节　平面图形的画法

一、尺寸分析

平面图形的尺寸按其作用分为定形尺寸和定位尺寸。为了确定画图时所需要的尺寸数量及画图的先后顺序，必须首先确定尺寸基准。

(一)尺寸基准

尺寸基准是标注尺寸的起点，一个平面图形应有两个方向的尺寸基准。平面图形的尺寸基准一般以图形的对称线、较大圆的中心线或主要轮廓线作为基准线。在图 1-21 中，可以左边的竖直线作为尺寸基准，但有时也可以用图形中大圆的中心线作为尺寸基准。

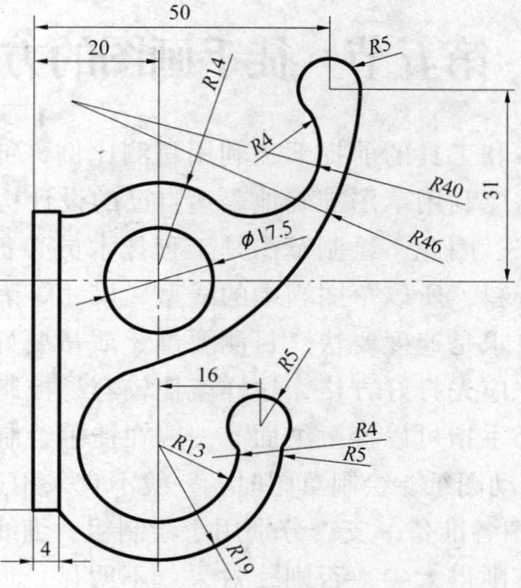

图 1-21　平面图形的尺寸和线段分析

(二)定形尺寸

确定平面图形中各线段形状大小的尺寸称为定形尺寸，如直线段的长度、圆和圆弧的直径或半径、角度的大小等。如图 1-21 中的ϕ17.5、*R*5、*R*13、*R*14、31、4 等尺寸均为定形尺寸。

(三)定位尺寸

确定平面图形中各线段之间相对位置的尺寸称为定位尺寸。如图 1-21 中的 20、38、31、16、50 均是定位尺寸。其中，20 和 38 是确定ϕ17.5 圆心位置的尺寸，50、31 是确定 *R*5 圆心位置的尺寸。

二、线段分析

平面图形的线段按所给尺寸的多少和类型可分为已知线段、中间线段和连接线段。

(一)已知线段

定形尺寸和定位尺寸均给出的线段称为已知线段。已知线段可根据基准线位置和图中所注尺寸直接画出。如图 1-21 中的ϕ17.5、*R*5 等线段。

(二)中间线段

除图形所标注的尺寸外，还需要根据一个连接关系才能画出的线段称为中间线段。如图 1-21 中圆弧 *R*19 属中间线段。由于该圆心只有一个定位尺寸，还必须依靠该圆弧与长度为 4 的线段右端点相连接的关系，通过几何作图的方法确定圆心的位置。

(三)连接线段

没有定位尺寸，需要根据两个连接关系才能画出的线段，称之为连接线段。如图 1-21 中的 *R*4 和 *R*46 等线段。*R*4 是利用与 *R*5 和 *R*13 相切，再利用几何作图的方法找到圆心；而 *R*46 是利用与 *R*5 和 *R*13 相切找到圆心的。

第五节　徒手画图的方法

在不使用绘图仪器和工具的前提下，利用目测比例，徒手画出的图样称为草图。

工程技术员常常需要利用草图准确地表达自己的设计构思，或者把所需要的技术资料用草图迅速记录下来。因此，绘制草图是工程技术员必备的一种基本技能。

草图是一种技术资料，所以草图当中的线型、尺寸等诸方面都应该符合国家标准。

绘制草图的基本要求是速度要快、目测要准、质量要好。

徒手绘图练习时，应先打好方格，这样就比较容易控制图形的大小比例。在画各种图线时，手腕悬空，小手指可以接触纸面。一般在徒手绘制草图时不需将图纸固定，为了方便，还可以随时移动图纸。绘制草图时，一般不宜采用过硬或过软的铅笔，多采用 B 型或者 HB 型。尽量粗细各准备一支，分别用于绘制粗、细线。铅笔的笔芯应该削成圆锥状，画粗线的笔芯不宜削得太尖，否则，效果就不明显。

一、直线的徒手画法

画直线时，笔由起点开始，并不时用眼睛的余光看准直线的终点，运笔时一定要用力均匀，且力不宜过大。

画水平线时，图纸可倾斜放置，自左向右画线；画垂直的直线时，自上而下画线；画斜线时，也是自上而下画线。如图 1-22 所示。

在画比较长的线段时，沿该线的方向，先点出几个点，然后再依次连接。

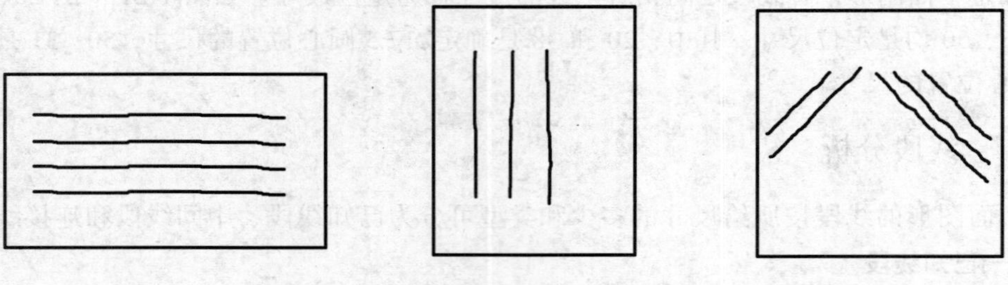

图 1-22　徒手画直线

二、圆的徒手画法

在绘制小圆时，先确定圆心的位置，再过圆心画出两条互相垂直的中心线，然后按半径长短在中心线上截取四点，这四点大致到圆心的距离都应等于小圆半径，再依次连接四点即可得小圆。如图 1-23(a)所示。

画较大的圆时，除在中心线上截取四点外，还需经过圆心画两条 45° 的斜线，这些都是通过目测进行的，然后在斜线上取点，再依次连接这八个点即可得到所要画的圆。如图 1-23(b)所示。

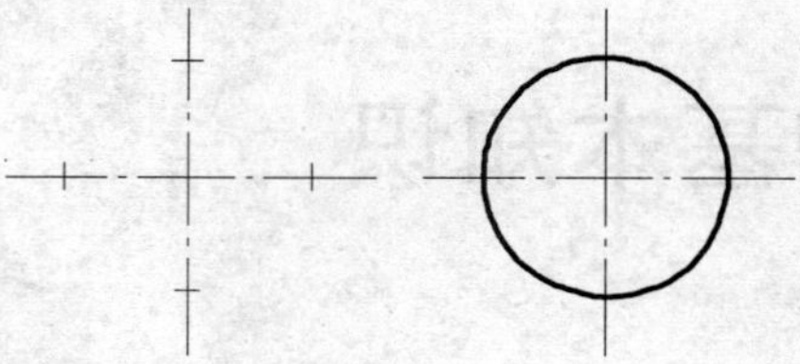

(a)小圆

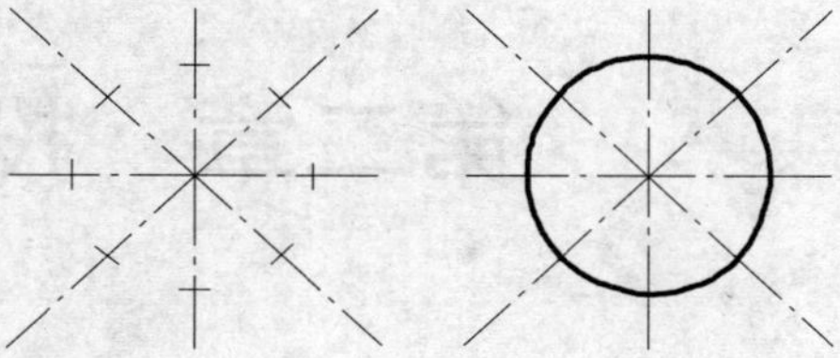

(b)大圆

图 1-23 徒手画圆

三、圆弧连接徒手画法

徒手画圆弧连接时，对于一般小弧度可直接连接，如图 1-24(a)所示；对于较大弧度的连接，则需增添辅助点，如图 1-24(b)所示。

徒手画圆弧连接的作图可归结为：

(1)目测出连接圆弧的圆心；

(2)目测出连接点即切点的位置；

(3)从一个切点至另一切点，用平滑的曲线在两切点之间画出连接圆弧。

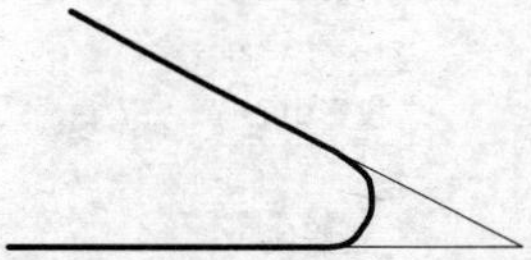

(a)小圆弧

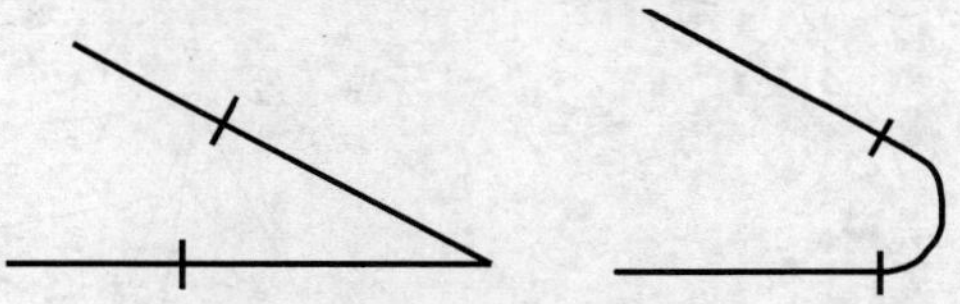

(b)大圆弧

图 1-24 徒手画圆弧连接

第二章　投影的基本知识

第一节　投影法基本知识

一、投影与投影法的概念

在日常生活中，经常会看到这样的现象：人站在阳光下或灯光下，地面上就会出现影子；当光线的照射角度或光源与物体的距离改变时，影子的位置、形状也随之改变。人们通过这些自然现象总结和归纳了投影规律，并提出了形成物体投影图的方法即投影法。

投影法就是投射线通过物体向选定的面投射，并在该平面上得到图形的方法。如图 2-1 所示，图中 *S* 点是投影线出发点，称为投影中心；*SAa*、*SBb*、*SCc* 称为投影线；三角板 *ABC* 为空间物体；平面 *H* 为投影面；图形△*abc* 即空间三角板 *ABC* 在 *H* 面上的投影图。因此，物体、投影线和投影面是产生投影的必要条件。

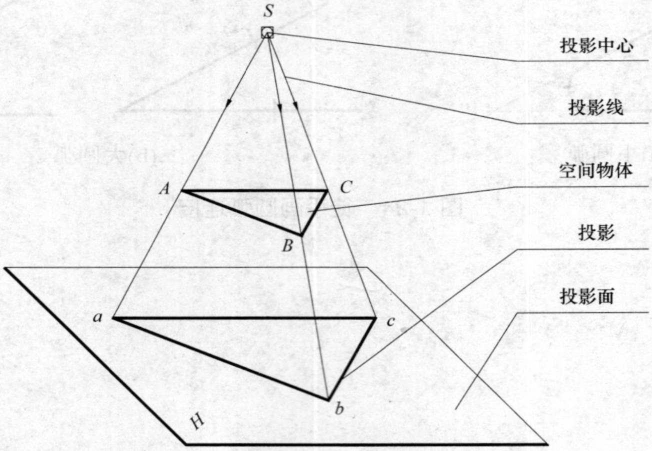

图 2-1　中心投影法

投影不同于一般的影子，影子是一片漆黑，只反映物体的外轮廓，如图 2-2(a)所示；而物体的投影是将围成这个物体的各面、各棱线进行投影，如图 2-2(b)所示。

二、投影法的分类

依据投影线之间的相互位置关系，投影可分为中心投影法和平行投影法两大类。

(一)中心投影法

投影线汇交于一点的投影法(即投射中心位于有限远处)称为中心投影法，如图 2-1

所示。

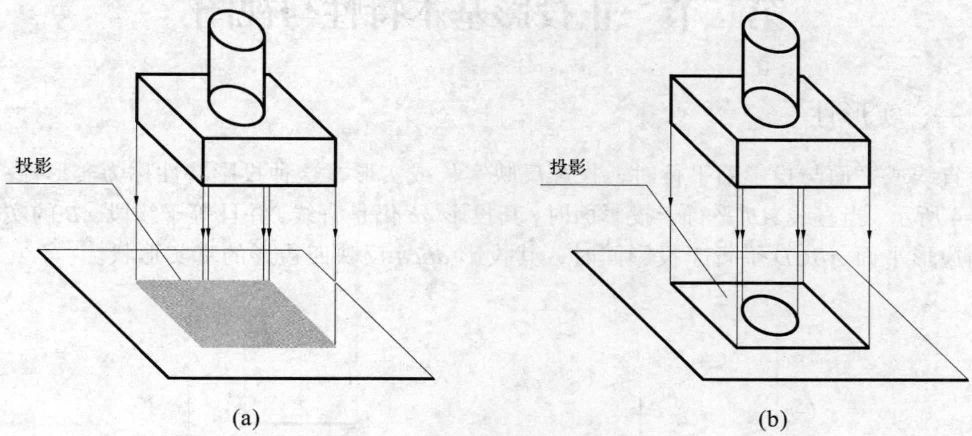

图 2-2　影子和投影的区别

(二)平行投影法

投影线相互平行的投影法(即投射中心位于无限远处)称为平行投影法，如图 2-3 所示。在平行投影法中，根据投影线与投影面的角度不同，又分为正投影法和斜投影法。

1. 正投影法

投影线与投影面相垂直的平行投影法称为正投影法，所得到的投影称为正投影，如图 2-3(a)所示。

2. 斜投影法

投影线与投影面倾斜的平行投影法称为斜投影法，所得到的投影称为斜投影，如图 2-3(b)所示。

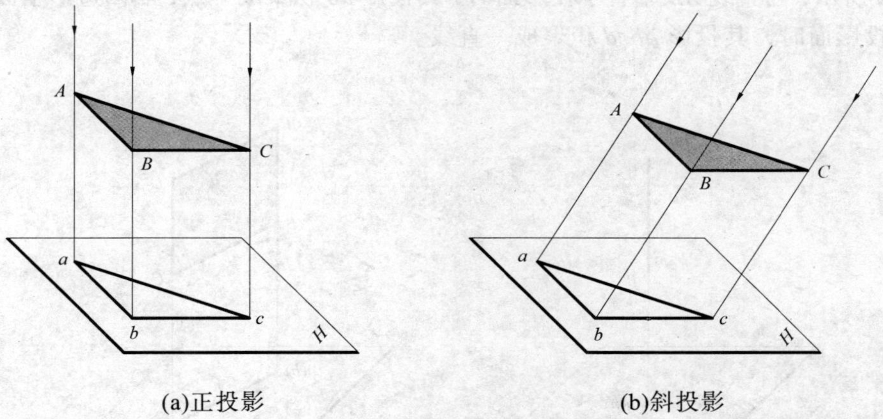

图 2-3　平行投影法

工程图样大都是采用正投影法绘制的正投影图，所以本书主要介绍正投影。以后各章节，如无特殊说明，所称投影均指正投影。

第二节　正投影基本特性与视图

一、实形性

直线或平面与投影面平行时，投影反映实长或实形，这种投影特性称为实形性。如图 2-4 所示，当直线 *AB* 平行于投影面时，其投影 *ab* 仍是直线，并且等于线段 *AB* 的实长；当四边形平面 *ABCD* 平行于投影面时，其投影 *abcd* 反映四边形的真实形状。

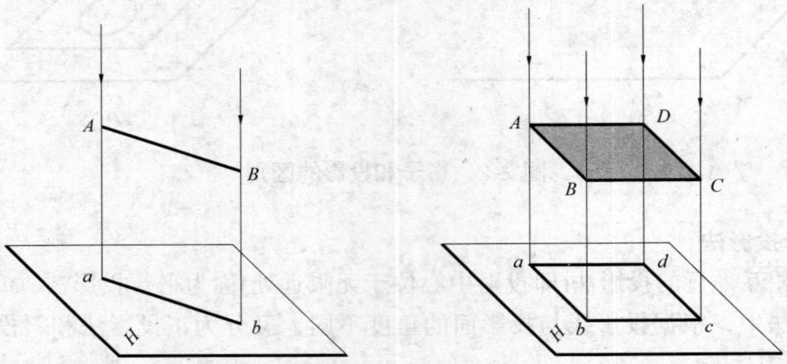

图 2-4　直线和平面的实形性

二、积聚性

当直线或平面垂直于投影面时，投影积聚成点或直线，这种投影特性称为积聚性。如图 2-5 所示，当直线 *AB* 垂直于投影面时，其投影 *ab* 积聚成一点；当四边形平面 *ABCD* 垂直于投影面时，其投影 *abcd* 积聚成一直线。

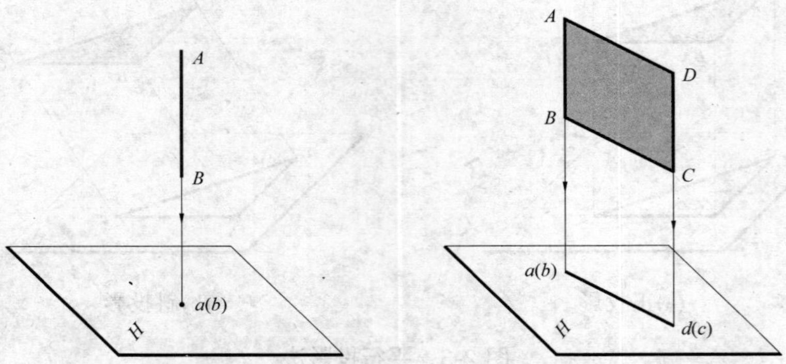

图 2-5　直线和平面的积聚性

三、类似性

当直线或平面倾斜于投影面时，投影仍是直线或平面，但小于实际大小，且平面的边数不变，这种投影特性，称为类似性。如图 2-6 所示，当直线 *AB* 倾斜于投影面时，其投影 *ab* 仍是直线，但比实长短；当四边形 *ABCD* 倾斜于投影面时，其投影 *abcd* 仍是四边形，但比实形小。直线和平面是组成立体的基本元素。因此，熟练掌握直线和平面的投影特性，将有助于学习立体的投影。

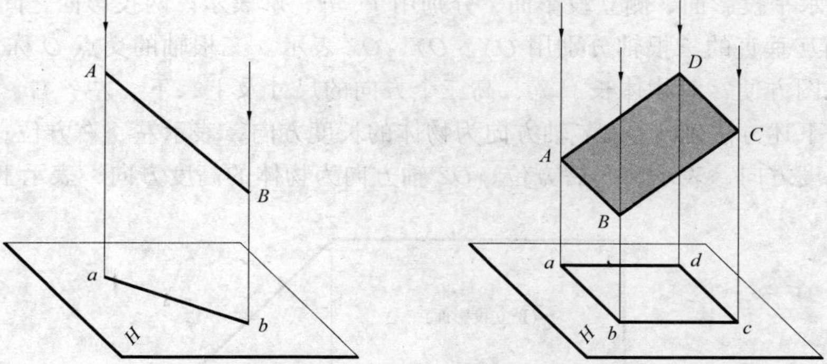

图 2-6 直线和平面的类似性

四、视图

如图 2-7 所示，设一直立投影面，把物体放在观察者与投影面之间，将观察者的视线视为一组互相平行，且与投影面垂直的投射线，对物体进行投射所得的正投影图，即物体在该投影面上的视图。

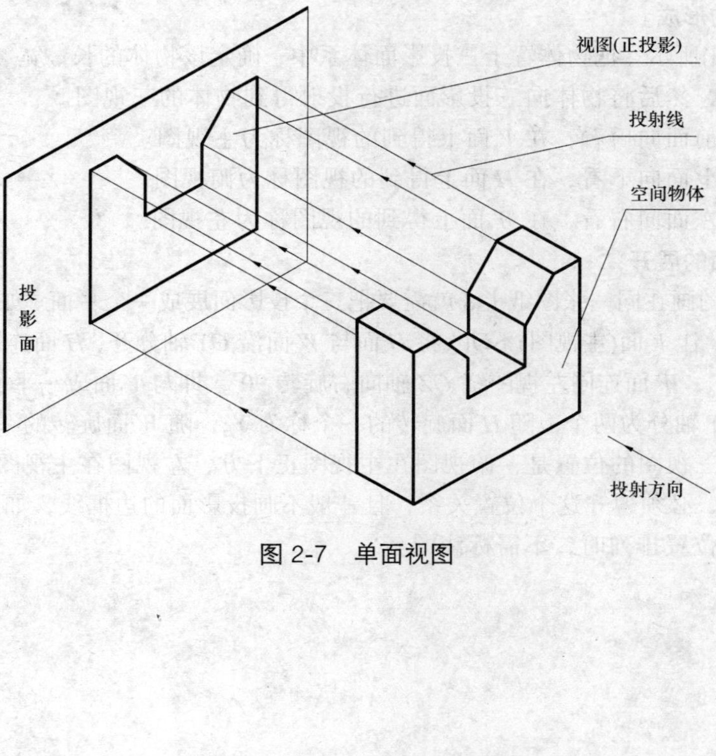

图 2-7 单面视图

第三节　物体的三视图

一、三视图的形成

(一)投影面的设立

图 2-8 所示是三个互相垂直的投影面，称为三投影面体系。三个投影面分别称为正立投影面、水平投影面、侧立投影面，分别用 *V*、*H*、*W* 表示。两投影面之间的交线称为投影轴，相互垂直的三根轴分别用 *OX*、*OY*、*OZ* 表示。三根轴的交点 *O* 称为原点。

为了作图方便，对物体长、宽、高三个方向的尺寸及上、下、左、右、前、后六个方位统一按下述方法确定：*OX* 轴方向为物体的长度方向，表示左、右方位；*OY* 轴方向为物体的宽度方向，表示前、后方位；*OZ* 轴方向为物体的高度方向，表示上、下方位。

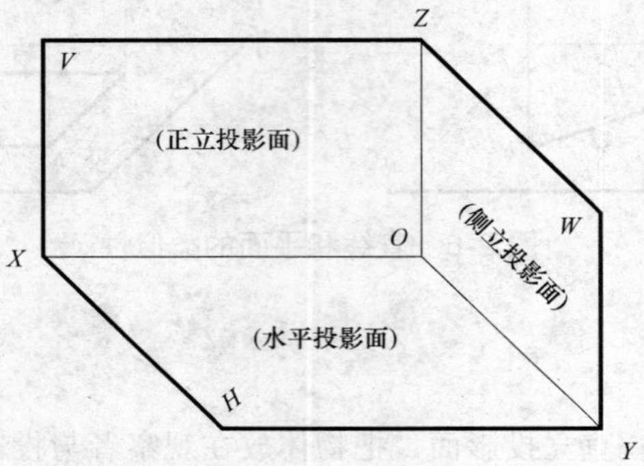

图 2-8　三投影面体系

(二)投影的形成

如图 2-9(a)所示。把物体置于三投影面体系中，确定该物体的长、宽、高及上下、左右、前后方位，然后将物体向三投影面进行投射得到物体的三视图。

从物体的前面向后看，在 *V* 面上得到的视图称为主视图。

从物体的上面向下看，在 *H* 面上得到的视图称为俯视图。

从物体的左面向右看，在 *W* 面上得到的视图称为左视图。

(三)投影面的展开

要把三视图画在同一张图纸上，就需要把三个投影面展成一个平面。如图 2-9(b)所示，移去空间物体，让 *V* 面(主视图)不动，将 *H* 面与 *W* 面沿 *OY* 轴分开，*H* 面连同俯视图绕 *OX* 轴向下旋转 90°，*W* 面连同左视图绕 *OZ* 轴向右旋转 90°，即与 *V* 面成一平面，如图 2-9(c)所示。这时，*Y* 轴分为两个，随 *H* 面旋转的一个称为 Y_H，随 *W* 面旋转的一个称为 Y_W。

展开后，三视图的位置是：俯视图在主视图正下方，左视图在主视图正右方。画物体的三视图时，必须遵守这个位置关系，且一般不画投影面的边框线，如图 2-9(d)所示。三视图按上述位置排列时，不需标注图名。

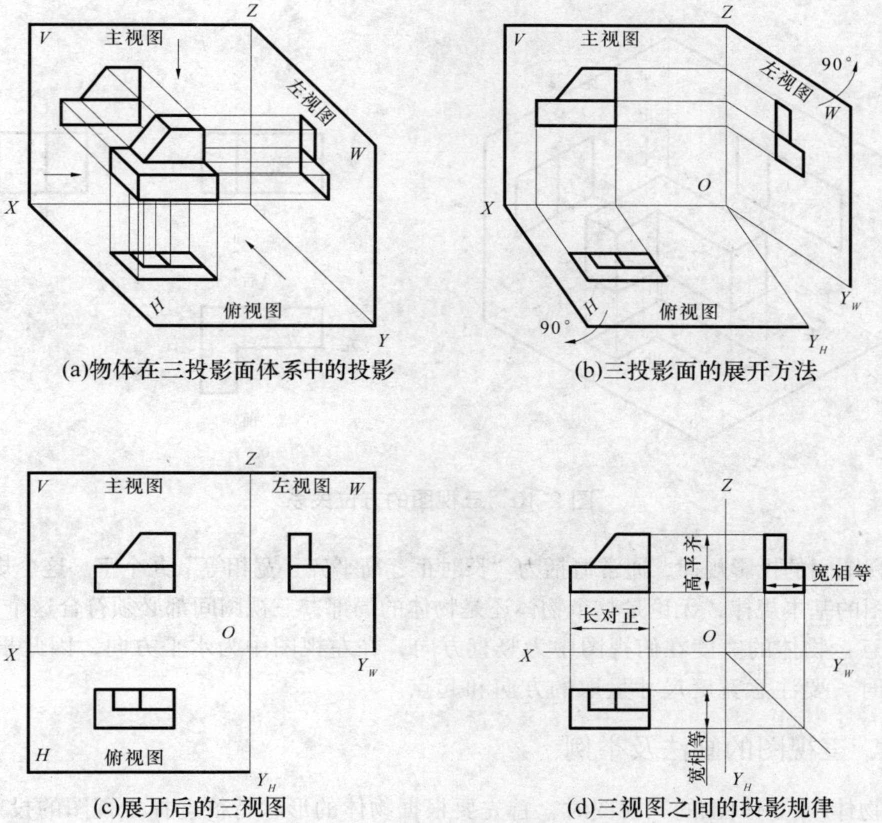

(a)物体在三投影面体系中的投影　(b)三投影面的展开方法

(c)展开后的三视图　(d)三视图之间的投影规律

图 2-9　三视图的形成及投影规律

二、三视图的投影规律

(一)三视图与空间物体的关系

如图 2-10 所示，每个视图都表示物体两个方向的尺寸和四个方位。主视图反映物体长、高方向的尺寸和上下、左右方位，反映物体前(后)面的形状；俯视图反映物体长、宽方向的尺寸和左右、前后方位，反映物体顶(底)面的形状；左视图反映物体高、宽方向的尺寸和上下、前后方位，反映物体左(右)面的形状。

注意：以主视图为中心，俯视图和左视图上远离主视图的一边称为“外面”，也是物体的前边，简称“外是前”；靠近主视图的一边称为“里面”，也是物体的后边。

(二)三视图的投影规律

三视图表达的是同一物体，而且是物体在同一位置分别向三投影面所作的投影。所以，三视图间必然具有以下投影规律：

主视图和俯视图长对正；

主视图和左视图高平齐；

俯视图和左视图宽相等。

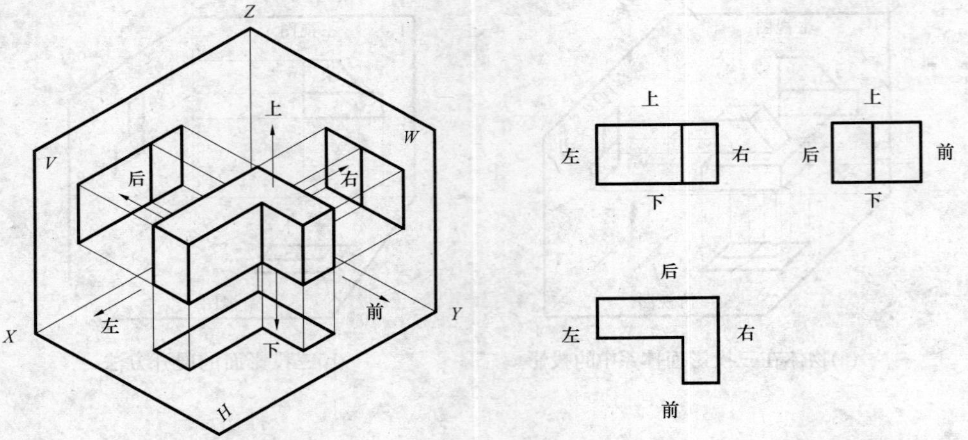

图 2-10　三视图的方位关系

三视图间的投影规律，通常概括为“长对正、高平齐、宽相等”九个字。这个规律是画图和读图的基本规律，无论是整个物体还是物体的局部，三视图间都必须符合这个规律。

注意：物体的宽度在俯视图中为竖直方向，在左视图中为水平方向，因此根据宽相等作图时，要注意宽度尺寸量取的方向和起点。

三、三视图的画法及举例

画物体(或立体图)的三视图时，首先要根据物体的形状特征选择主视图的投射方向，并使物体的主要表面与相应的投影面平行。如图 2-11 所示的直角弯板，在它的左端中部开了一个方槽，右部切去一角。根据直角弯板 L 形的形状特征，选择由前向后的主视图投射方向，并使 L 形与正面平行。画三视图时，应先画反映形状特征的视图，再按投影关系画出其他视图。作图步骤如图 2-12 所示。

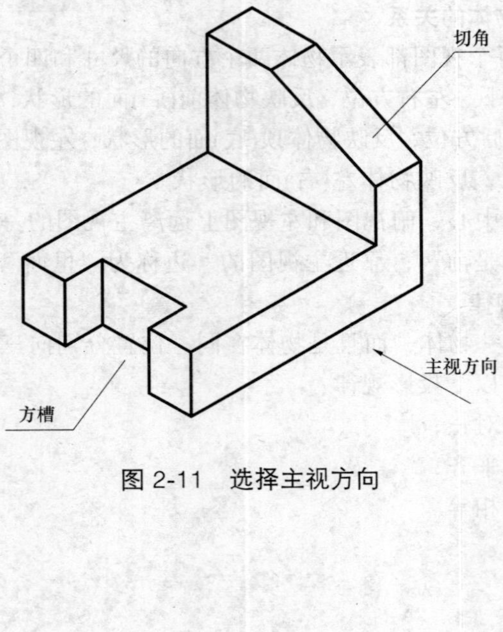

图 2-11　选择主视方向

(1)画直角弯板轮廓的三视图。先画反映直角弯板形状特征 L 形的主视图(尺寸从立体图中量取)，再按投影关系画出俯视图、左视图，如图 2-12(a)所示。

(2)画方槽的三面投影。先画反映方槽形状特征的俯视图，再按长对正和宽相等的投影关系分别画出主视图中的虚线和左视图中的图线，如图 2-12(b)所示。

(3)画右部切角的三面投影。先画反映切角形状特征的左视图，再按高平齐、宽相等的投影关系分别画出主视图和俯视图中的图线。画俯视图中的图线时，应注意前后对应关系，如图 2-12(c)所示。

(4)检查无误，擦去作图线(学生作业可以保留作图线)，描深三视图的图线，如图 2-12(d)所示。

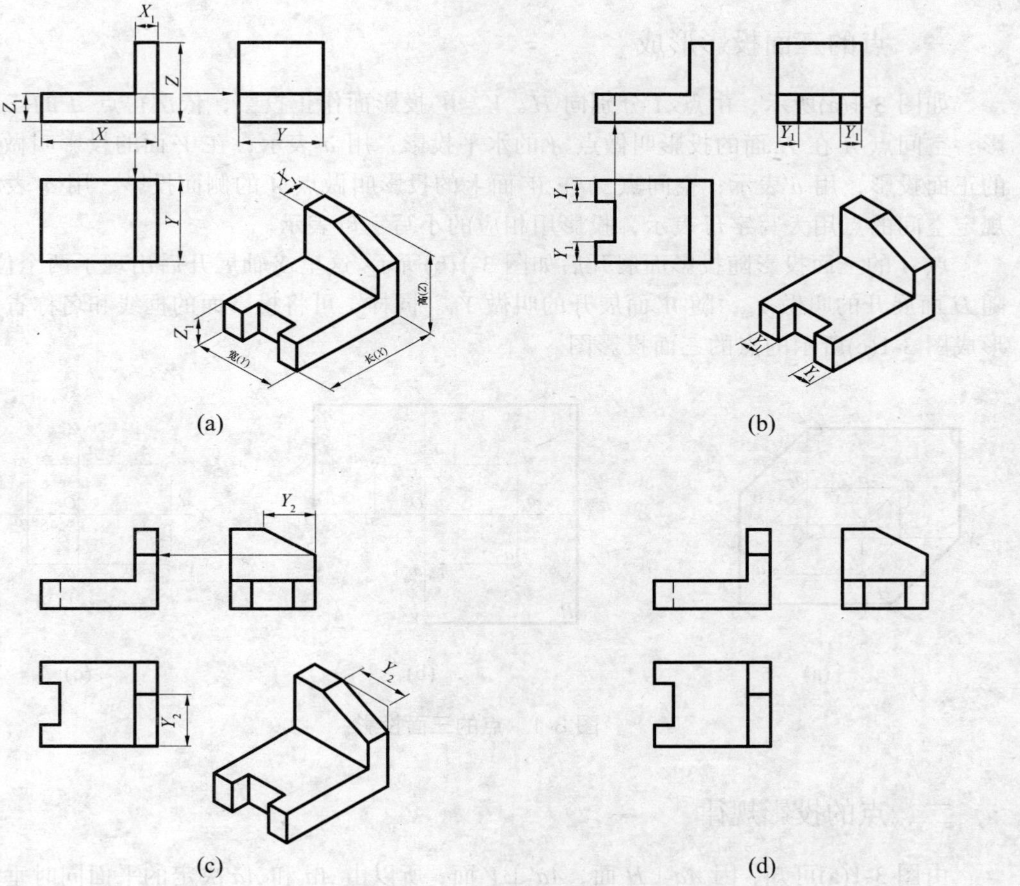

图 2-12　三视图的作图步骤

第三章　点、直线、平面的投影

第一节　点的投影

一切几何形体都可看成是一些点、线、面的组合，而线、面又可看成是点的集合，因此点是最基本的几何元素，首先研究点的投影性质。

一、点的三面投影形成

如图 3-1(a)所示，由点 A 分别向 H、V、W 投影面作正投影，依次得点 A 的三面投影。空间点 A 在 H 面的投影叫做点 A 的水平投影，用 a 表示；在 V 面的投影叫做点 A 的正面投影，用 a'表示；空间点 A 在 W 面上的投影叫做点 A 的侧面投影，用 a''表示。规定空间的点用大写字母表示，投影用相应的小写字母表示。

点 A 的三面投影随投影面展开后如图 3-1(b)所示。这里 Y 轴展开后出现了两个位置，随 H 面展开的叫做 Y_H，随 W 面展开的叫做 Y_W。同样，可将投影面的框线和名称省去而形成图 3-1(c)所示的点的三面投影图。

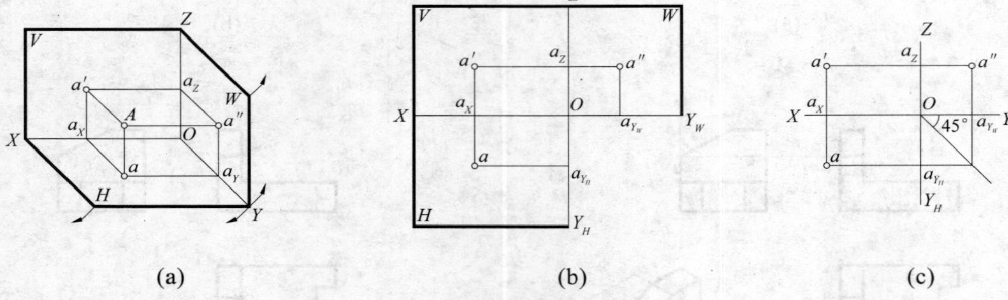

图 3-1　点的三面投影

二、点的投影规律

由图 3-1(a)可知，因 $Aa \perp H$ 面，$Aa' \perp V$ 面，所以由 Aa 和 Aa'决定的平面同时垂直于 V 面和 H 面，也必垂直于 V 面、H 面的交线 OX。a_X 就是 OX 与平面 $Aa a_X a'$的交点。$a'a_X$ 和 aa_X 都是过 a_X 而位于平面 $Aa a_X a'$上的直线，所以 $a'a_X \perp OX$，$aa_X \perp OX$。当投影面展开时，aa_X 在平面 $Aa a_X a'$内旋转，所以展开后 $a'a_X$ 和 aa_X 必垂直于 OX，也即 $a'a \perp OX$。同理，得出 $a'a'' \perp OZ$；点的侧面投影到 OZ 轴的距离等于空间点到 V 面的距离 Aa'，点的水平投影到 OX 轴的距离等于空间点到 V 面的距离 Aa'。于是点的投影规律归纳为：

(1)点的正面投影和水平投影的连线 $a'a$ 垂直于 OX 轴，即 $a'a \perp OX$。

(2)点的正面投影和侧面投影的连线 $a'a''$ 垂直于 OZ 轴，即 $a'a''\perp OZ$。

(3)点的侧面投影到 OZ 轴的距离等于点的水平投影到 OX 轴的距离，即 $a''a_Z=aa_X$。

在图 3-1(c)中，由于 $Oa_{Y_H}=Oa_{Y_W}$，所以 a_{Y_H} 和 a_{Y_W} 两点都在以 O 为圆心的同一个圆上。

根据上述特性，点在 H、V、W 三面的投影中只要已知两投影，就能很方便地求出其第三面投影。

三、点的投影与坐标之间的关系

在三个相互垂直的投影面中，每两个投影面交于一个投影轴，形成了相互垂直的三个投影轴 OX、OY 和 OZ，三面投影轴交于原点 O。这三个投影轴可以作为一个空间坐标系的坐标轴。空间点的位置可用三个坐标值 x，y，z 表示出来，如图 3-2(a)所示。

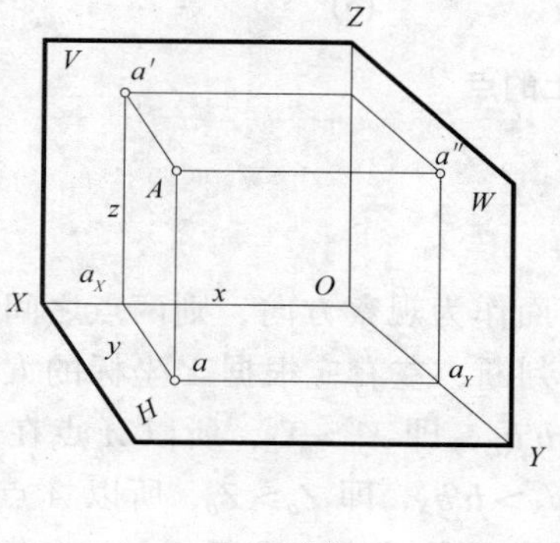

(a)

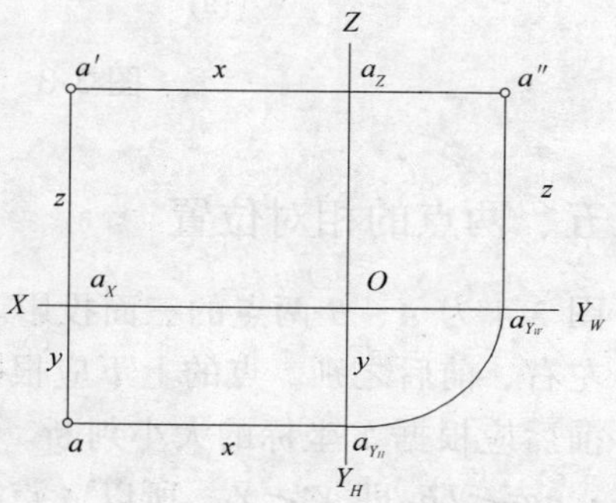

(b)

图 3-2　点的坐标、投影之间的关系

这些坐标值反映在点的三面投影中，就是点的投影到投影轴的距离。图 3-2(b)为 $A(x，y，z)$的三面投影图。图中：

$x=a'a_Z=aa_{Y_H}$=空间点 A 到 W 面的距离；

$y=aa_X=a''a_Z$=空间点 A 到 V 面的距离；

$z=a'a_X=a''a_{Y_W}$=空间点 A 到 H 面的距离。

利用坐标和投影的关系，可以求出已知坐标值的点的三面投影，也可由投影得出空间点的坐标值。

四、投影面和投影轴上的点

如图 3-3 所示，点 A 在 V 面上，点 B 在 H 面上，点 C 在 OX 上，从图中可以看出其投影特性。

(一)在投影面上的点

在投影面上的点的投影有一个坐标为零，在该投影面上的投影与该点重合，在相邻投影面上的投影分别在相应的投影轴上。

(二)在投影轴上的点

在投影轴上的点的投影有两个坐标为零，有两个投影面的投影在这条轴上，与该点重合，在另一投影面上的投影与原点 O 重合。

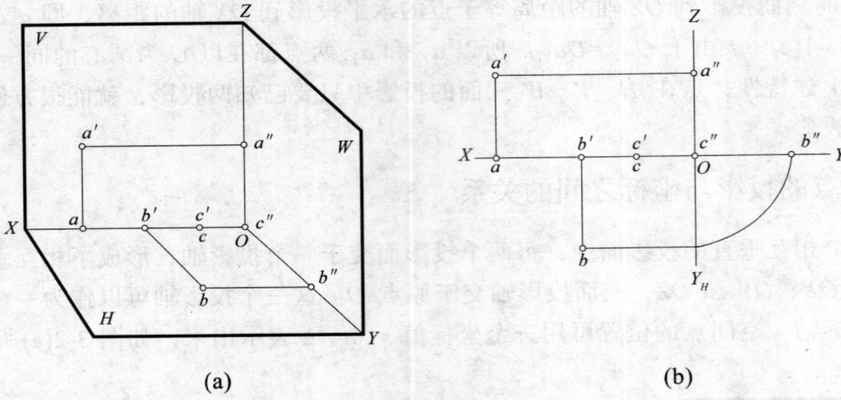

图 3-3　投影面及投影轴上的点

五、两点的相对位置

图 3-4 为 A、B 两点的三面投影。如果以向着 V 面作为观察方向，则两点之间有上下、左右、前后之别。点的上下应根据 Z 坐标的大小判断，左右应根据 X 坐标的大小判断，前后应根据 Y 坐标的大小判断。由图可知 $a'a_Z>b'b_Z$，即 $X_a>X_b$，所以 A 点在 B 点之左；$aa_X<bb_X$ 即 $Y_a<Y_b$，所以 A 点在 B 点之后；$a'a_X>b'b_X$，即 $Z_a>Z_b$，所以 A 点在 B 点之上。归纳起来，A 点较高，B 点较低；A 点在左，B 点在右；A 点靠后，B 点靠前。

由以上分析可以看出，由已知两点各自的三面投影判断两点的相对位置时，可根据正面投影或侧面投影判断上下；根据正面投影或水平投影判断左右；根据水平投影或侧面投影判断前后。

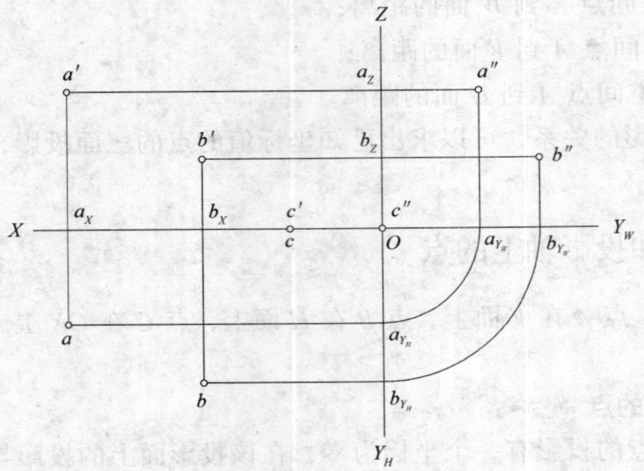

图 3-4　　两点的相对位置

六、重影点

当空间两点处于同一投射线上时，它们在与该投射线垂直的投影面上的投影重合，该投影称为重影点。如图 3-5 所示，点 A 与点 B 同时位于垂直于 V 面的投射线上，它们的 V 面投影 $a'(b')$是重影点；同理，点 C 与点 D 同时位于垂直于 H 面的投射线上，其 H 面投影 $c(d)$是重影点；点 E 与点 F 同时位于垂直于 W 面的投射线上，其 W 面投影 $e''(f'')$是重影点。

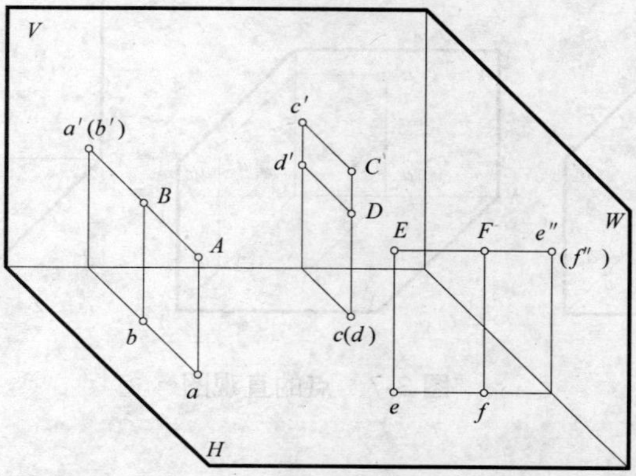

图 3-5 重影点

两点重影后便产生可见性问题，如何判断可见性呢？即重影点的两点中，距该投影面较远的点其投影为可见，距投影面较近的点的投影为不可见。在图 3-5 中，对 V 面来说，A 点在前，B 点在后，故 B 点被 A 点挡住，因此其投影 b'为不可见。一般把不可见投影加一括弧，如(b')。同理，点 C 与 D 两点，其投影 c 可见，(d)为不可见；点 E 与 F 两点，其投影 e''可见，(f'')为不可见。

【例 3-1】 已知点 A(15，16，12)，求作其三面投影。

解 由 A(15，16，12)可知，点 A 与三个投影面均有距离，即点 A 既不在投影面上，也不在投影轴上，可利用点的投影与坐标的关系作图。步骤如下：

(1)画坐标轴，并由原点 O 沿 OX 轴左方量取 x=15 得点 a_X，如图 3-6(a)所示；

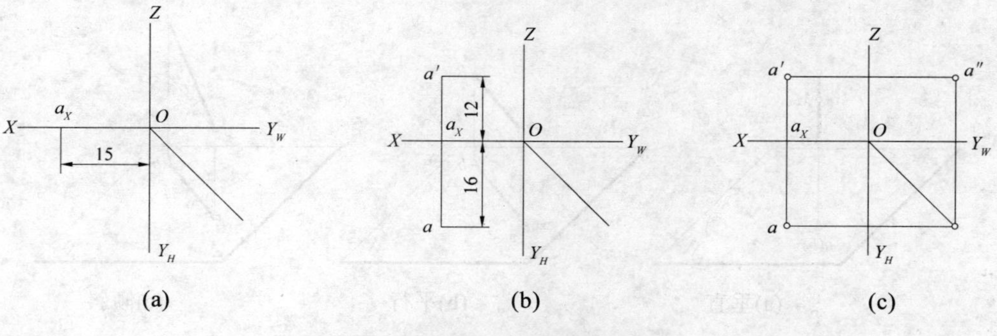

图 3-6 求作点的三面投影

(2)过 a_X 作 OX 轴的垂线，自 a_X 起沿 Y_H 方向量取 16 得点 a，沿 Z 方向量取 12 得 a'，如图 3-6(b)所示；

(3)按点的投影规律作出 a''，以 O 为圆心，16 为半径画圆弧与 Y_W 相交，自交点作 Y_W 轴垂线，与 a' 所作 OZ 的垂线交于 a''，擦去多余线条即得点 A 的三面投影。如图 3-6(c)所示。

点的直观图画法如图 3-7 所示。

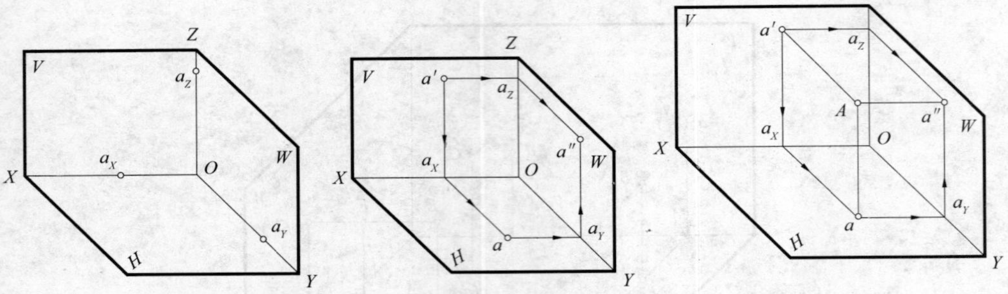

图 3-7　点的直观图

第二节　直线的投影

一、直线的投影特性

直线由两点决定，直线的投影由该线上两点的投影所决定，因此直线的投影问题仍可归结为点的投影问题。如已知直线上两点的投影，那么将两点的同名投影用直线连接，就得到该直线的同名投影。

(一)直线的投影

直线对单一投影面的相对位置分为平行于投影面、垂直于投影面和对投影面倾斜成某一角度等三种情况，如图 3-8 所示。

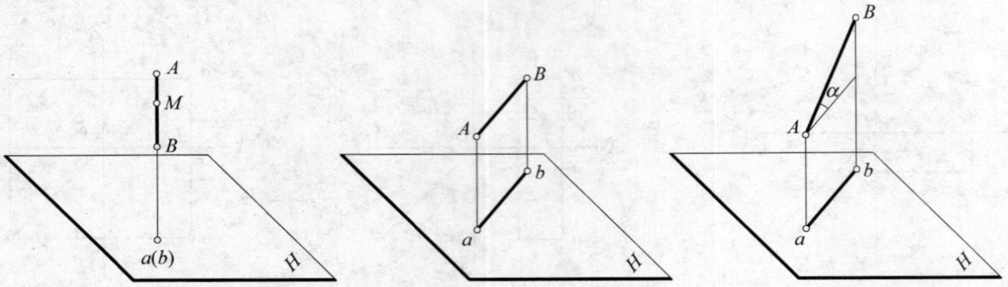

(a)垂直　　(b)平行　　(c)倾斜

图 3-8　直线对一个投影面的三个位置

(1)当直线垂直于投影面时，在该投影面上的投影重合成一点，线段上所有点的投影都重叠在这一点上，投影的这种性质称为积聚性，如图 3-8(a)中的线段 *AB* 和 *AB* 上的任一点 *M* 在投影面上的投影重合成一点。

(2)当直线平行于投影面时，该投影面上的投影反映空间线段的实长，如图 3-8(b)中的线段 $ab=AB$。

(3)当直线倾斜于投影面时，该投影面上的投影是较空间线段缩短了的线段。如图 3-8(c)中 $ab=AB\cos\alpha$ (α 为直线 *AB* 与投影面的倾斜角)。

(二)各种位置直线的投影特性

1. 投影面垂直线

直线垂直于某一投影面(同时平行于另外两个投影面)称为该投影面垂直线。垂直于 *V* 面时称为正垂线；垂直于 *H* 面时称为铅垂线；垂直于 *W* 时称为侧垂线。图 3-9 表示了正垂线 *AB* 的立体图和投影图。由于 *AB* 垂直于 *V* 面，所以在 *V* 面上的投影积聚成一点。

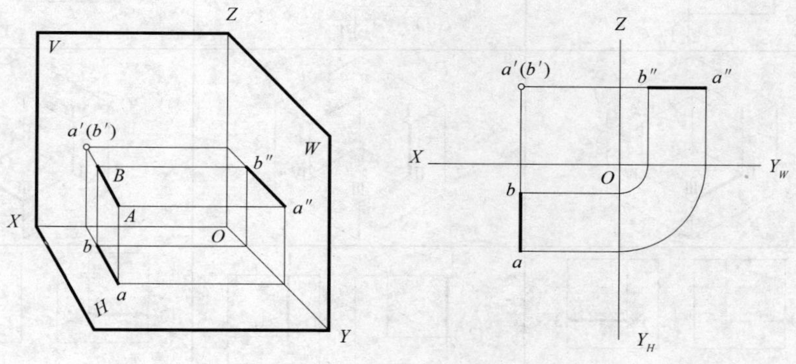

(a) (b)

图 3-9　正垂线

由于线段平行于 *V* 面和 *W* 面，所以投影 *ab* 和 *a″b″*都反映线段实长，即 $ab=a''b''=AB$，且 *ab* 和 *a″b″*分别垂直于投影轴 *OX* 和 *OZ*。

同理，铅垂线和侧垂线也有类似的特性，见表 3-1。

归纳起来，投影面垂直线的投影特性是：

(1)在其垂直的投影面上，投影有积聚性，积聚成一点。

(2)另外两个投影反映线段实长，且垂直于某一投影轴。

2. 投影面平行线

直线平行于某一投影面而与其余两投影面倾斜称为某投影面的平行线。平行于 *V* 面时称为正平线；平行于 *H* 面时称为水平线；平行于 *W* 面时称为侧平线。

图 3-10 是正平线 *AB* 的直观图和投影图。*AB* 平行于 *V* 面，所以 *a′b′*反映 *AB* 实长，即 $a'b'=AB$，并且 *a′b′*与 *OX* 的夹角 α 等于 *AB* 与 *H* 面的倾角 α；*a′b′*与 *OZ* 的夹角 γ 等于 *AB* 与 *W* 面的倾角 γ。*AB* 的另外两个投影 *ab* 和 *a″b″*分别平行于 *OX* 和 *OZ*，且较 *AB* 为短。同理，水平线和侧平线也有类似的投影特性，见表 3-2。

表 3-1　投影面垂直线的投影特性

名称	正垂线	铅垂线	侧垂线
直观图	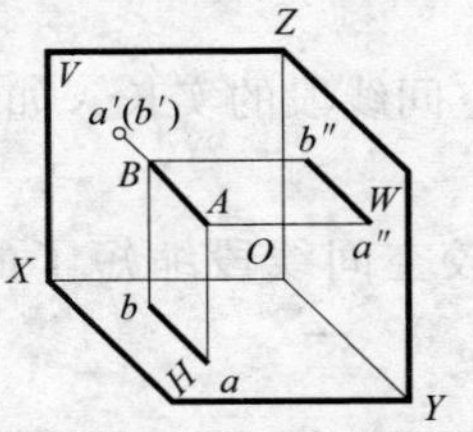	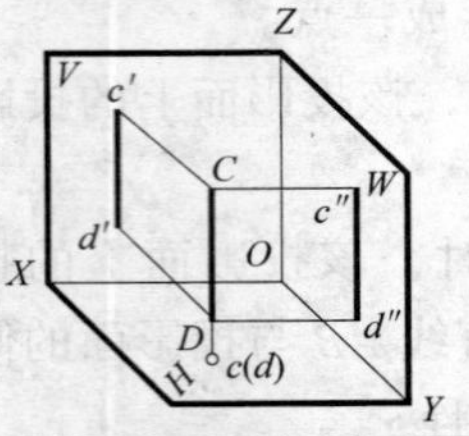	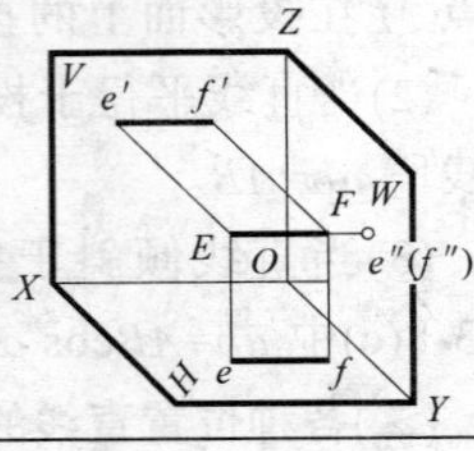
投影图	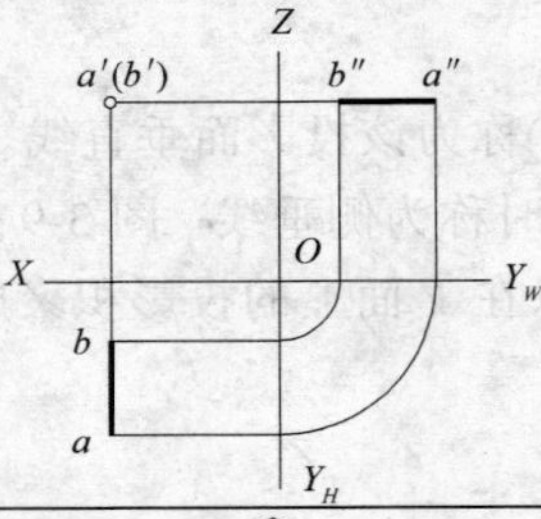	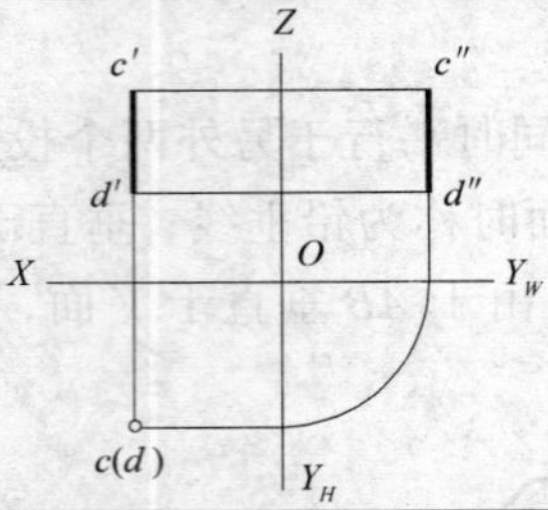	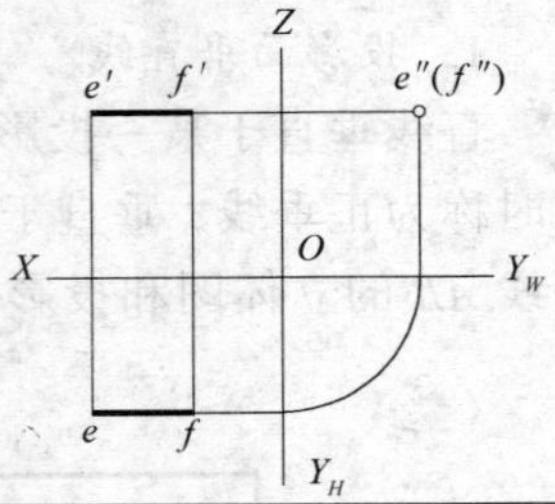
实例	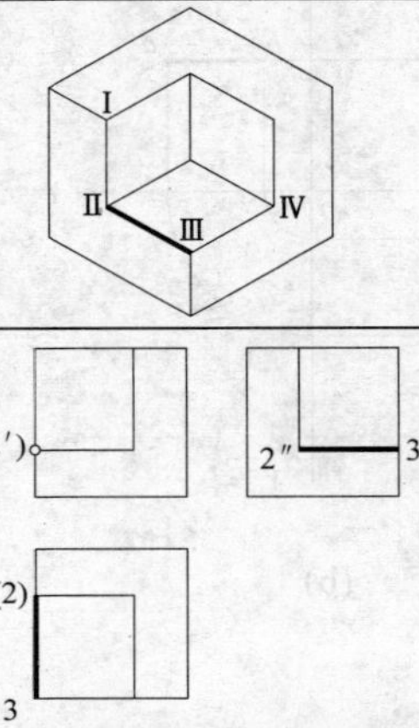	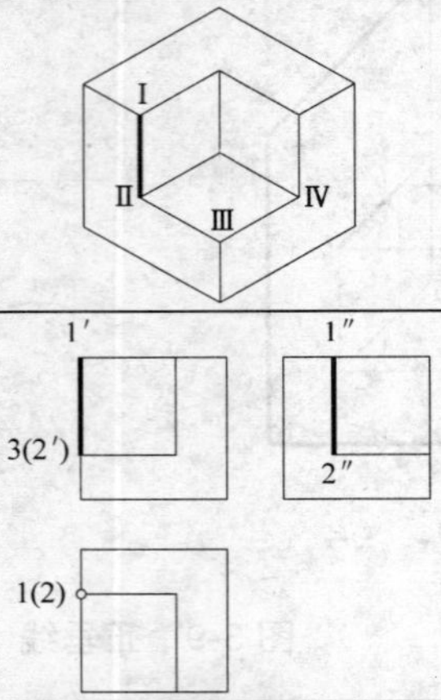	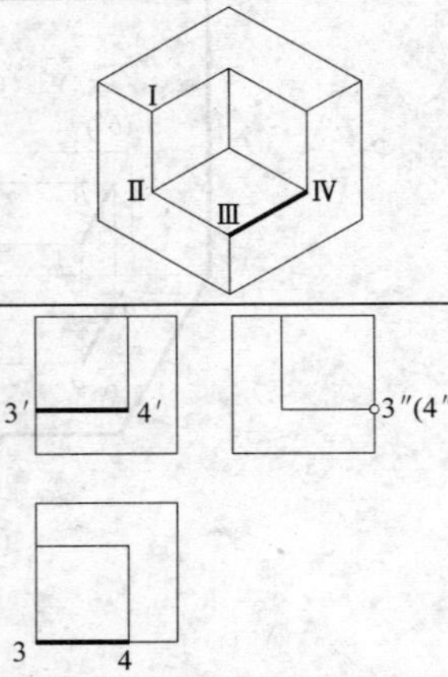
投影特性	1．$a'(b')$积聚成一点 2．$ab \parallel OY_H$，$a''b'' \parallel OY_W$ 都反映实长	1．$c(d)$积聚成一点 2．$c'd' \parallel OZ$，$c''d'' \parallel OZ$ 都反映实长	1．$e''(f'')$积聚成一点 2．$ef \parallel OX$，$e'f' \parallel OX$ 都反映实长

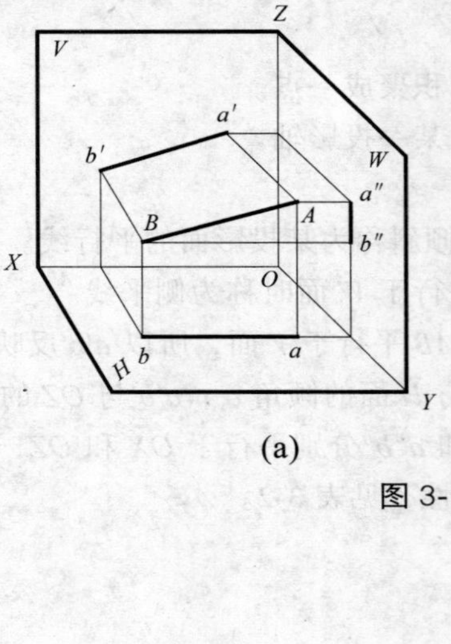

(a)

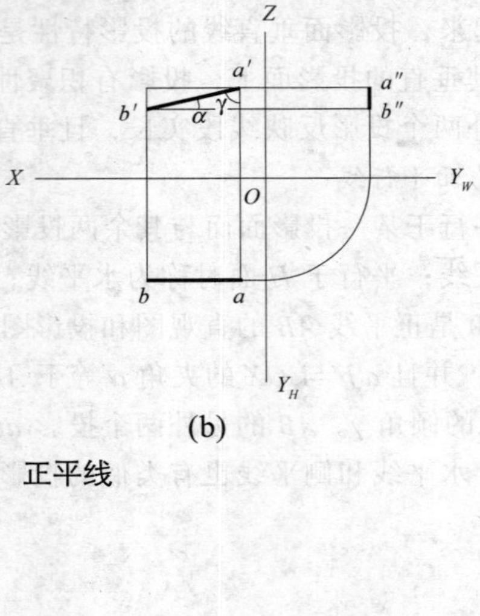

(b)

图 3-10　正平线

表 3-2　投影面平行线的投影特性

名称	正平线	水平线	侧平线
立体图	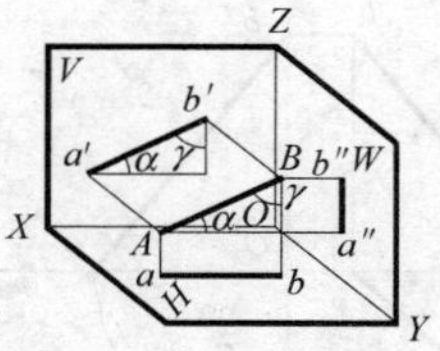	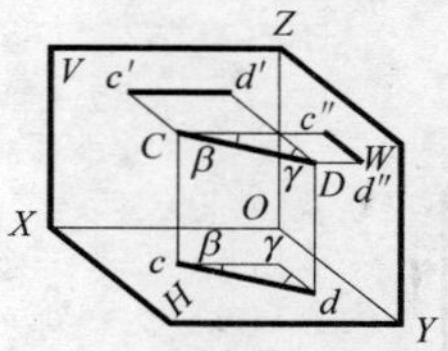	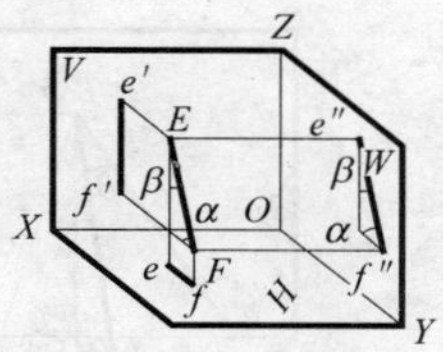
投影图	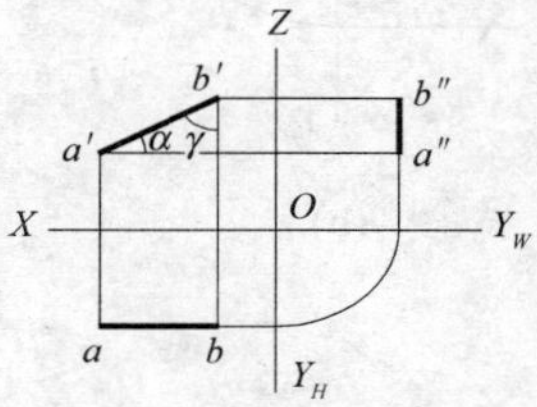	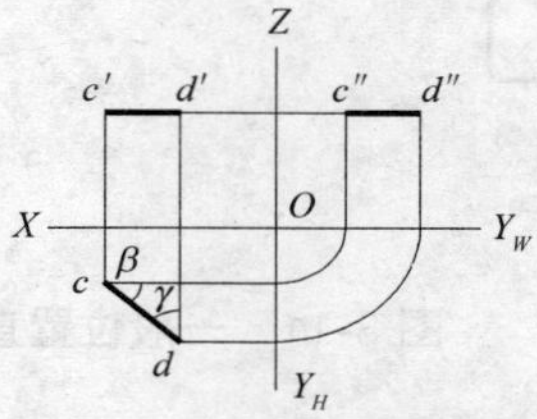	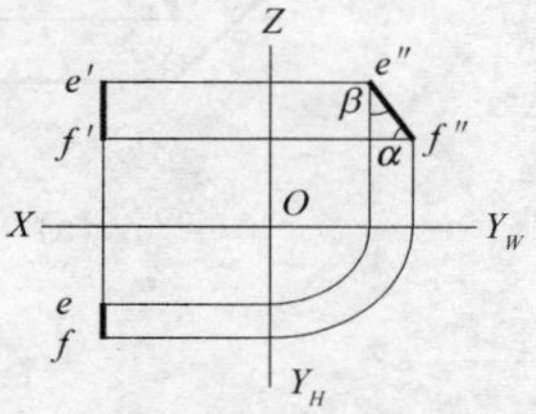
实例	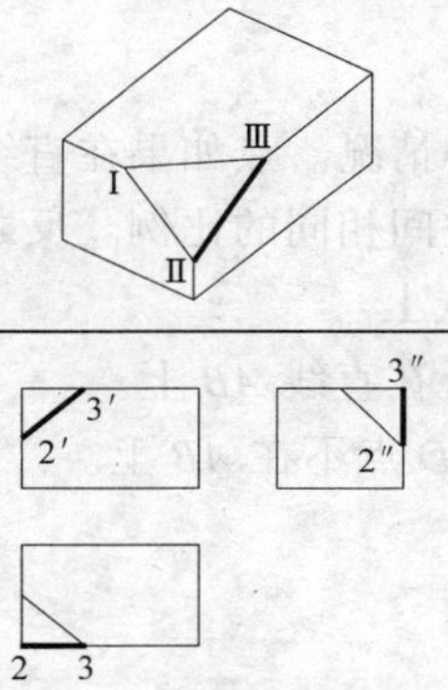	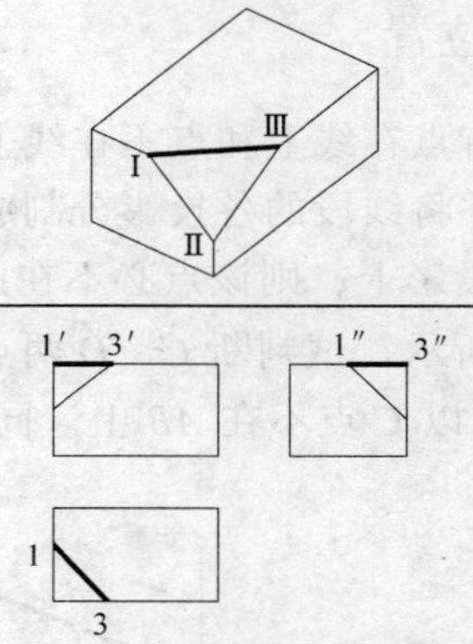	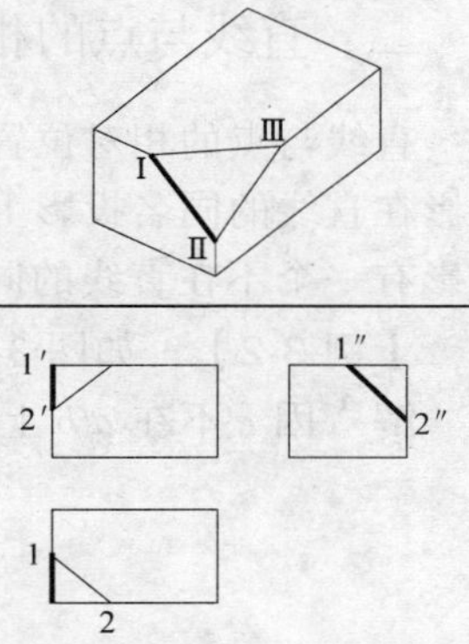
投影特性	1. $a'b'$反映实长和实际倾角α、γ 2. $ab /\!/ OX$，$a''b'' /\!/ OZ$ 长度缩短	1. cd 反映实长和实际倾角β、γ 2. $c'd' /\!/ OX$，$c''d'' /\!/ OY_W$，长度缩短	1. $e''f''$反映实长和实际倾角α、β 2. $e'f' /\!/ OZ$，$ef /\!/ OY_H$ 长度缩短

归纳起来，投影面平行线的投影特性是：

(1)在其平行的那个投影面上的投影反映实长，并在此投影面上反映直线与另两个投影面倾角的实际大小。

(2)直线在另两个投影面上的投影是较空间缩短的线段，并且平行于投影轴。

3. 一般位置直线

一般位置直线对三投影面都倾斜成某个角度，图 3-11 中线段 AB 与 H 面、V 面和 W 面的倾角分别为 α、β 和 γ。

一般位置线段的投影特性是：

(1)ab、$a'b'$、$a''b''$对于三个投影轴都既不平行也不垂直。

(2)ab、$a'b'$、$a''b''$较空间线段 AB 都缩短了，其具体长度为：$ab=AB\cos\alpha$；$a'b'=AB\cos\beta$；$a''b''=AB\cos\gamma$。

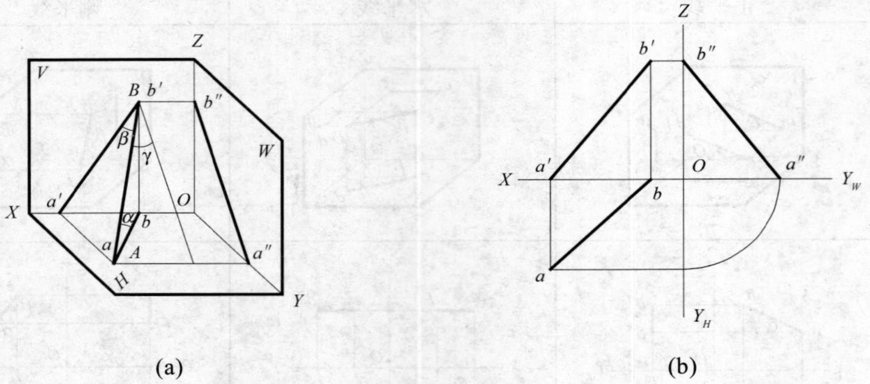

图 3-11　一般位置直线

二、直线与点的相对位置

直线与点的相对位置只有点在线上和点不在线上两种情况。点如果在直线上则点的投影在直线的同名投影上，并将线段的各投影分割成和空间相同的比例。反之，若点的投影有一个不在直线的同名投影上，则该点必不在此直线上。

【例 3-2】　如图 3-12 所示。试判断 *C*、*D* 两点是否在直线 *AB* 上。

解　因 *c′*不在 *a′b′*上，所以 *C* 点不在 *AB* 上。同理，*D* 点不在 *AB* 上。

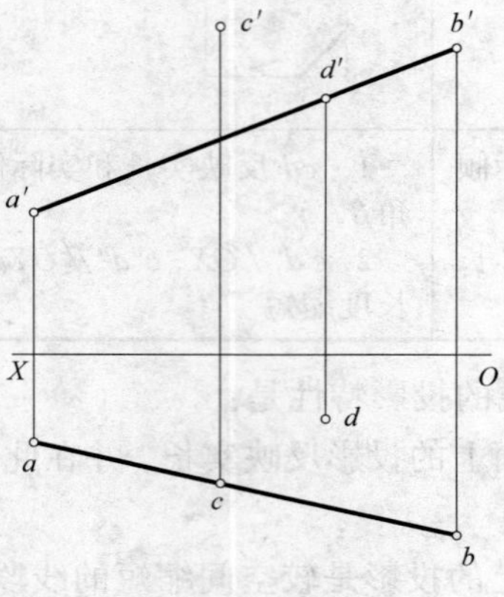

图 3-12　判断点是否在直线上

三、两直线的相对位置

空间两直线的相对位置可以有平行、相交和交叉三种情况，其中相交和交叉又有垂直相交或垂直交叉。下面分别讨论这几种情况的投影特性。

(一)两直线平行

(1)从平行投影的基本特性可知：若空间两直线相互平行，则其同名投影必相互平行，如图 3-13(a)所示。反之，如果两直线的各个同名投影相互平行，则此两直线在空间也必相互平行。

(2)根据初等几何原理可证明：空间两平行线段长度之比等于其同名投影长度之比。如图 3-13(b)所示，若 $AB//CD$，则 $AB:CD=ab:cd=a'b':c'd'=a''b'':c''d''$。

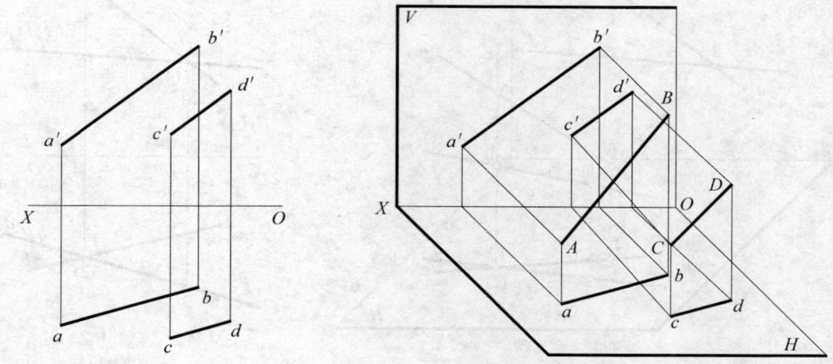

(a) (b)

图 3-13　两平行直线

(二)两直线相交

若空间两直线相交，则其同名投影必相交，且交点符合点的投影规律。反之亦然。

如图 3-14 所示，直线 AB 与 CD 相交于点 K，其投影 $a'b'$与 $c'd'$以及 ab 与 cd 也必相交，其交点投影 k'和 k 的连线必垂直于 OX 轴，符合点的投影规律。

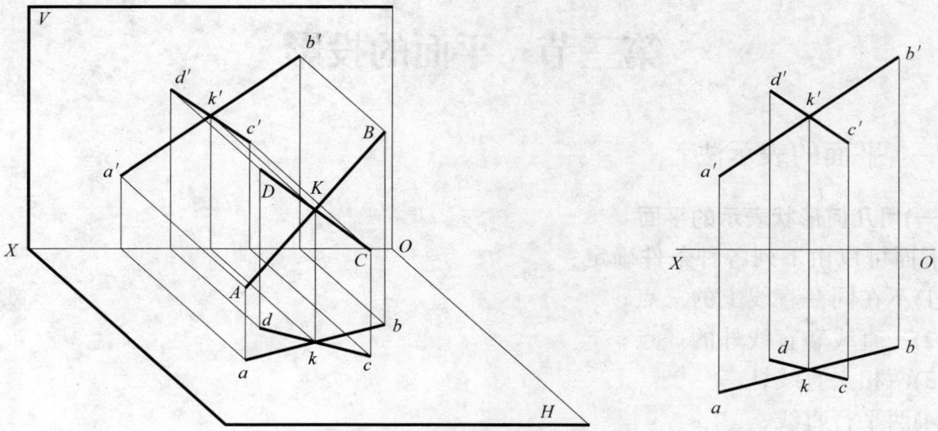

(a) (b)

图 3-14　两直线相交

(三)两直线交叉

空间两直线既不平行又不相交时即为交叉。交叉两直线的同名投影可能相交，但各同名投影的交点不符合点的投影规律。如图 3-15 所示。

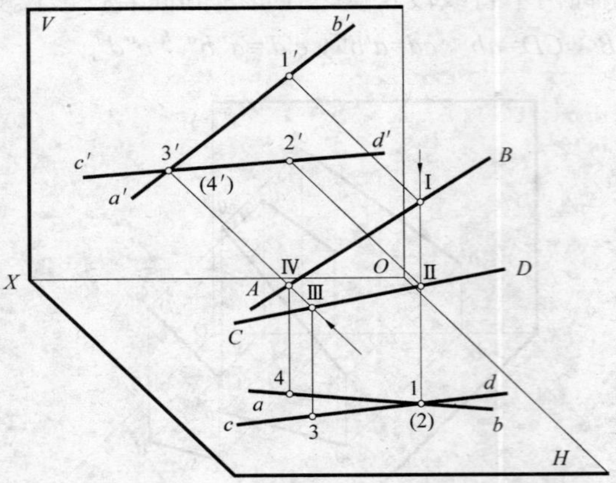

(a)

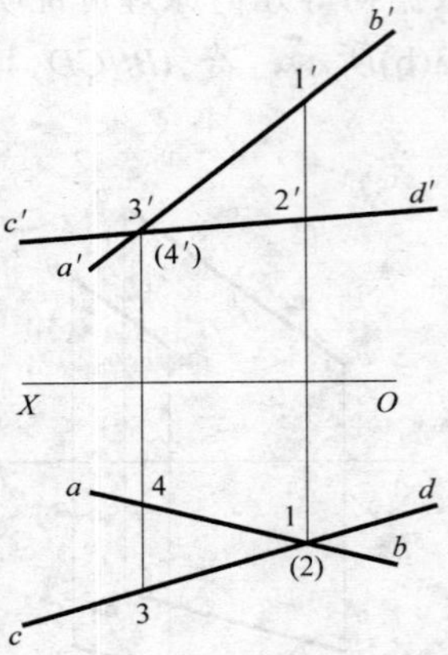

(b)

图 3-15　两直线交叉

现在来研究交叉两直线的同名投影交点的含义。由图 3-15 可以看出，两直线 *AB* 和 *CD* 的水平投影的交点，实际上是直线 *AB* 上的点Ⅰ和直线 *CD* 上的点Ⅱ这两个点的投影重合点；这两条直线的正面投影的交点，则是 *AB* 上的点Ⅳ和 *CD* 上的点Ⅲ这两个点的投影重合点，即重影点。

当判定了两直线的重影点的可见性后，就可以很方便地想象出该两直线在空间的相对位置，*AB* 在 *CD* 的上方和后方经过 *CD*。

第三节　平面的投影

一、平面的表示法

(一)用几何形状表示的平面

平面可以由下列各种条件确定：

(1)不在同一直线上的三点；

(2)一直线和直线外的一点；

(3)两相交直线；

(4)两平行直线；

(5)任意平面图形(即平面的有限部分，如三角形、圆或其他图形)。

因此，为了在投影图上给定平面，只要画出这些几何元素的投影就可以确定一个平面的投影，如图 3-16 所示。

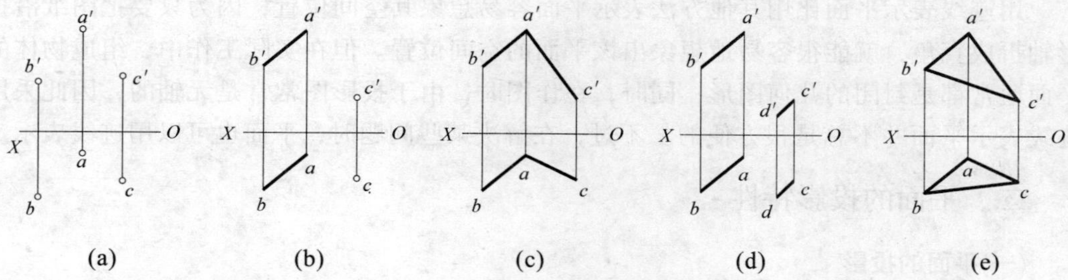

图 3-16　平面的表示

应该指出，图 3-16 所示的五种表示方式是可以相互转换的。例如把图 3-16(a)中的点 B 和点 C 连以直线，就变成图 3-16(b)的情形；若用直线把三点同时连接起来，就变成图 3-16(e)的三角形等。这时，新的一组几何元素依旧代表着原来一组几何元素所确定的平面。

(二)用迹线表示的平面

把平面和投影面的交线称为平面的迹线，如图 3-17(a)所示。平面 P 与 H 面的交线称为平面 P 的水平迹线，用 P_H 表示；平面 P 与 V 面的交线称为平面 P 的正面迹线，用 P_V 表示；同理，平面 P 与 W 面的交线称为平面 P 的侧面迹线，用 P_W 表示。

由于平面迹线是平面上的两条相交直线，因此也可以用平面的迹线来表示平面。这种表示法和用任何其他两条相交直线表示平面在实质上没有任何差别。

如图 3-17(b)所示。在三面投影面体系中，一般位置平面应有三条迹线 P_H、P_V 和 P_W。每对迹线与相应的投影轴交于三个集合点 P_X、P_Y 和 P_Z。因为 P_V 位于 V 面内，所以它的正面投影和它本身重合，它的水平投影和 X 轴重合；同理，P_H 的水平投影和它本身重合，P_H 的正面投影和 X 轴重合；P_W 的侧面投影和它本身重合，P_W 的其余投影和投影轴重合。为了简化起见，通常只标注迹线本身，而不再用符号标出它的各个投影。

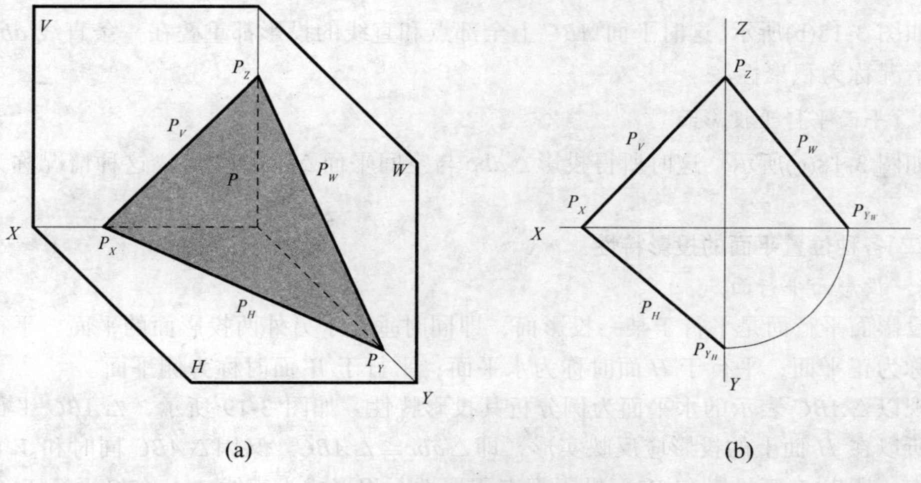

图 3-17　用迹线表示平面

用迹线表示平面比用其他方法表示平面容易想象其空间位置，因为只要把图纸沿投影轴折成直角，就能很容易地想象出该平面的空间位置。但在实际工作中，组成物体的平面通常都是封闭的几何图形；同时，在作图时，由于投影图常常是无轴的，因此采用迹线表示平面并不总是很方便的。不过，在解决某些问题时，平面也可以用迹线表示。

二、平面的投影特性

(一)平面的投影

平面和投影面的相对位置分为下列三种情况，如图 3-18 所示。

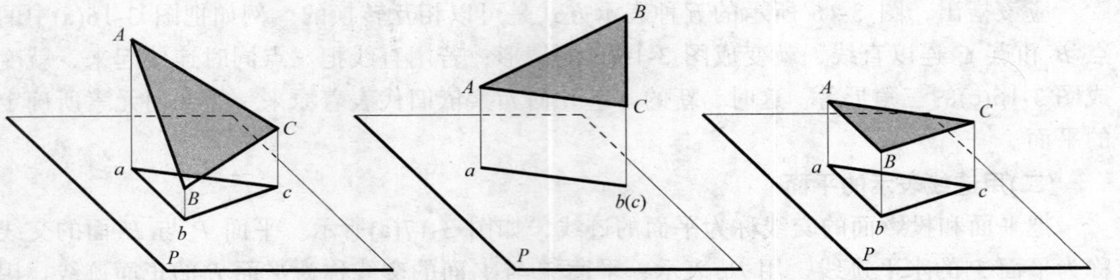

图 3-18　平面对一个投影面的三种位置

1. 平面倾斜于投影面

如图 3-18(a)所示，平面 ABC 与投影面 P 倾斜，在投影面 P 上的投影虽然仍为三角形，但由于各边都有不同程度的缩短，所以△abc 与△ABC 既不全等也不相似，仅为边数相同的三角形。这种情况称为类似性。

2. 平面垂直于投影面

如图 3-18(b)所示，这时平面 ABC 上全部点和直线的投影都重叠在一条直线 $ab(c)$上，这种情况称为积聚性。

3. 平面平行于投影面

如图 3-18(c)所示。这时所得投影△abc 与空间平面△ABC 全等，这种情况称为实形性。

(二)各种位置平面的投影特性

1. 投影面平行面

投影面平行面是平行于某一投影面，即同时垂直于另外两投影面的平面。平行于 V 面时称为正平面；平行于 H 面时称为水平面；平行于 W 面时称为侧平面。

现以△ABC 表示的水平面为例分析其投影特性。如图 3-19 所示，△ABC 平行于 H 面，所以在 H 面上的投影应反映实形，即△abc≌△ABC。又因△ABC 同时和 V 面、W 面垂直，所以 V 面投影和 W 面投影都有积聚性，积聚成为直线。△ABC 平行于 H 面，因此 $a'b'c'$平行于 OX 轴，$a''b''c''$平行于 OY_W 轴。

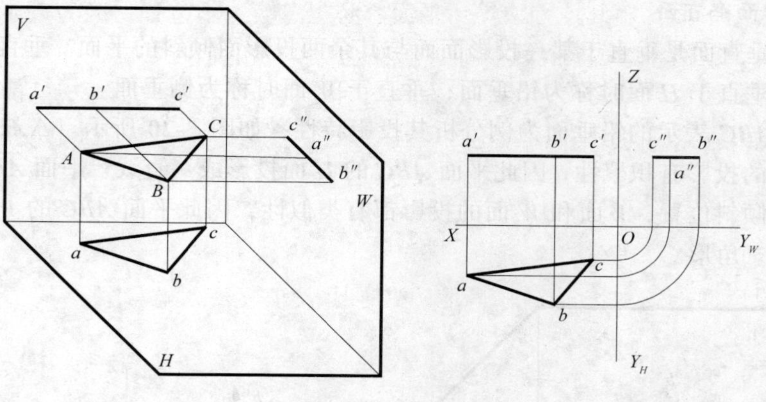

图 3-19　水平面的投影特性

归纳起来，投影面平行面的投影特性(见表 3-3)是：

(1)在与平面平行的那个投影面上的投影反映实形——实形性。

(2)在另两投影面上的投影积聚成分别与两投影轴平行的直线——积聚性。

表 3-3　投影面平行面的投影特性

名称	正平面	水平面	侧平面
立体图	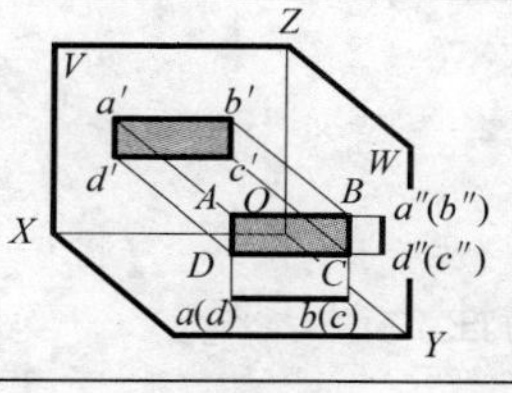	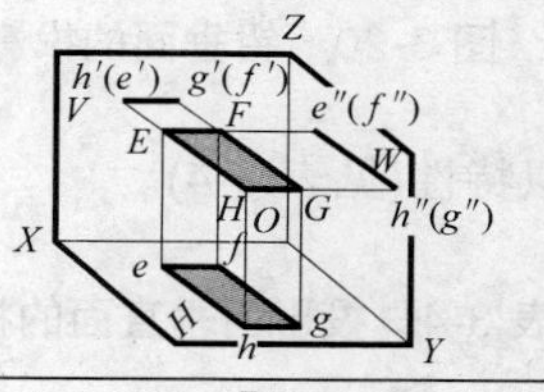	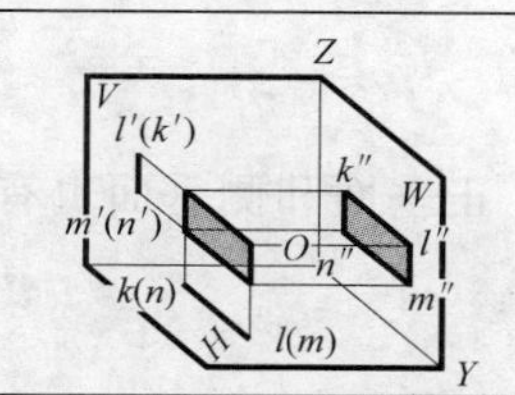
投影图	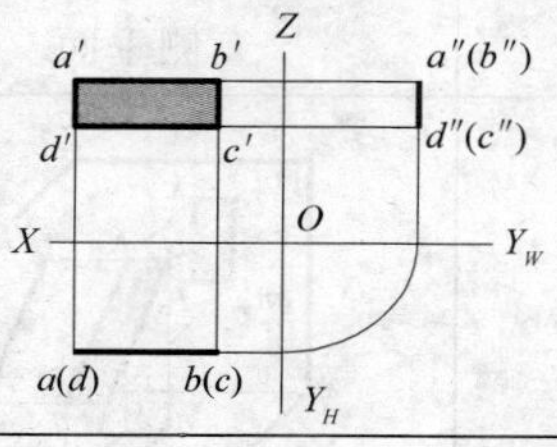	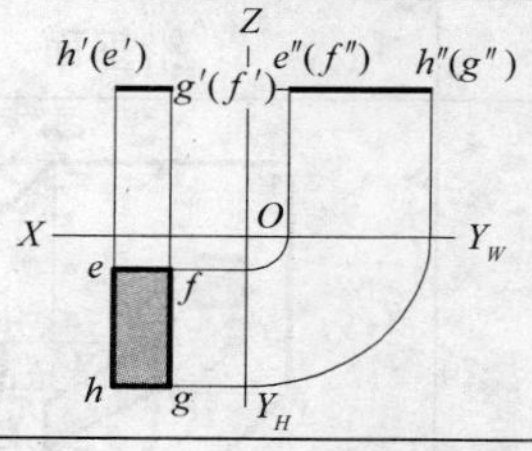	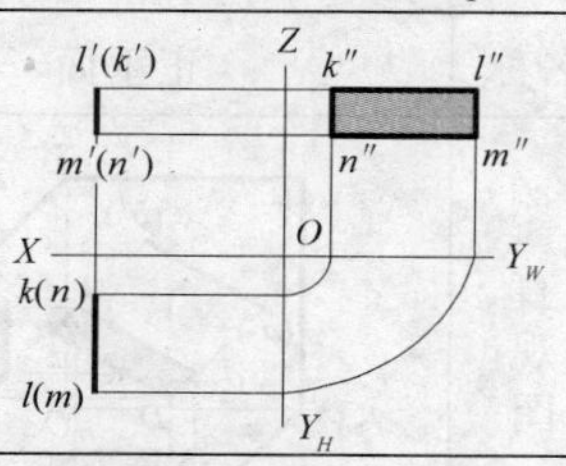
实例	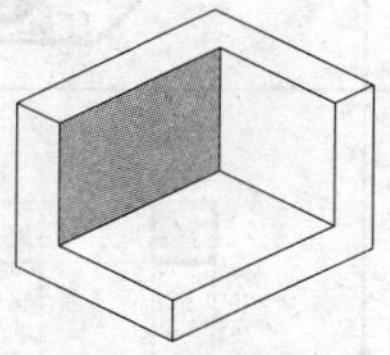	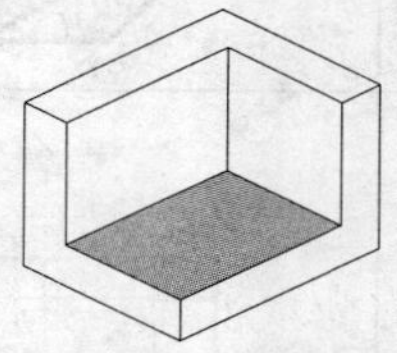	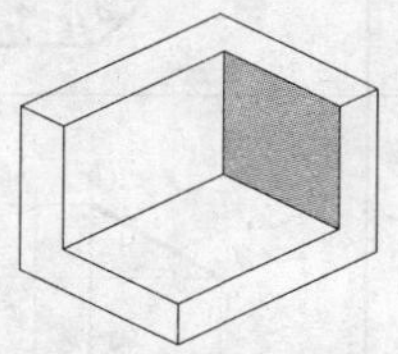
投影特性	1．正面投影反映实形 2．水平投影平行于 OX，侧面投影平行于 OZ，并分别积聚成直线	1．水平投影反映实形 2．正面投影平行于 OX，侧面投影平行于 OY_W，并分别积聚成直线	1．侧面投影反映实形 2．正面投影平行于 OZ，水平投影平行于 OY_H，并分别积聚成直线

2. 投影面垂直面

投影面垂直面是垂直于某一投影面而与其余两投影面倾斜的平面。垂直于 V 面时称为正垂面；垂直于 H 面时称为铅垂面；垂直于 W 面时称为侧垂面。

现以△ABC 表示的铅垂面为例分析其投影特性，如图 3-20 所示。△ABC 垂直于 H 面，在 H 面的投影有积聚性，因此平面 ABC 的 H 面投影成一直线。平面 ABC 对 V 面和 W 面都处于倾斜位置，V 面和 W 面的投影都有类似性，因此平面 ABC 的 V 面投影和 W 面投影仍为三角形。

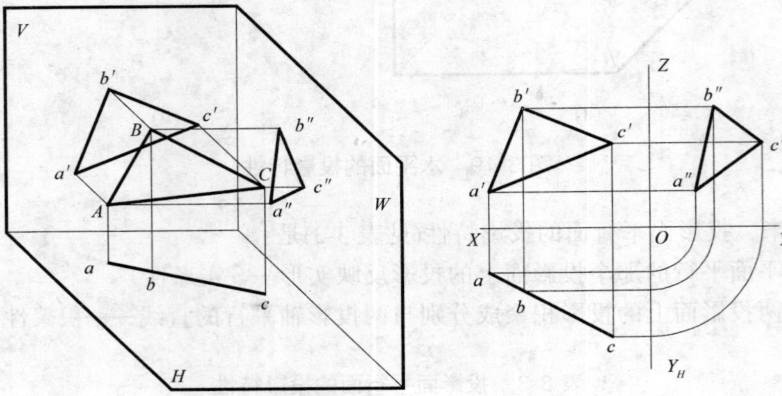

(a)　　(b)

图 3-20　铅垂面的投影特性

正垂面和侧垂面也有类似特性(见表 3-4)。

表 3-4　投影面垂直面的投影特性

名称	正垂面	铅垂面	侧垂面
直观图	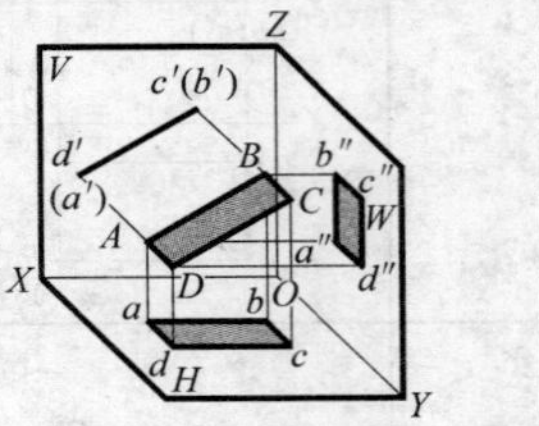	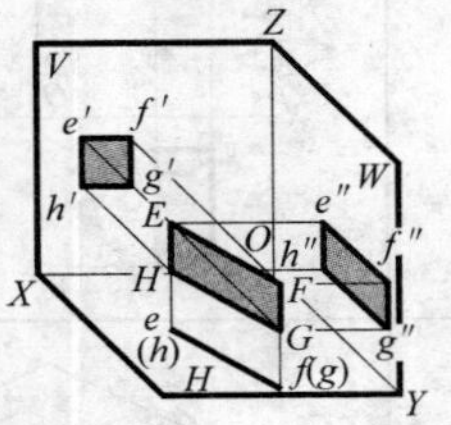	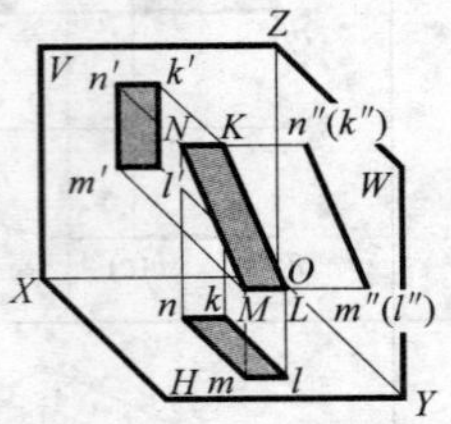
投影图	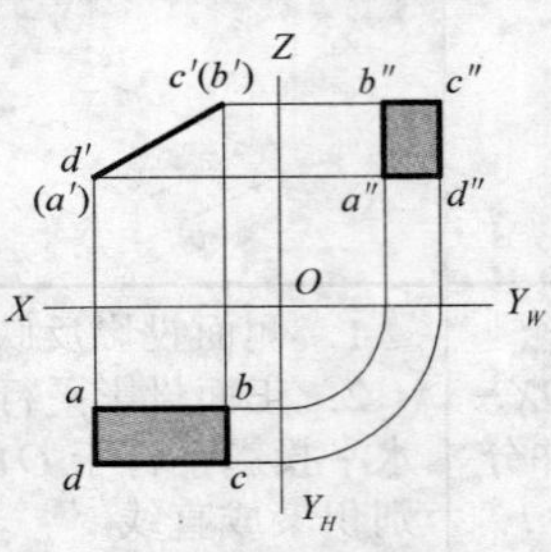	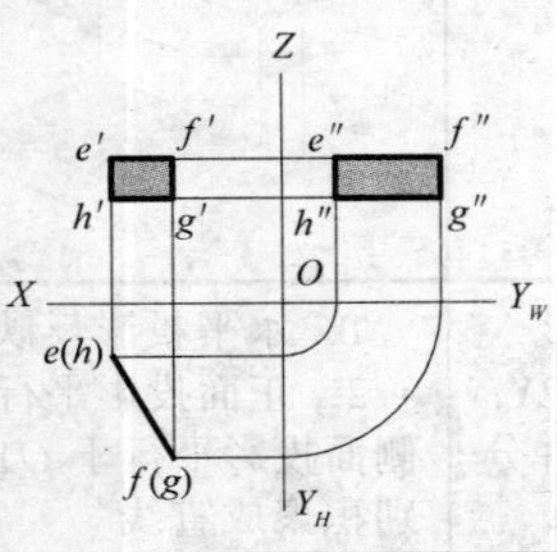	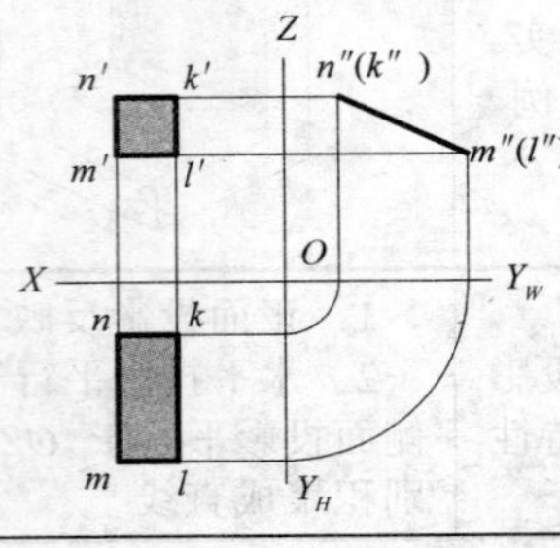

续表 3-4

名称	正垂面	铅垂面	侧垂面
实例	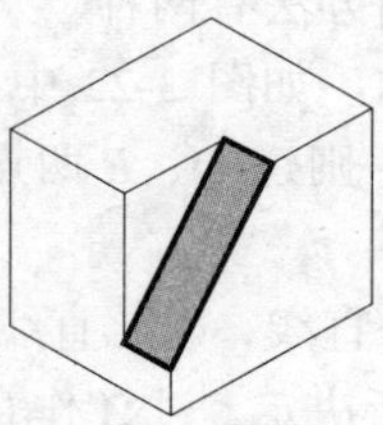	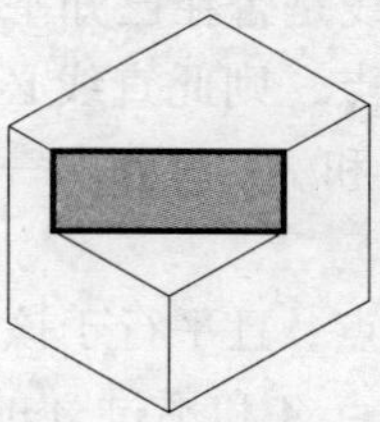	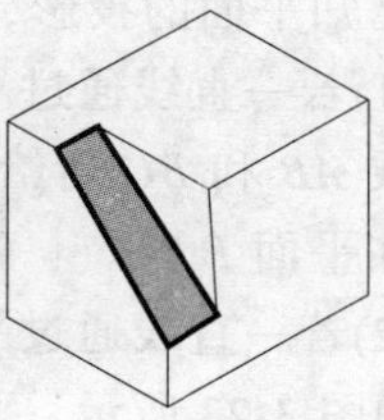
投影特性	1．正面投影积聚成直线，并反映真实倾角 2．水平投影、侧面投影仍为平面图形，面积缩小	1．水平投影积聚成直线，并反映真实倾角 2．正面投影、侧面投影仍为平面图形，面积缩小	1．侧面投影积聚成直线，并反映真实倾角 2．正面投影、水平投影仍为平面图形，面积缩小

归纳起来，投影面垂直面的投影特性是：

(1)在与平面垂直的投影面上其投影积聚成一直线。

(2)在与平面倾斜的两投影面上其投影有类似性。

3．一般位置平面

一般位置平面在三面投影面体系中与三个投影面都是倾斜的，它与 H、V、W 面之夹角分别为α、β、γ(在图中未画出)。如图 3-21(a)所示，用三角形 ABC 表示一个一般位置平面，它在三个投影面上的投影都具有类似性，也就是说，它的三个投影都将是与$\triangle ABC$ 类似的三角形，如图 3-21(b)所示。可以看出，三个投影都不能反映$\triangle ABC$ 的实形，也都不能反映α、β、γ的实际大小。

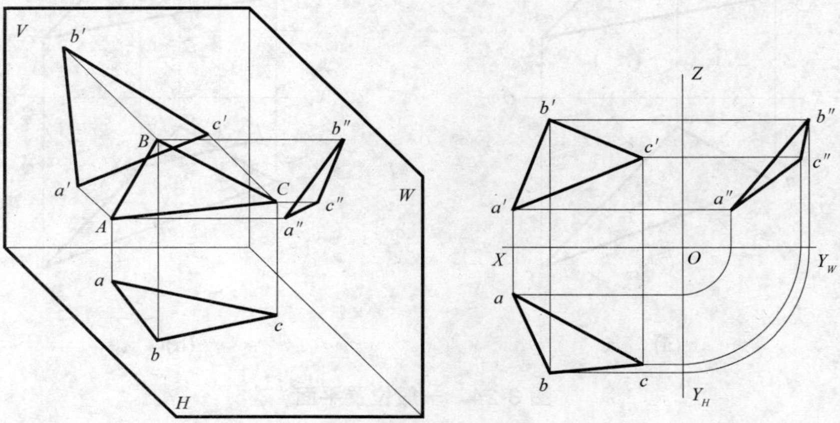

(a)　　　　(b)

图 3-21　一般位置平面

三、平面上的直线和点

(一)平面上取任意直线

已知平面的投影，判断一直线是否在已知平面内的常用方法有两种。

(1)若一直线通过平面上的两点，则此直线必在该平面内。如图 3-22 中，平面 *P* 由两直线 *AB* 和 *BC* 所给定，在 *AB* 和 *BC* 上各取一点 *D* 和 *E*，则过 *D*、*E* 两点的直线 *MN* 一定在平面 *P* 内。

(2)若一直线通过平面上的一点，且平行于该平面上另一直线，则此直线必在该平面内。如图 3-23 所示，平面 *Q* 由一点 *A* 和不过 *A* 的直线 *CD* 所决定。过 *A* 作直线 *AB* 平行于直线 *CD*，则直线 *AB* 必在平面 *Q* 内。

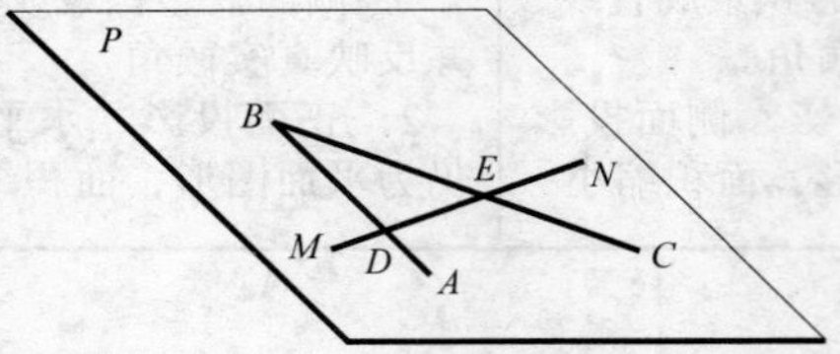

图 3-22　平面内的直线图

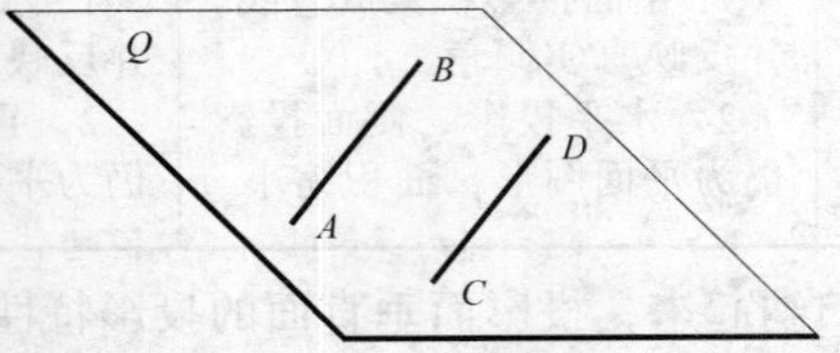

图 3-23　平面内的直线

根据上述两定理，就可以解决在已知平面上作直线的问题。

【例 3-3】　作从属于平面△*ABC* 的一条水平线。

解　作图过程如图 3-24 所示。

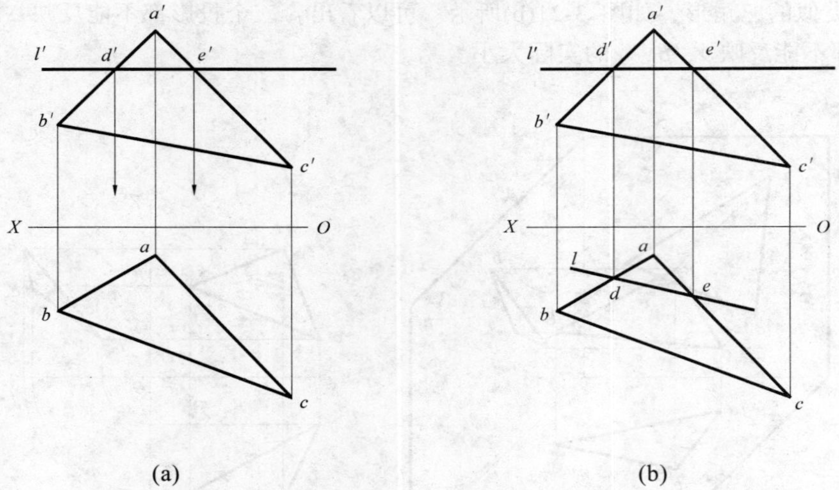

图 3-24　一般位置平面

在正面投影中，作 *d'e'*//*X* 轴，并与 *a'b'*交于 *d'*，与 *a'c'*交于 *e'*，*d'e'*即为平面△*ABC* 内水平线的正面投影，如图 3-24(a)所示；再根据 *d'*、*e'*求出 *de*，即得该直线的水平投影，如图 3-24(b)所示。

(二)平面上取点

在已知平面内取点，必须先找出过此点而又在平面内的一条直线，然后再在直线上确定点的位置。所以面上取点的问题首先还是面上取线的问题。

【例 3-4】 已知四边形 *ABCD* 的正面投影和 *BC*、*CD* 两边的水平投影，如图 3-25(a)所示，试完成四边形的水平投影。

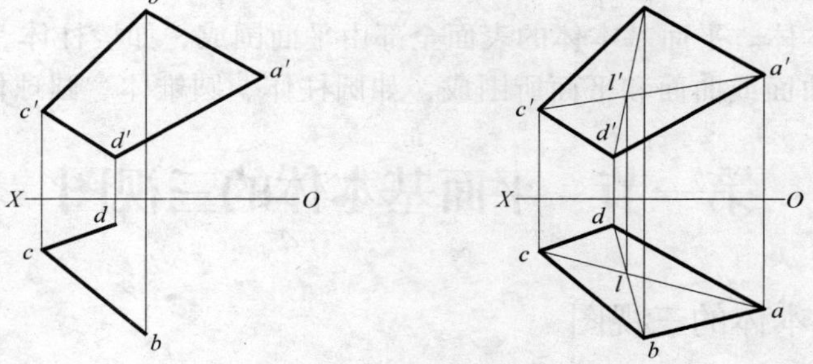

(a) (b)

图 3-25 完成四边形的水平投影

解 *BC* 和 *CD* 是相交两直线，现已知其两面投影，故该平面是已知的。而点 *A* 是属于该平面的一点，故可应用平面取点的方法求点 *A* 的水平投影，如图 3-25(b)所示。作图步骤：

(1)连接 *b′d′*和 *bd*；

(2)连接 *a′c′*，并与 *b′d′*相交于 *l′*；

(3)由 *l′*引 *OX* 轴的垂线，并与 *bd* 相交于 *l*；

(4)连接 *cl* 并延长，与从 *a′*向 *OX* 轴所作的垂线交于 *a*，即为点 *A* 的水平投影；

(5)连接 *ab* 和 *ad*，即完成四边形 *ABCD* 的水平投影。

第四章 基本体的三视图

组成零件的基本几何体简称为基本体。按照基本几何体表面的性质可将其分为平面基本体和曲面基本体。平面基本体的表面全部由平面围成，如棱柱体、棱锥体等。曲面基本体的表面由曲面或曲面和平面所围成，如圆柱体、圆锥体、圆球体等。

第一节 平面基本体的三视图

一、平面基本体的三视图

平面基本体有棱柱体和棱锥体，机械零件上常见的棱柱体和棱锥体有三棱柱、四棱柱、五棱柱、六棱柱及三棱锥、四棱锥等。

表 4-1 列出了常见平面基本体的实体模型图和三视图。

表 4-1 常见平面基本体的实体模型图和三视图

名称	实体模型图	三视图
三棱柱		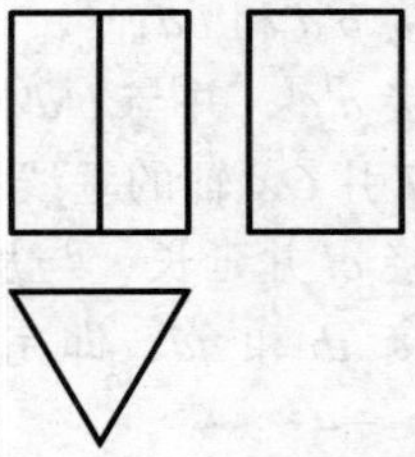
六棱柱		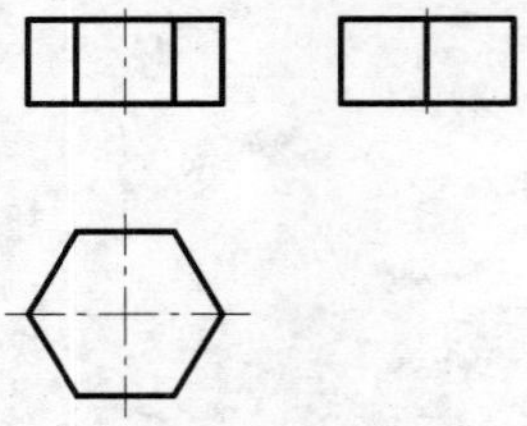
五棱柱		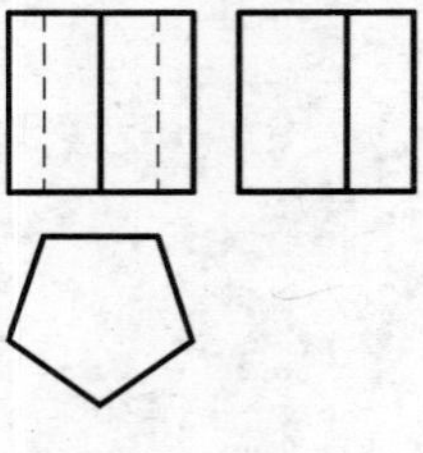

续表 4-1

名称	实体模型图	三视图
四棱锥	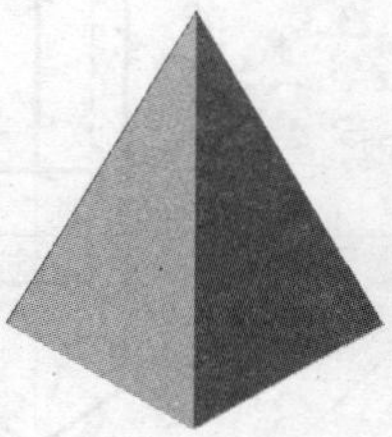	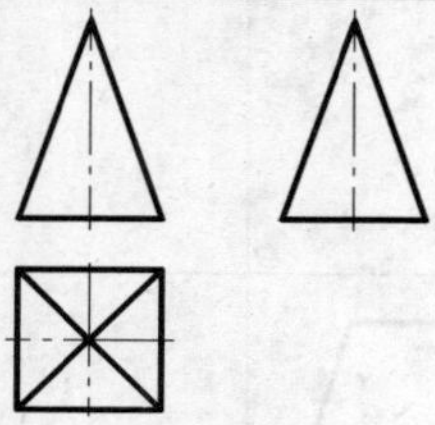
三棱锥	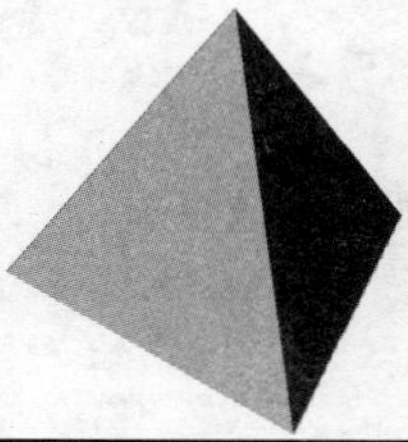	

二、棱柱体三视图的画法

棱柱体两个端面互相平行，其余的面称为侧面或棱面，相邻两棱面的交线称为棱线。在画图时，尽量将棱柱的端面和棱面放置为投影面的平行面或垂直面。

【例 4-1】 如图 4-1 所示为正五棱柱的三面投影直观图，画出该正五棱柱的三视图。

解 正五棱柱的上底面和下底面都是水平面，后侧面是正平面，其余侧面都是铅垂面。

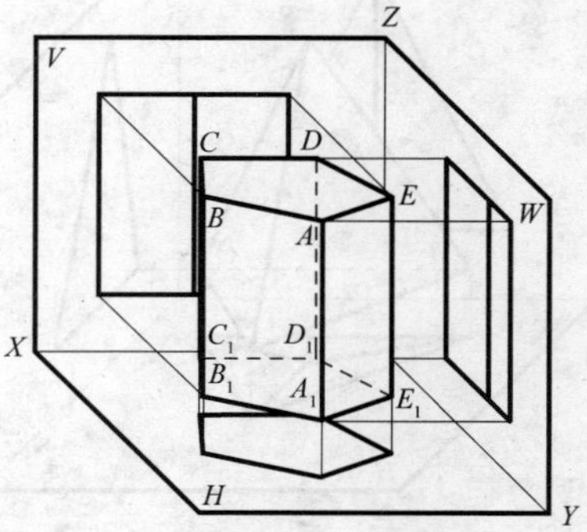

图 4-1 正五棱柱的三面投影

正五棱柱三视图的画法如图 4-2 所示，具体步骤为：

(1)画出俯视图的投影“正五边形”，如图 4-2(a)所示。

(2)利用长对正的投影关系画出主视图，如图 4-2(b)所示。

(3)利用宽相等的关系画出左视图，如图 4-2(c)所示。

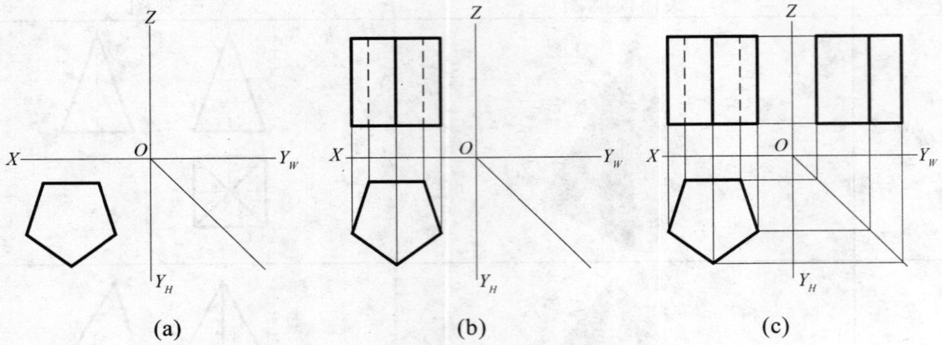

图 4-2 正五棱柱三面投影图的画法

三、棱锥体三视图的画法

棱锥体由底面、侧面、棱线和锥顶组成。在画图时，尽量将棱锥的底面放置为水平面，其余侧面放置为投影面垂直面。

【例 4-2】 如图 4-3 所示为正三棱锥的三面投影直观图，画出该正三棱锥的三视图。

解 该正三棱锥的底面为水平面，后侧面是侧垂面，其余两侧面都是一般位置平面。棱线 *SA* 为侧平线，棱线 *SB* 和 *SC* 为一般位置直线。

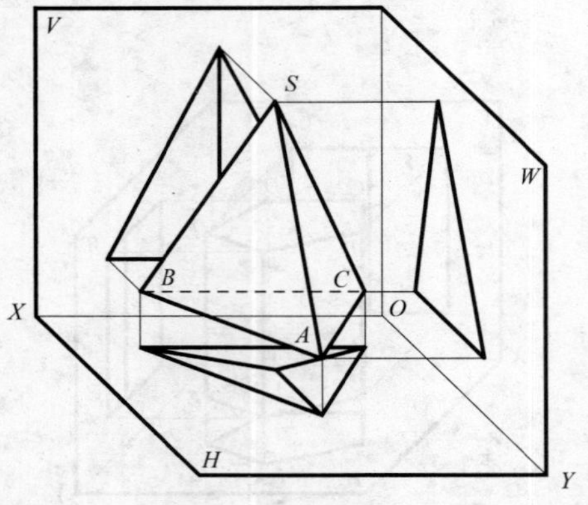

图 4-3 正三棱锥体投影分析

正三棱锥体投影图的画法如图 4-4 所示，具体步骤为：

(1)画出俯视图的投影“正三边形”，并从三角形的角点向三角形的中点连线，如图 4-4(a)所示。

(2)利用长对正的对应投影关系画出主视图，如图 4-4(b)所示。

(3)利用宽相等的对应投影关系画出左视图，如图 4-4(c)所示。

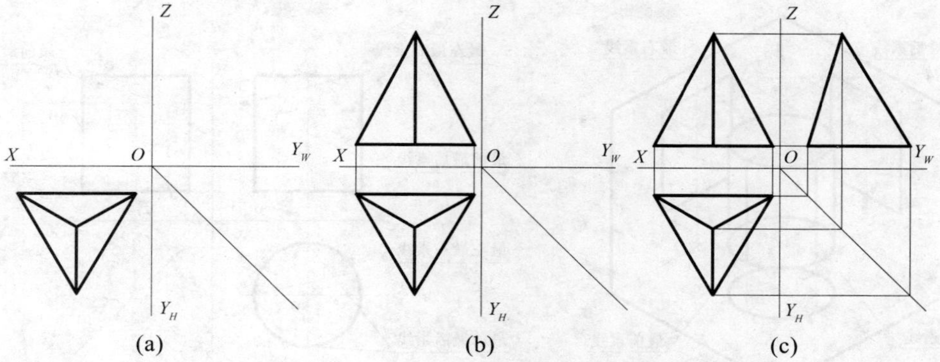

图 4-4　正三棱锥三视图的画法

第二节　曲面基本体的三视图

曲面基本体的表面是由一条母线绕固定轴线旋转而成的，母线在旋转过程中的每一个具体位置称为曲面的素线。因此，可以认为曲面基本体的曲面上存在着无数条素线。

圆柱面上的素线是与轴线平行的直线，如图 4-5(a)所示。

圆锥面上的素线是相交于锥顶的直线，如图 4-5(b)所示。

圆球面上的素线是圆，如图 4-5(c)所示。球面上有三个最大的圆分别称为：水平素线圆、正平素线圆和侧平素线圆。

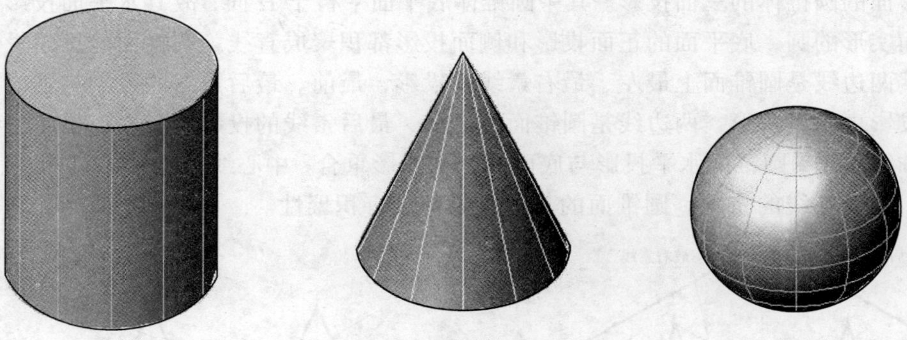

图 4-5　曲面体及表面上的素线

一、圆柱体的投影

图 4-6 为一轴线垂直于水平投影面的正圆柱体的直观投影图和三面投影图。

圆柱体由圆柱面和上下端面所围成，圆柱的上下两端面为水平面，它的水平投影反映实形，正面投影和侧面投影均积聚为直线。

圆柱体轴线垂直于水平投影面，圆柱面的水平投影积聚在上、下端面的圆上，圆柱面的正面投影和侧面投影都为矩形。

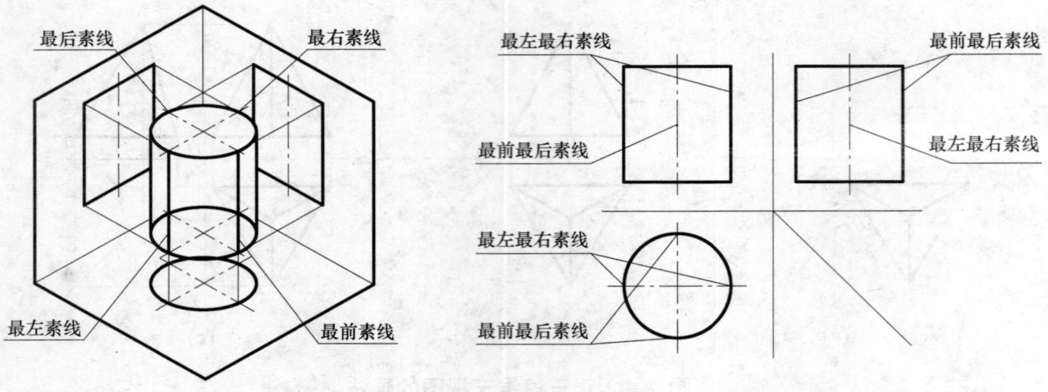

(a)直观投影图　　(b)三面投影图

图 4-6　正圆柱体的三面投影分析

圆柱体的正面投影图中矩形的两边线为最左和最右素线的投影，轴线处为最前、最后素线的投影位置；圆柱体的侧面投影图中矩形的两边线为最前、最后素线的投影，轴线处为最左、最右素线的投影位置。

应当注意的是在投影图中用点画线画出圆柱体轴线的投影和圆的中心线。

二、圆锥体的投影

圆锥体是由圆锥面和底平面所围成的，如图 4-7(a)所示。图 4-7(b)为一轴线垂直于水平投影面的圆锥体的三面投影。其中圆锥体底平面平行于 *H* 面，故其水平面投影为反映底平面实形的圆，底平面的正面投影和侧面投影都积聚成直线。圆锥面的正面投影是三角形，两边线是圆锥面上最左、最右素线的投影，最前、最后素线的投影与轴线重合；侧面投影也是三角形，两边线是圆锥面上最前、最后素线的投影，最左、最右素线的投影与轴线重合，圆锥面水平投影与底面的水平投影重合，中心线是圆锥面上最左、最右、最前、最后素线的位置。圆锥面的三个投影都没有积聚性。

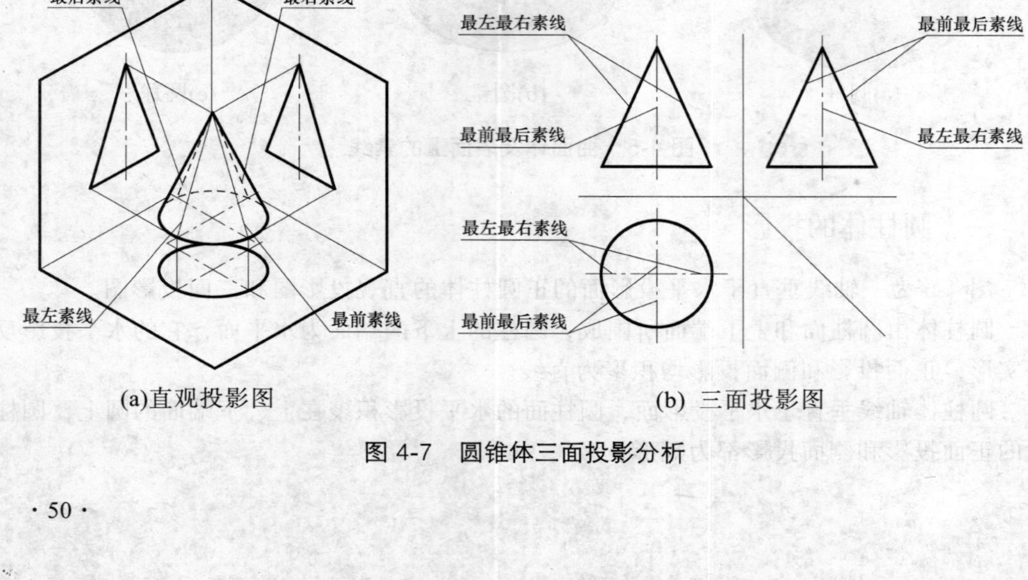

(a)直观投影图　　(b) 三面投影图

图 4-7　圆锥体三面投影分析

圆锥体三面投影图的画法步骤如下：

(1)画水平投影的中心线及底面圆，如图 4-8(a)所示。

(2)确定顶点高度，画出正面投影和侧面投影，如图 4-8(b)所示。

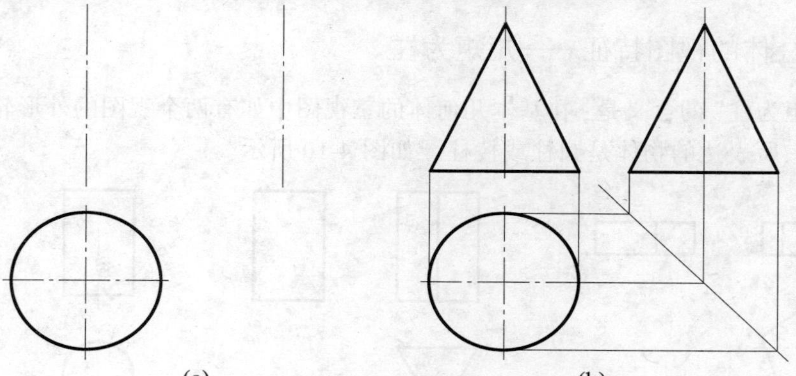

图 4-8　圆锥体的三面投影图画法

三、圆球体的投影

如图 4-9(a)所示，圆球体由球面组成。其三面投影为三个直径相等并等于球径的圆。

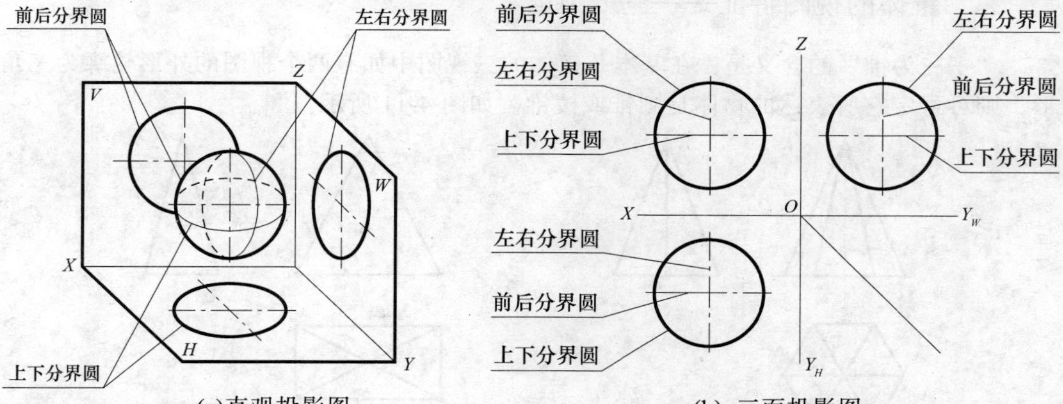

图 4-9　圆球体三面投影分析

水平投影是球面上平行于 *H* 面的最大圆的投影，其正面投影和侧面投影分别与圆的水平中心线重合，用点画线表示。

正面投影是球面上平行于 *V* 面最大圆的投影，其水平投影和侧面投影分别与圆的水平中心线和铅垂中心线重合，用点画线表示。

侧面投影是球面上平行 *W* 面最大圆的投影，其水平投影和正面投影分别与圆的铅垂中心线重合，用点画线表示。

为了学习的方便，可以给圆球体的水平投影圆、正平投影圆、侧平投影圆分别命名为上下半球分界圆、前后半球分界圆、左右半球分界圆，简称为上下分界圆、前后分界圆、左右分界圆。如图 4-9(b)所示。

第三节　基本体的视图特征

一、柱体的视图特征——矩矩为柱

“矩矩为柱”的含义是：在基本几何体的三视图中如有两个视图的外形轮廓为矩形，则可肯定它所表达的物体是圆柱或棱柱。如图 4-10 所示。

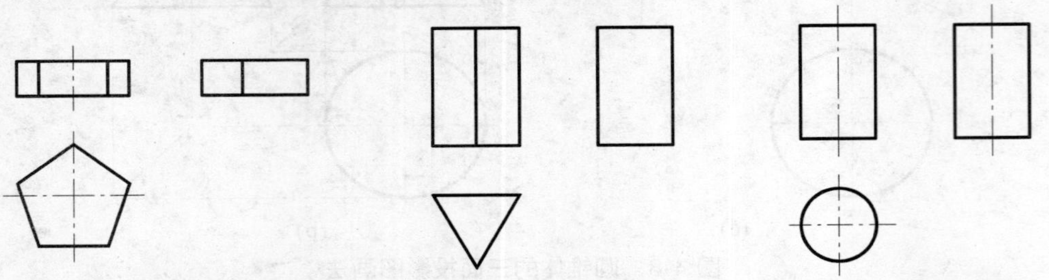

(a)五棱柱　(b)三棱柱　(c)圆柱

图 4-10　柱体的视图特征

二、锥体的视图特征——三三为锥

“三三为锥”的含义是：在基本几何体的三视图中如有两个视图的外形轮廓为三角形，则可肯定它所表达的物体是圆锥或棱锥。如图 4-11 所示。

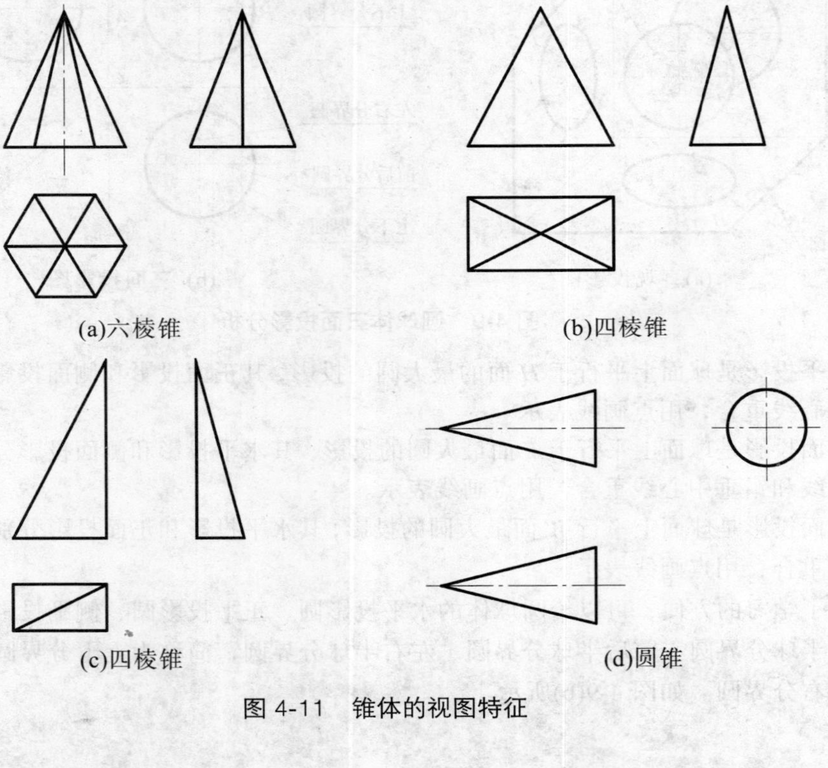

(a)六棱锥　(b)四棱锥

(c)四棱锥　(d)圆锥

图 4-11　锥体的视图特征

三、台体的视图特征——梯梯为台

“梯梯为台”的含义是：在基本几何体的三视图中如有两个视图的外形轮廓为梯形，则可肯定它所表达的物体是圆锥台或棱锥台。如图 4-12 所示。

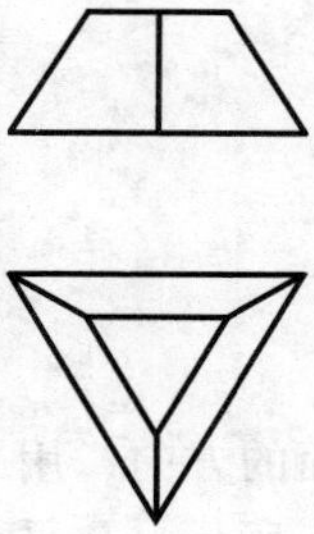

(a)三棱台

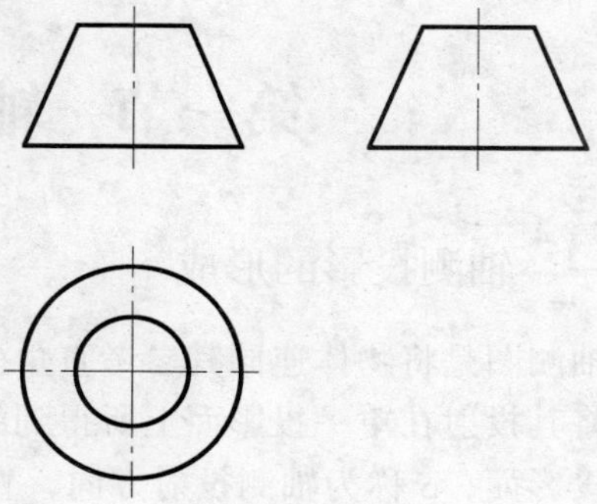

(b)圆台

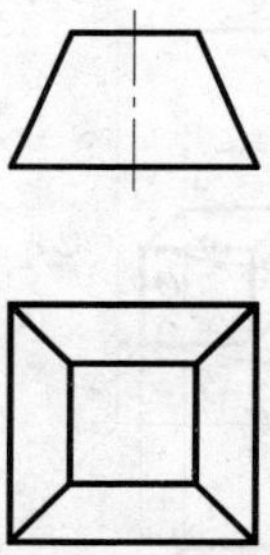

(c)四棱台

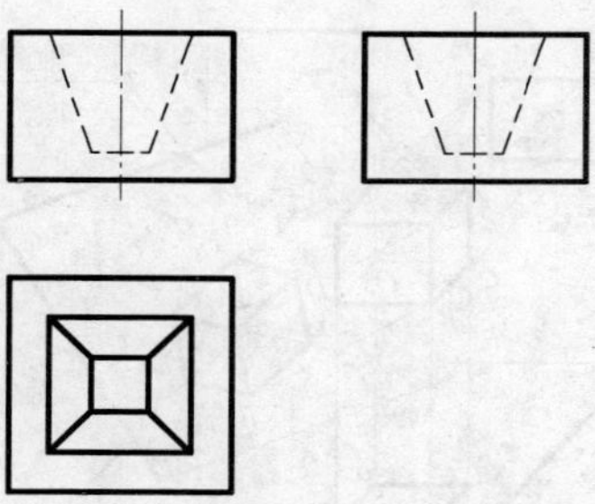

(d)台坑

图 4-12　台体的视图特征

四、球体的视图特征——三圆为球

“三圆为球”的含义是：球体的三视图全部为圆形，如图 4-13 所示。

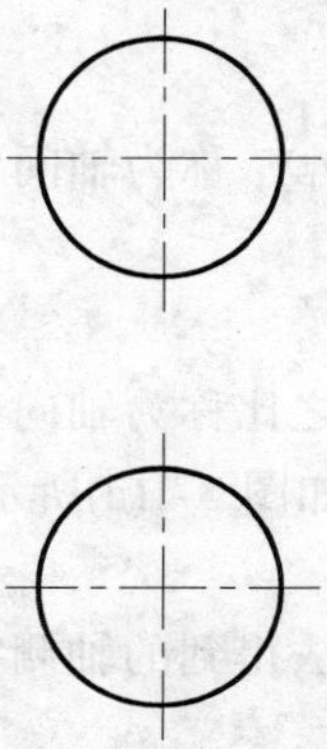

(a)圆球

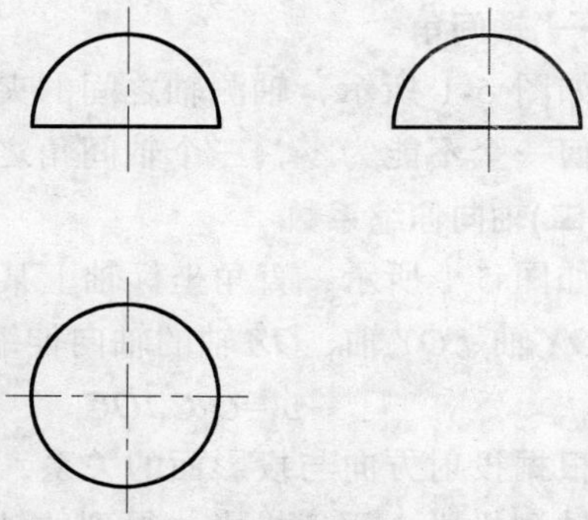

(b)半圆球

图 4-13　圆球的视图特征

第五章　轴测图

第一节　轴测投影的基本知识

一、轴测投影的形成

轴测图是将物体连同其参考直角坐标系，沿不平行于任一坐标面的方向，用平行投影法将其投射在单一投影面上所得到的具有立体感的图形。如图 5-1 所示，P 平面称为轴测投影面，S 称为轴测投射方向，直角坐标轴 OX、OY 及 OZ 在轴测面上的投影 OX_1、OY_1、OZ_1 称为轴测轴。

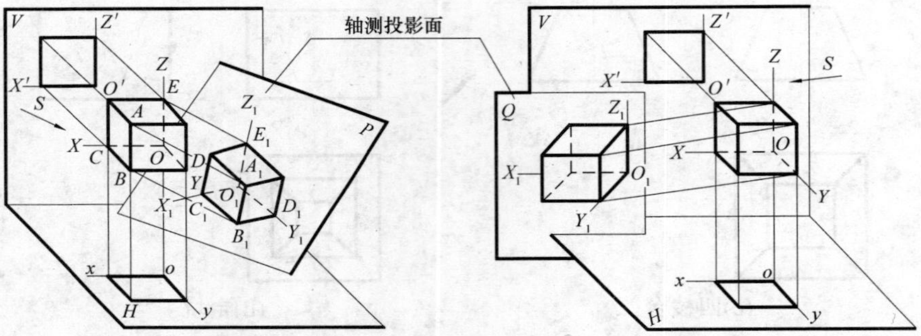

(a)　　　　(b)

图 5-1　轴测投影的形成

二、轴间角和轴向伸缩系数

(一)轴间角

如图 5-1 所示，轴测轴之间的夹角$\angle X_1O_1Y_1$、$\angle Y_1O_1Z_1$、$\angle Z_1O_1X_1$ 称为轴间角，其中任何一个不能为零，三个轴间角之和为 360°。

(二)轴向伸缩系数

如图 5-1 所示，直角坐标轴上某一线段实长与其轴测投影长度之比称为轴向伸缩系数。OX 轴、OY 轴、OZ 轴的轴向伸缩系数分别用 p_1、q_1、r_1 表示。如图 5-1(a)所示，即：

$$p_1=O_1C_1/OC \qquad q_1=O_1D_1/OD \qquad r_1=O_1E_1/OE$$

根据投射方向与投影面的关系，轴测投影可分两种：用正投影法得到的轴测投影称为正轴测投影；用斜投影法得到的轴测投影称为斜轴测投影。

本章将主要介绍正轴测投影中的正等轴测投影(图 5-1(a)所示)和斜轴测投影中的斜二等轴测投影(图 5-1(b)所示)。

三、轴测投影的基本特性

由于轴测图是由平行投影得到的一种投影图，它具有平行投影的特性：

(1)直线的投影一般为直线，特殊情况下积聚为点；

(2)点在直线上，则点的轴测投影仍在该直线的轴测投影上，且点分该直线的比值不变；

(3)空间平行的线段，其轴测投影仍平行，且具有相同的轴向伸缩系数。

由以上平行投影的投影特性可知，当点在坐标轴上时，该点的轴测投影一定在该坐标轴的轴测投影上；当线段平行于坐标轴时，该线段的轴测投影一定平行于该坐标轴的轴测投影，且该线段的轴测投影与其实长的比值等于相应坐标轴的轴向伸缩系数。

第二节　正等轴测图的画法

一、正等轴测图的概念

(一)形成方法

如图 5-1(a)所示，如果使三个坐标轴 OX、OY、OZ 对轴测投影面处于倾角都相等的位置，把物体向轴测投影面投影，所得到的轴测投影就是正等测轴测图，简称正等测图。

(二)参数

图 5-1(a)表示正等测图的轴测轴、轴间角和轴向伸缩系数等参数及画法。从图中可以看出，正等测图的轴间角均为 120°，且三个方向的轴向伸缩系数相等。经数学推导得 $p_1=q_1=r_1=0.82$。为作图简便，实际画正等测图时采用 $p_1=q_1=r_1=1$ 的简化轴向伸缩系数画图，即沿坐标轴方向的所有尺寸都按物体的实际长度画图。但按简化轴向伸缩系数画出的图形比实际物体放大了 1/0.82≈1.22 倍。

二、平面立体正等轴测图的画法

(一)长方体(四棱柱)的正等测图

轴测图的常用画法是坐标法。首先，根据长方体的特点，选择其中一个顶点作为空间直角坐标系的原点，并以过该顶点的三条棱线为坐标轴。先画出轴测轴，然后用各顶点的坐标分别定出长方体的八个顶点的轴测投影，依次连接各顶点即可。作图方法与步骤如图 5-2 所示。

(1)在正投影图上定出原点和坐标轴的位置。如图 5-2(a)所示，选择右侧下方的顶点为原点，经过原点的三条棱线为 OX、OY、OZ 轴。

(2)画出轴测轴 O_1X_1、O_1Y_1、O_1Z_1。在 O_1X_1 轴上量取长方体的长度 a，在 O_1Y_1 轴上量取长方体的宽度 b，画出长方体底面的轴测投影，如图 5-2(b)所示。

(3)过底面各顶点向上作 O_1Z_1 的平行线，在各线上量取长方体的高 h，得到顶面上各点并依次连接，得长方体顶面的轴测投影，如图 5-2(c)所示。

(4)擦去多余的图线并描深，即可得到长方体的正等测图，如图 5-2(d)所示。

(二)正六棱柱体的正等测图

由于正六棱柱前后、左右对称，为了减少不必要的作图线，从顶面开始作图比较方

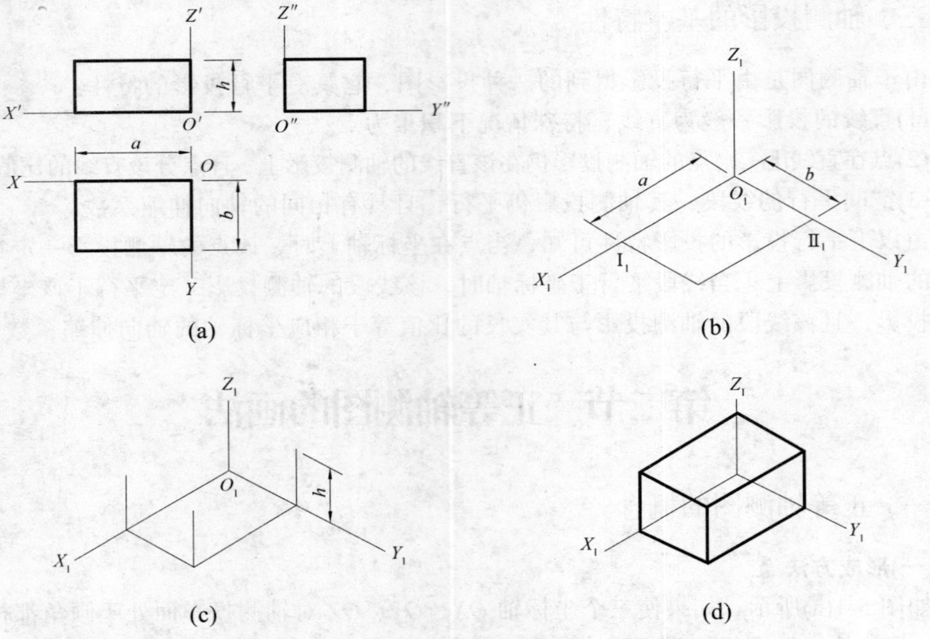

图 5-2　长方体的正等测图

便。所以选择顶面的中心点作为空间直角坐标系原点，棱柱的轴线作为 OZ 轴，顶面的两条对称线作为 OX、OY 轴。然后用各顶点的坐标分别定出正六棱柱的各个顶点的轴测投影，依次连接各顶点即可。作图方法与步骤如图 5-3 所示。

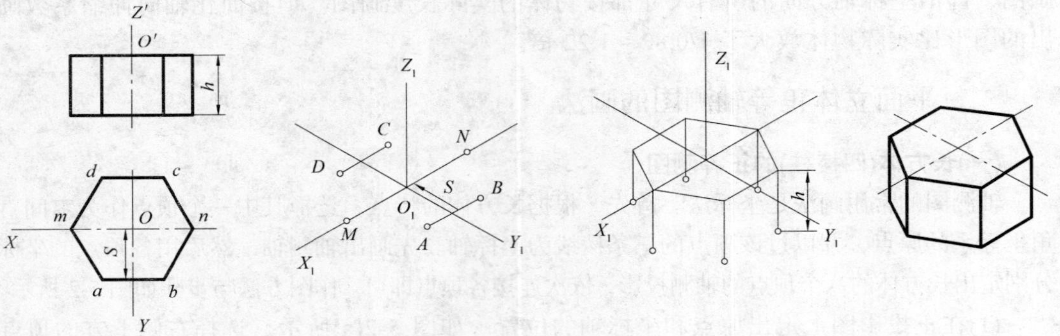

图 5-3　正六棱柱体的正等测图

(1)选定直角坐标系，以正六棱柱顶面的中心点为原点(坐标系原点可以任定，但应注意对于不同位置做原点，顶面和底面各顶点的坐标不同)，如图 5-3(a)所示。

(2)画出轴测轴 O_1X_1、O_1Y_1、O_1Z_1。在 O_1X_1 轴上量取 O_1M、O_1N，使 $O_1M=Om$、$O_1N=On$，在 O_1Y_1 轴上以尺寸 S 来确定 A、B、C、D 各点，依次连接 6 点即得顶面正六边形的轴测投影，如图 5-3(b)所示。

(3)过顶面正六边形各点向下作 O_1Z_1 的平行线，在各线上量取高度 h，得到底面上各点并依次连接，得底面正六边形的轴测投影，如图 5-3(c)所示。

(4)擦去多余的图线并描深，即得到正六棱柱体的正等测图，如图 5-3(d)示。

(三)三棱锥的正等测图

由于三棱锥由各种位置的平面组成，作图时可以先画出锥顶和底面的轴测投影，然后连接各棱线即可。作图方法与步骤如图 5-4 所示。

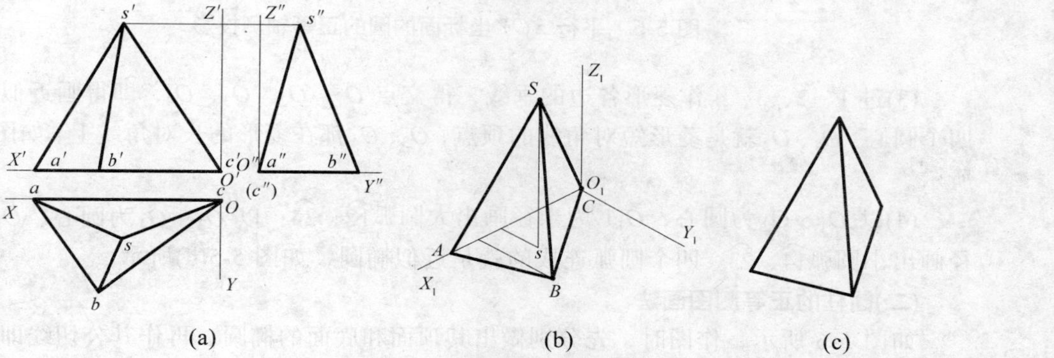

图 5-4 三棱锥的正等测图

(1)在正投影图上定出原点和坐标轴的位置。考虑到作图方便，把坐标原点选在底面上点 C 处，并使 AC 与 OX 轴重合，如图 5-4(a)所示。

(2)画出轴测轴 O_1X_1、O_1Y_1、O_1Z_1。根据坐标关系画出底面各顶点和锥顶 S 在底面的投影 s；过 s 垂直于底面向上作 O_1Z_1 的平行线，在此线上量取三棱锥的高度，得到锥顶 S，如图 5-4(b)所示。

(3)依次连接各顶点，擦去多余的图线并描深，即得到三棱锥的正等测图，如图 5-4(c)所示。

从上述三例的作图过程，可以总结出以下两点：

(1)画平面立体的轴测图时，首先应选好坐标轴并画出轴测轴；然后根据坐标确定各顶点的位置；最后依次连线，完成整体的轴测图。具体画图时，应分析平面立体的形体特征，一般先画前面，再画后面；或者先画上面，再画下面。

(2)为使图形清晰，轴测图中一般只画可见的轮廓线，避免用虚线表达。

三、曲面立体正等轴测图的画法

(一)圆的正等轴测投影

圆的正等轴测投影是椭圆，椭圆常用的近似画法是菱形法，现以平行 XOY 坐标面的圆(或 XOY 坐标面的圆)为例，介绍圆的正等轴测投影。如图 5-5 所示。

(1)过圆心 O 作坐标轴 OX 和 OY，再作四边平行坐标轴的圆的外切正方形，切点为 1、2、3、4。如图 5-5(a)所示。

(2)画出轴测轴 OX_1、OY_1。从 O 点沿轴向直接量圆半径，得切点 1、2、3、4。过各点分别作轴测轴的平行线，即得圆的外切正方形的轴测图——菱形，再作菱形的对角线，如图 5-5(b)所示。

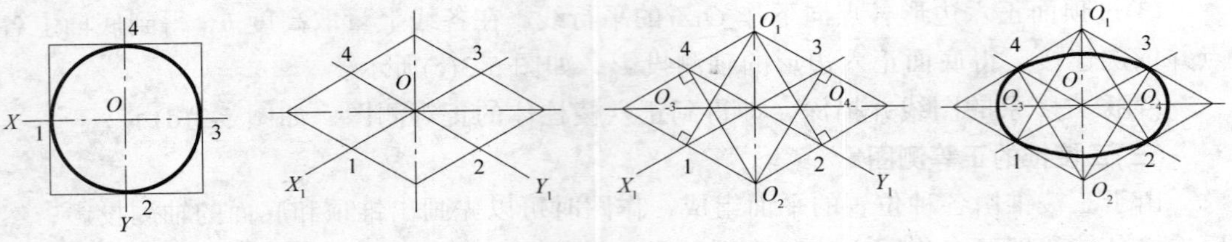

图 5-5　平行 *XOY* 坐标面的圆的正等轴测投影

(3)过 1、2、3、4 作菱形各边的垂线，得交点 O_1、O_2、O_3、O_4，即得画近似椭圆的四个圆心。O_1、O_2 就是菱形短对角线的顶点，O_3、O_4 都在菱形的长对角线上，如图 5-5(c)所示。

(4)以 O_1、O_2 为圆心，$O_1 1$ 为半径画出大圆弧$\overset{\frown}{12}$、$\overset{\frown}{34}$；以 O_3、O_4 为圆心、$O_3 1$ 为半径画出小圆弧$\overset{\frown}{14}$、$\overset{\frown}{23}$。四个圆弧连成的就是近似椭圆，如图 5-5(d)所示。

(二)圆柱的正等测图画法

如图 5-6 所示，作图时，先分别做出其顶面和底面的椭圆，再作其公切线即可。圆孔的正等轴测图画法与圆柱的正等测图画法相同。

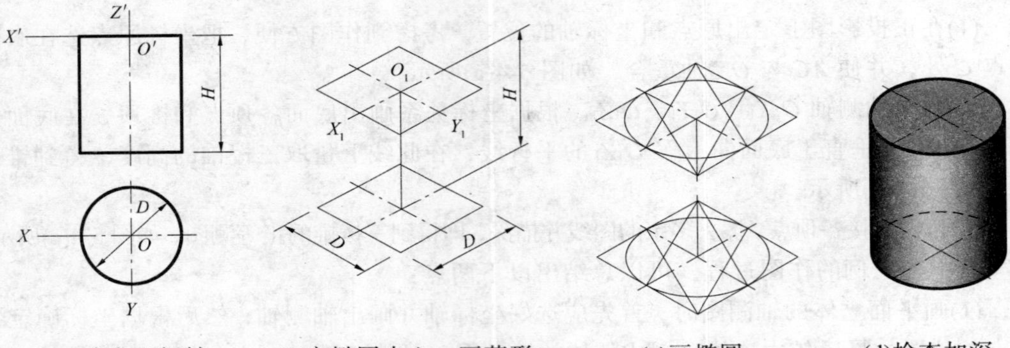

(a)确定坐标轴　(b)定椭圆中心，画菱形　(c)画椭圆　(d)检查加深

图 5-6　圆柱的正等测图画法

在画曲面立体的正等测图时，一定要明确圆所在平面与哪一个坐标面平行，才能确保画出的椭圆正确。不同坐标面上圆的正等轴测图的画图方法相似，但是椭圆的方位不同。如图 5-7 所示。画同轴并且相等的椭圆时，可以在轴线方向上等距离移动圆心和连接点以简化作图，并保持图面的清晰。

(三)圆角的正等测图画法

圆角相当于 1/4 的圆周，因此圆角的正等测图正好是椭圆的四段圆弧中的一段。作图时，可简化为如图 5-8 所示的画法，其作图步骤如下：

(1)在组成角的两条边上分别沿轴向各取一段长度等于半径 *R* 的线段，得 *A*、*B*、*C*、*D* 点，过 *A*、*B* 点和 *C*、*D* 点作相应边的垂线分别交于 O_1 及 O_2。以 O_1 及 O_2 为圆心，以 O_1A 及 O_2C 为半径作弧，即为圆角的轴测图，如图 5-8(b)所示。

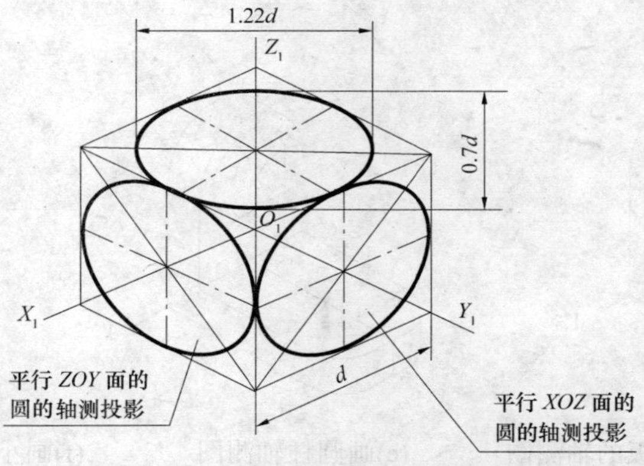

图 5-7　平行于坐标面的圆的正等轴测图

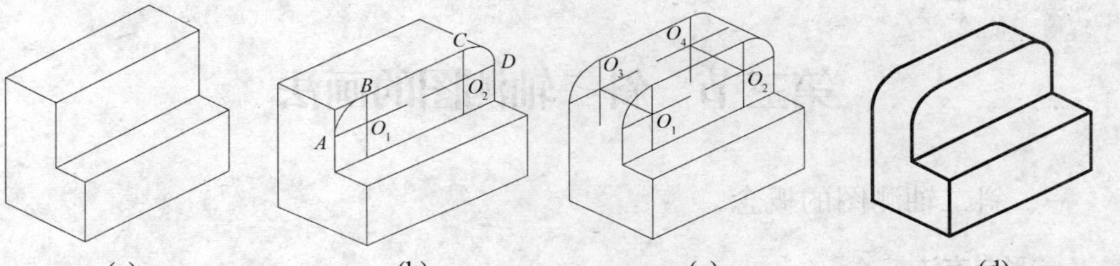

图 5-8　圆角的正等测图画法

(2)将 O_1 及 O_2 点垂直往后移(*Y* 方向)，取 $O_1O_3=O_2O_4=h$(板厚)，得 O_3、O_4 点。以 O_3 及 O_4 为圆心，以 O_1A 及 O_2C 为半径作弧，得后面圆角的轴测图，再作 O_2、O_4 两圆弧的公切线，如图 5-8(c)所示。

(3)擦去多余的图线并描深，即得到圆角的正等测图，如图 5-8(d)所示。

四、组合体的正等轴测图

支座由带圆角的底板、带圆弧的竖板和圆柱凸台组成。画图时应按照叠加的方法，逐个画出各部分形体的正等轴测图，即可完成支座的正等轴测图。步骤如图 5-9 所示。

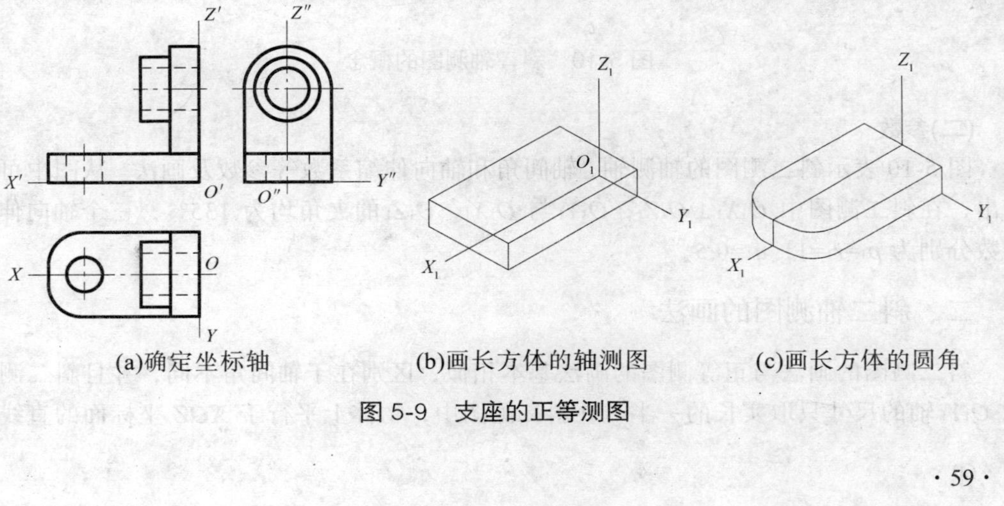

(a)确定坐标轴　　(b)画长方体的轴测图　　(c)画长方体的圆角

图 5-9　支座的正等测图

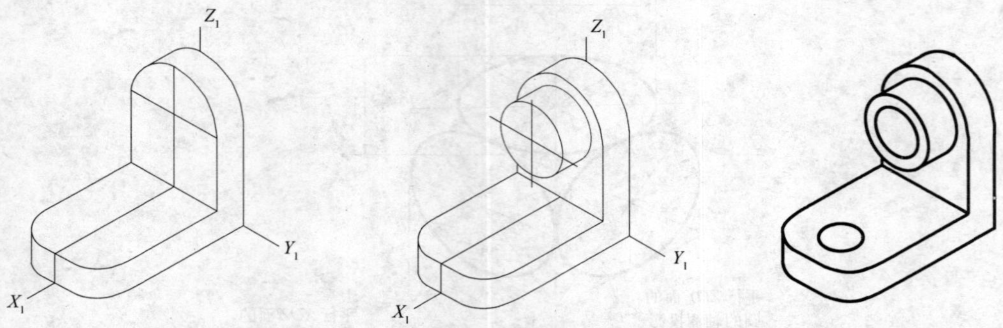

(d)确定竖板位置，画竖板的轴测图　　(e)画圆柱轴测图　　(f)画小孔的轴测图，检查加深

续图 5-9

第三节　斜二轴测图的画法

一、斜二轴测图的概念

(一)形成方法

如图 5-10 所示，如果使物体的 *XOZ* 坐标面对轴测投影面处于平行的位置，采用斜投影法得到的轴测投影称为斜轴测图。这里只介绍斜二轴测图，简称斜二测图。

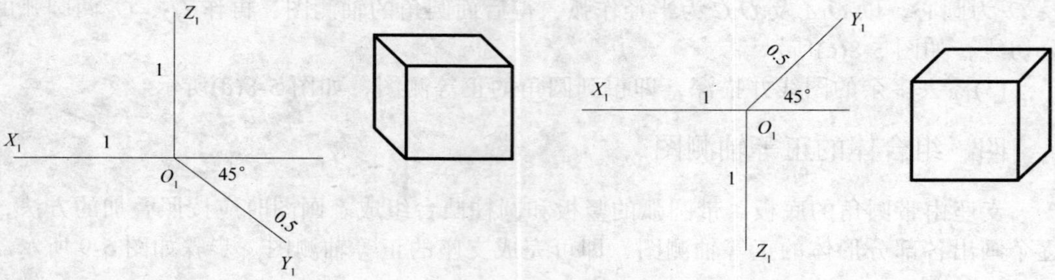

图 5-10　斜二轴测图的概念

(二)参数

图 5-10 表示斜二测图的轴测轴、轴间角和轴向伸缩系数等参数及画法。从图中可以看出，在斜二测图中 $O_1X_1 \perp O_1Z_1$，O_1Y_1 与 O_1X_1、O_1Z_1 的夹角均为 135°，三个轴向伸缩系数分别为 $p_1=r_1=1$，$q_1=0.5$。

二、斜二轴测图的画法

斜二测图的画法与正等测图的画法基本相似，区别在于轴间角不同，并且斜二测图沿 O_1Y_1 轴的尺寸只取实长的一半。在斜二测图中，物体上平行于 *XOZ* 坐标面的直线和平面图形均反映实长和实形，所以当物体上有较多的圆或曲线平行于 *XOZ* 坐标面时，采用斜二测图比较方便。

下面以两个图例来介绍斜二测图的画法。

(一)四棱台的斜二测图

作图方法与步骤如图 5-11 所示：

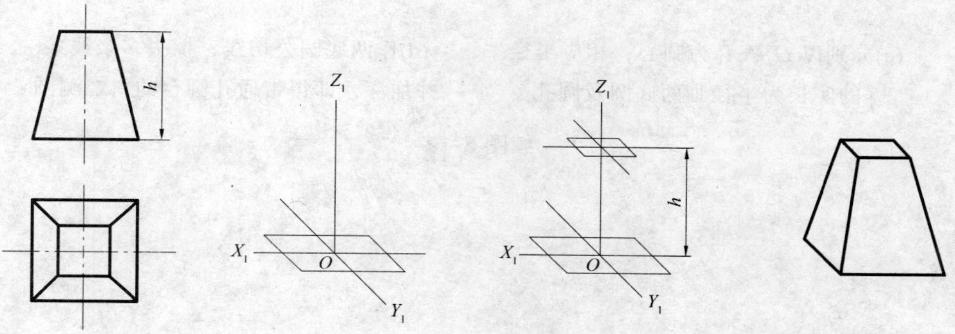

(a)　　(b)　　(c)　　(d)

图 5-11　四棱台的斜二测图

(1)画出轴测轴 O_1X_1、O_1Y_1、O_1Z_1。作出底面的轴测投影，如图 5-11(b)所示。注意：在 O_1X_1 轴上按 1∶1 截取，在 O_1Y_1 轴上按 1∶2 截取。

(2)在 O_1Z_1 轴上量取正四棱台的高度 *h*，作出顶面的轴测投影，如图 5-11(c)所示。

(3)依次连接顶面与底面对应的各点，得到侧面的轴测投影，擦去多余的图线并描深，即得到正四棱台斜二测图，如图 5-11(d)所示。

(二)圆台的斜二测图

作图方法与步骤如图 5-12 所示。

必须注意，只有平行与 *XOZ* 坐标面的圆的斜二测投影才反映实形，仍然是圆。而平行与 *XOY* 坐标面和平行与 *YOZ* 坐标面的圆的斜二测投影都是椭圆。

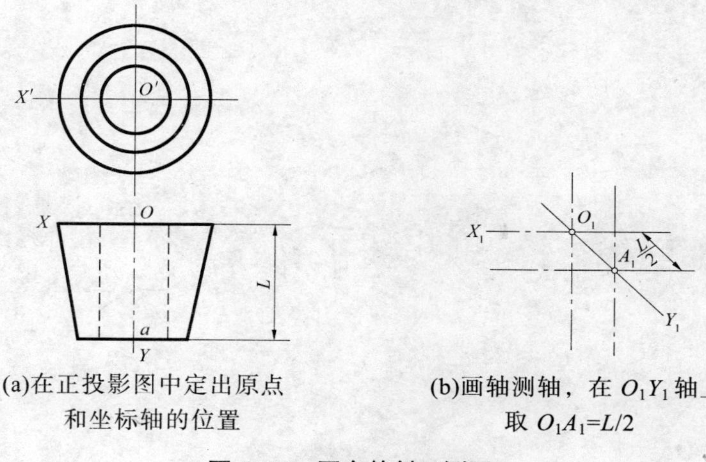

(a)在正投影图中定出原点和坐标轴的位置

(b)画轴测轴，在 O_1Y_1 轴上取 $O_1A_1=L/2$

图 5-12　圆台的斜二测图

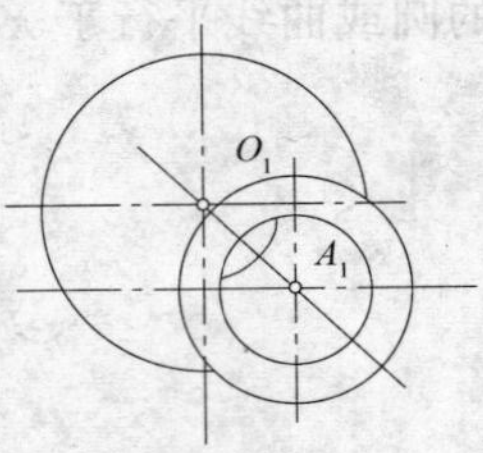

(c)分别以 O_1、A_1 为圆心，相应半径的实长为半径画两底圆及圆孔

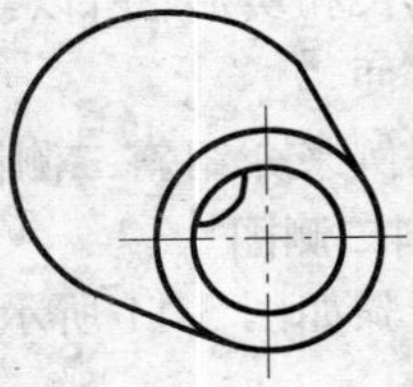

(d)作两底圆公切线，擦去多余线条并加深，即得带通孔圆台的斜二测圆

续图 5-12

第六章　基本体的截交线与相贯线

任何复杂的零件都可以视为由若干基本几何体经过叠加、切割以及穿孔等方式而形成。用截平面截切基本体，该截平面与基本体表面的交线，称为截交线。两基本体相交，表面形成的交线，称为相贯线。

第一节　平面基本体的截交线

一、平面基本体表面上点的投影

由于平面体的构成面都是平面，因此平面体的投影，可以看做是构成基本几何体的各个平面按其相对位置投影的组合。求平面体表面上点的投影就是求平面上点的投影。

(一)求棱柱体表面上点的投影

一般情况下，正棱柱体各棱面均为投影面的垂直面或平行面，棱面在所垂直的投影面上的投影积聚成直线，则棱面上点的投影也积聚在直线上，利用这种投影关系可直接求出点的三面投影。这种利用平面投影积聚性求点的方法称做积聚性法。

如果点在某个视图中不可见，则在注写表示点的符号时加上括号。

【例 6-1】　如图 6-1(a)所示，在五棱柱体正面投影图上有一点 a'，侧面投影图的棱线上有一点 b''。求五棱柱体表面上 A、B 两点的其余两投影。

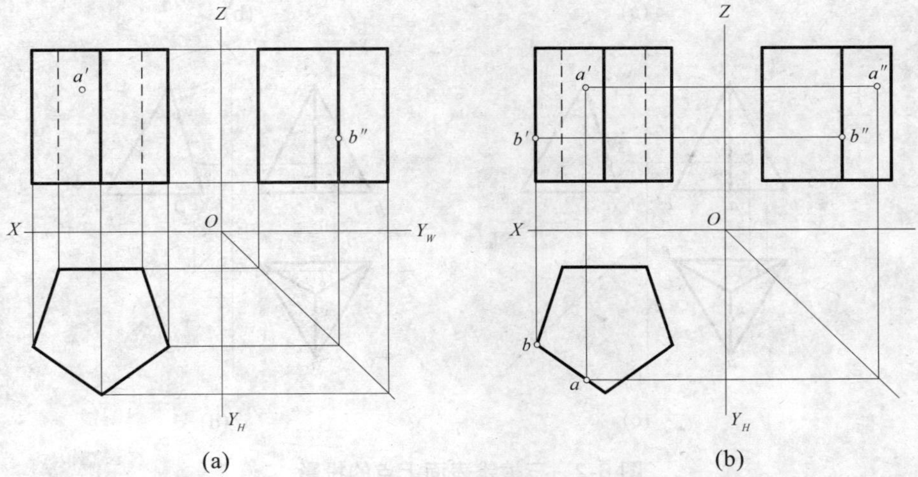

图 6-1　正五棱柱表面上点的投影

解　五棱柱五个侧面的水平投影都积聚成直线与正五边形重合，点 A 的水平投影积聚在该点所在棱面上的积聚投影上，点 B 的投影也在其所在棱线的投影上。作图方法如

图 6-1(b)所示。

(二)求棱锥体表面上点的投影

在棱锥体表面求点时，要确定点所在的表面位置，如果点所在的棱面是投影面的垂直面，可利用积聚性法求点的三面投影；如果点所在的平面为一般位置平面，则利用上一章讲到的平面上求点的方法，即在平面上作辅助线求点的投影，这种求点方法称为辅助直线法。

【例 6-2】 如图 6-2(a)所示为三棱锥三面投影图，侧面投影图中三棱锥的棱线上有一点 g''，水平投影图中 sbc 棱面上有一点 k。求三棱锥表面上 G、K 两点的其余两投影。

解 点 G 在三棱锥的 SA 棱线上，则点 G 的投影都在该棱线的同名投影上，利用点的投影规律可直接作出该点的各面投影，如图 6-2(b)所示；点 K 在棱面 SBC 上，求点 K 的投影，可以应用辅助直线法，如图 6-2(c)所示；由于 SBC 平面是侧垂面，在左视图上积聚成直线，也可以用积聚性法求出该点的各面投影，如图 6-2(d)所示。

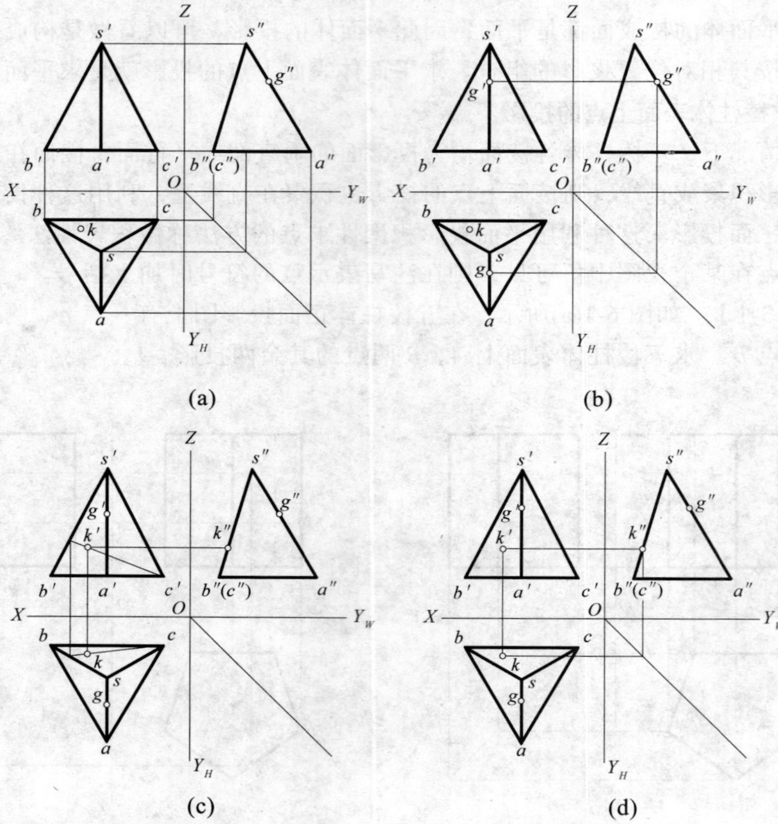

图 6-2 三棱锥表面上点的投影

二、平面基本体的截交线

图 6-3 所示是截平面截切四棱锥的情况。由于平面基本体的表面都是平面，所以截

交线是封闭的多边形，多边形的各顶点是平面基本体各棱线上的点。因此，作平面体上截交线的投影，就是求直线上点的投影。

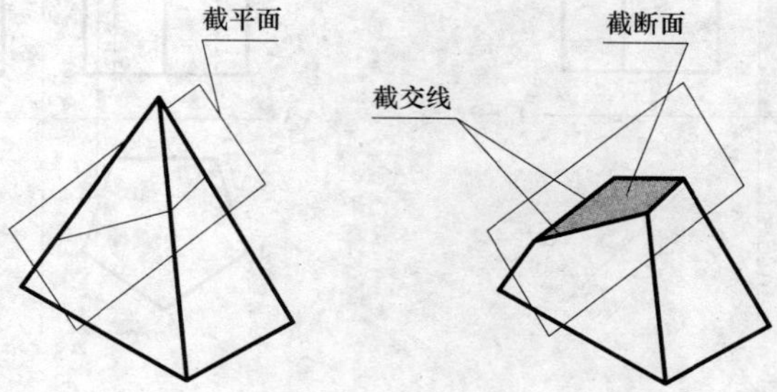

图 6-3　平面体的截交线

【例 6-3】　求作图 6-4 所示的五棱柱被截切后的三面投影图。

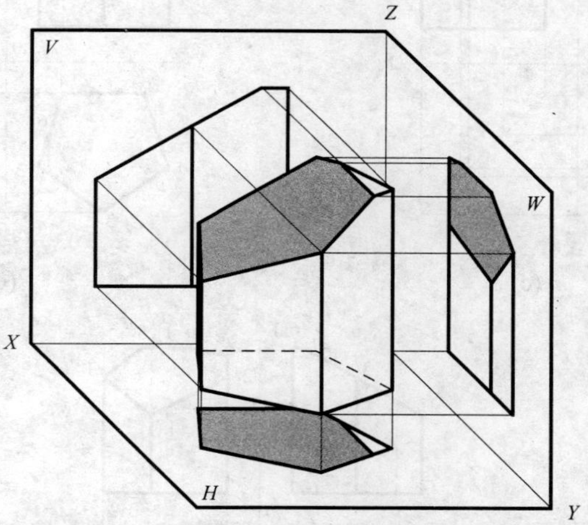

图 6-4　截切后的五棱柱

解　当截平面处于与投影面垂直的位置时，截平面的投影具有积聚性。也就是说截交线都积聚在该投影上，求截交线的投影就是利用截交线的该投影求出其余两面投影。

具体作图过程如下：

(1)作截平面的积聚性投影。让截平面的位置与正面垂直，先绘出完整五棱柱的三面投影图，在正面投影上根据截平面的倾斜位置画出截平面的积聚性投影(直线)。如图 6-5(a)所示。

(2)在截平面的积聚性投影上，确定截交线上所有点的投影位置。如图 6-5(b)所示，截平面在正面投影图上的积聚性投影为直线，首先可以确定棱线与直线的交点 1、2、3、4 四个点是截交线上的点。直线与上端面也有一个交点，由于上端面是水平面，有前、后的边线，它与截平面相交会形成 5、6 两个交点，5′、6′ 两点重合。由此可以确定本例的截交线有六个点构成，其图形是封闭的六边形。

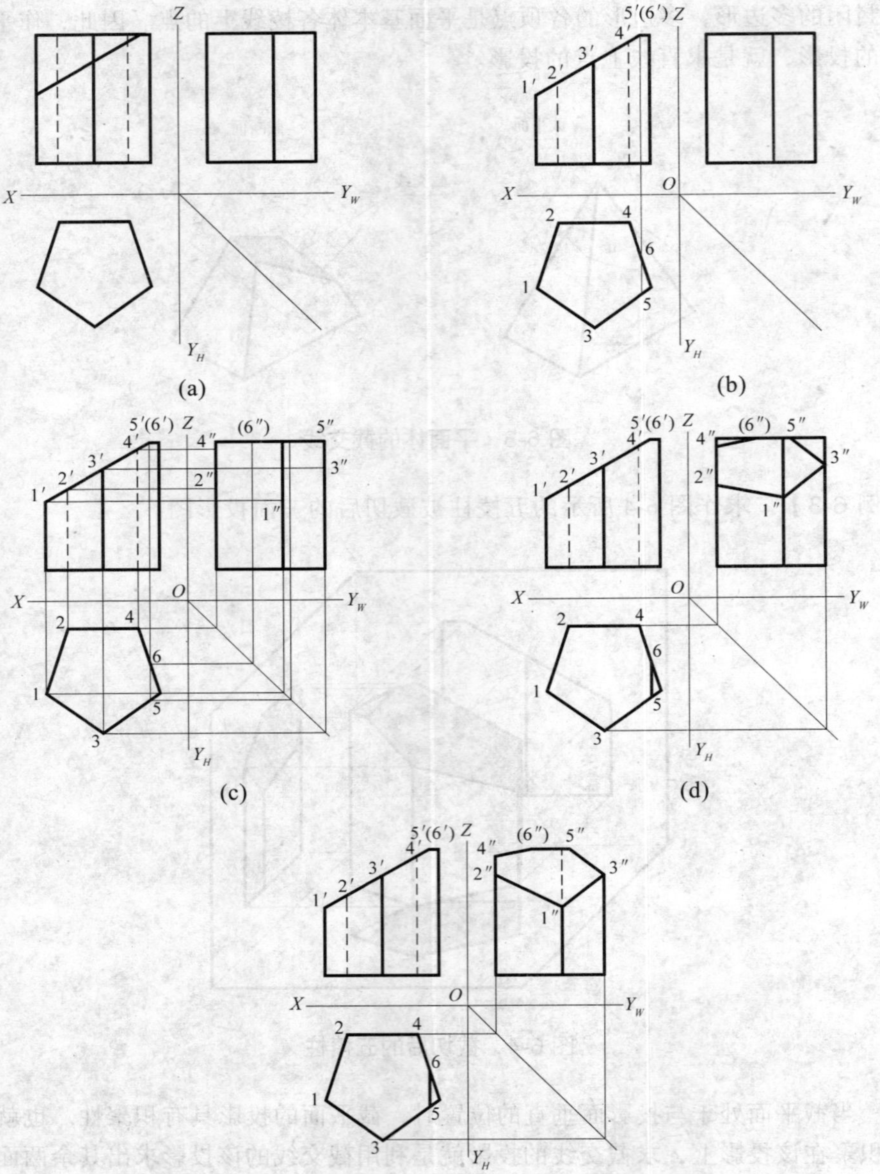

图 6-5　五棱柱被截切后的投影作图过程

这六个点在水平投影图中的位置很容易被确定，1、2、3、4 在棱线上，5、6 在上端面的边线上。

(3)作出截交线上各点的其余投影。确定了 1、2、3、4、5、6 点的正面投影位置，根据点、线的从属关系和投影规律，可求出各点的侧面投影，如图 6-5(c)所示。

(4)连接截交线上各点的同名投影，得截交线的投影，如图 6-5(d)所示。

(5)修剪或擦除多余的图线。去掉多余的图线，补上虚线，完成作图。如图 6-5(e)所示。

【例 6-4】 如图 6-6(a)所示，为一带缺口的三棱锥，试完成棱锥体的三面投影图。(图中双点画线为三棱锥原始轮廓线)

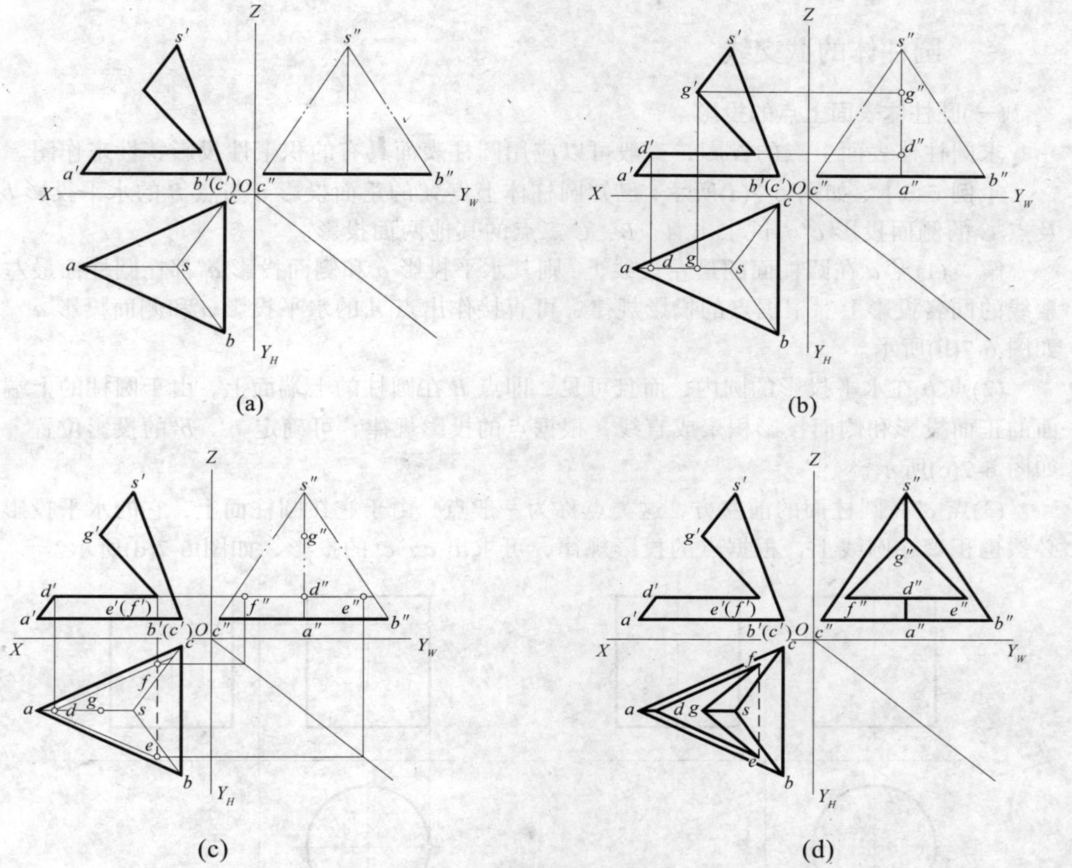

图 6-6 带缺口的三棱锥的投影作图过程

解 三棱锥的缺口是由一个水平面和一个正垂面切割而形成的。因水平截平面平行于底面，所以它与前棱面的交线 *DE* 必平行于底边 *AB*，与后棱面的交线 *DF* 必平行于底边 *AC*。正垂截平面分别与前、后棱面相交于直线 *GE*、*GF*。由于两个截平面都垂直于正面，所以它们的交线 *EF* 一定是正垂线。因这两个截平面都垂直于正面，所以 $d'e'$、$d'f'$ 和 $g'e'$、$g'f'$ 都分别重合在截平面有积聚性的正面投影上，$e'f'$ 则位于截平面有积聚性的正面投影的交点处。

作图过程：

(1)如图 6-6(b)所示，由 d'、g'分别在 sa、$s''a''$上作出 d、d''、g、g''。

(2)如图 6-6(c)所示，由 d 作 $de//ab$，$df//ac$，再分别由 e'、f' 在 de、df 上作出 e、f，由 e、e'和 f'、f 作出 e''、f''。

(3)如图 6-6(d)所示，依次连接各点的同名投影，在水平投影中，因 ef 被三个棱面 *SAB*、*SBC*、*SCA* 的水平投影所遮而不可见，故画成虚线。

第二节　曲面基本体的截交线

一、圆柱体的截交线

(一)圆柱体表面上点的投影

求圆柱体表面上点的投影，一般可以应用圆柱表面具有的积聚性投影特性来作图。

【例 6-5】 如图 6-7(a)所示，已知圆柱体上点 A 的正面投影 a'与点 B 的水平投影 b 及点 C 的侧面投影 c''。试求出 A、B、C 三点的其他两面投影。

解　(1)点 a'在圆柱面的最左素线上，则其水平投影 a 和侧面投影 a''都在圆柱面最左素线的同名投影上。根据点的投影规律，可直接作出点 A 的水平投影 a 和侧面投影 a''。如图 6-7(b)所示。

(2)点 b 在水平投影的圆内，而且可见，即点 B 在圆柱的上端面上，由于圆柱的上端面的正面投影和侧面投影积聚成直线，根据点的投影规律，可确定 b'、b''的投影位置。如图 6-7(c)所示。

(3)点 c''在圆柱面的前左方，这类点称为一般点，由于它在圆柱面上，它的水平投影必然也积聚在圆线上，根据点的投影规律，可求出 c、c' 的投影，如图 6-7(d)所示。

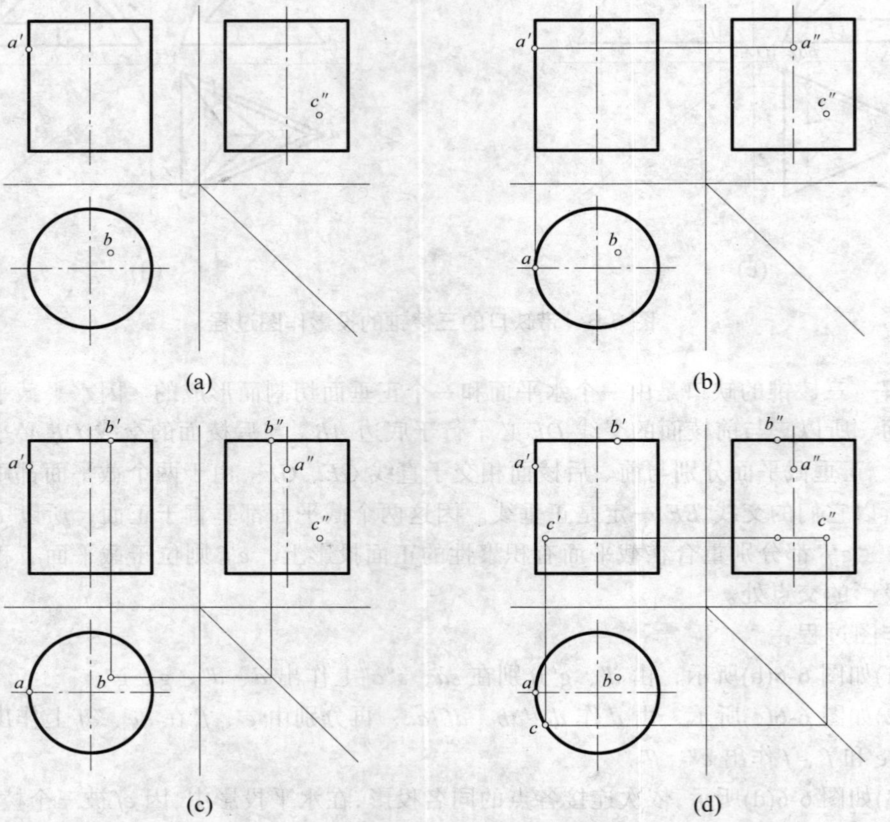

图 6-7　求圆柱面上点的投影作图过程

(二)圆柱体的截交线

根据截切平面与圆柱的相对位置不同，截交线有以下几种常见情况，见表 6-1。

表 6-1　平面与圆柱的交线

截平面位置	平行或垂直于轴线			倾斜于轴线
实体图				
三视图	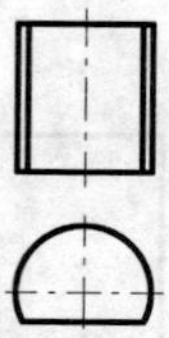	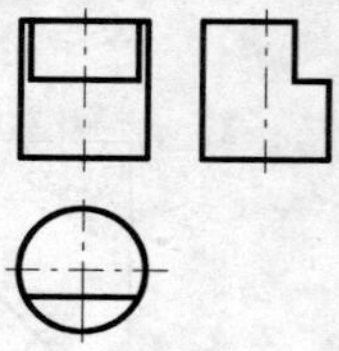	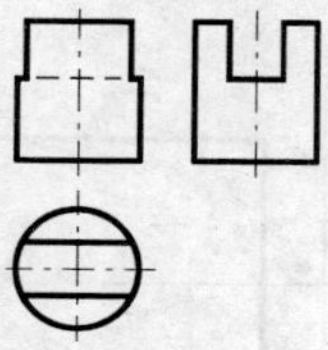	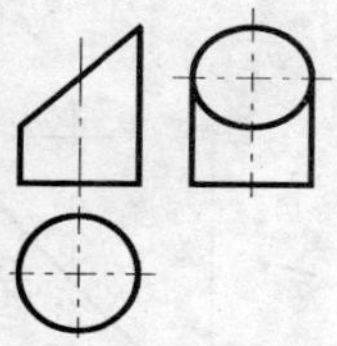
截交线	直线或圆弧			椭圆

【例 6-6】　如图 6-8(a)所示为圆柱被正垂面截切，试作出截切后圆柱的三视图。

解　圆柱被正垂面(倾斜于轴线)截切，截交线为一椭圆。因圆柱面垂直于水平面，其水平投影有积聚性，所以截交线的水平投影积聚在圆周上；因截平面垂直于正面，其正面投影积聚成一斜线，故交线的正面投影也积聚在这条斜线上；因截平面倾斜于侧面，故截交线的侧面投影是椭圆。作图时，根据投影规律可找出交线上 A、B、C、D、E、F、G、H 点的三面投影，如图 6-8(a)所示，然后将各点光滑地连成椭圆。(如应用计算机绘图，只需找 A、B、C、D 四个特殊点)

作图步骤：

(1)作出完整的圆柱三面投影图，在正面投影上作出截平面的积聚投影，如图 6-8(b)所示。

(2)求特殊点。截平面的正面投影与圆柱面上最前、最后、最左、最右素线的交点 A、B、C、D 称为特殊点，由正面投影可求出特殊点的侧面投影 a''、b''、c''、d''。$a''b''$、$c''d''$ 分别为椭圆的长短轴，如图 6-8(c)所示。

(3)求一般点。在交线正面投影上取 e'、(f')，利用积聚性求出水平投影 e、f，再根据投影规律求出其侧面投影 e''、f''，然后根据点的对称性再求出点 g''、h''，如图 6-8(d)所示。

(4)依次光滑连接各点，形成一个椭圆(此椭圆在 cd 处与圆柱前后轮廓线相切)擦去被切掉的图线，加深轮廓，完成作图，如图 6-8(e)所示。

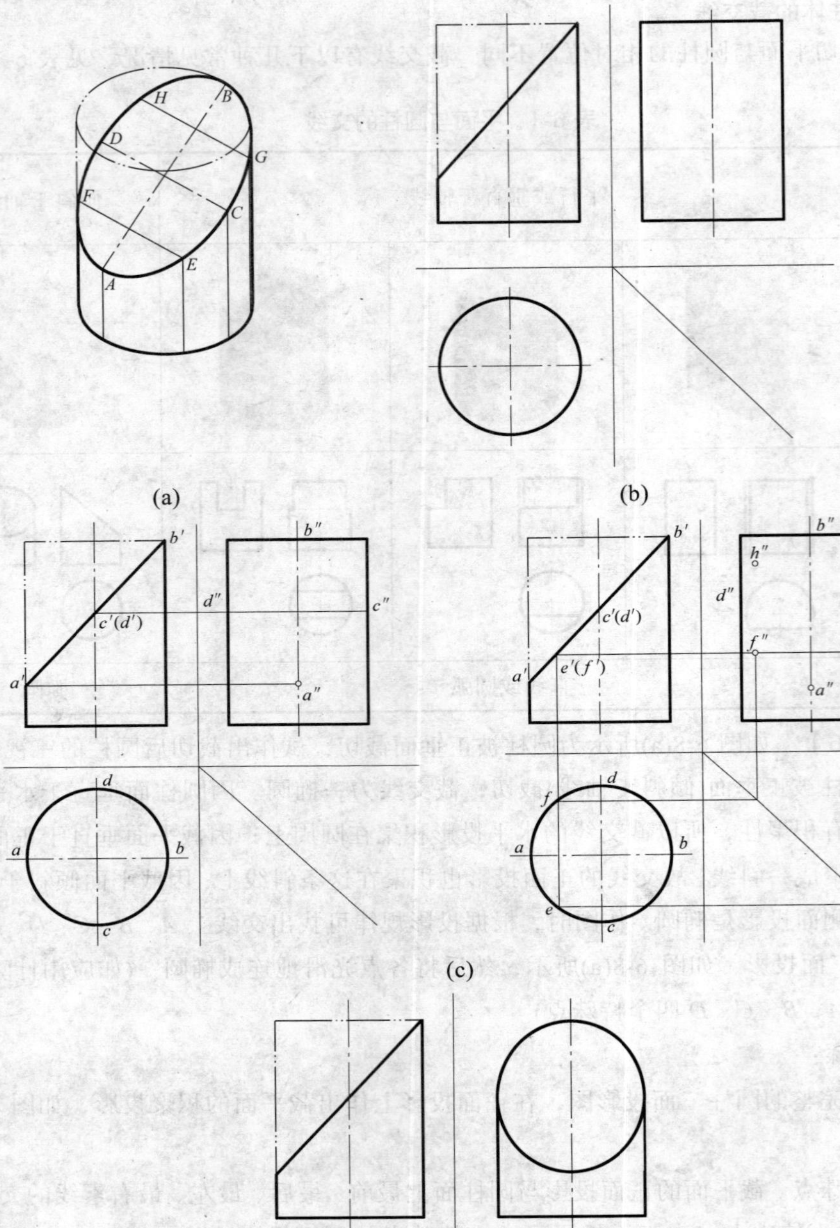

图 6-8　斜切圆柱截交线的作图过程

【例 6-7】 如图 6-9(a)所示，圆柱体被截去一角，试完成其水平投影和侧面投影。

解 截平面是侧平面和水平面，作图过程如图 6-9(b)所示。

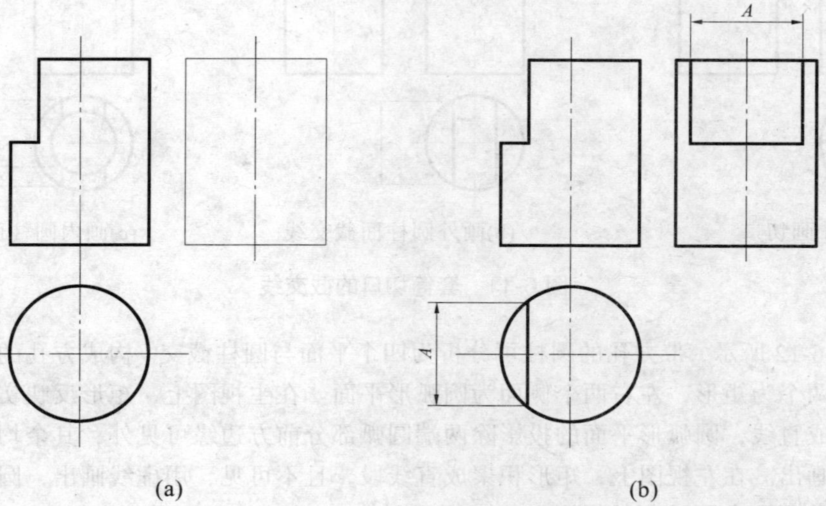

图 6-9 截切圆柱截交线的作图过程

【例 6-8】 图 6-10 所示模型为圆柱筒上部有一切口，试作出其三面投影图。

图 6-10 圆柱筒切口模型

解 圆柱筒切口可看做是截平面截切内外两个圆柱面，为便于分析，在作图时可先作出截平面与外圆柱面的截交线，再作出截平面与内圆柱面的截交线。

切口是由一个水平面和两个侧平面截切圆柱体形成的。在正面投影中，三个平面均积聚为直线；在水平投影中，两个侧平面积聚为直线，水平面为带圆弧的平面图形，且反映实形；在侧面投影中，两个侧平面为矩形且反映实形，水平面积聚为直线(被圆柱面遮住的一段不可见，应画成虚线)。应当指出，在侧面投影中，圆柱面上的最前和最后素线被切去的部分不应画出。

作图步骤如图 6-11 所示。

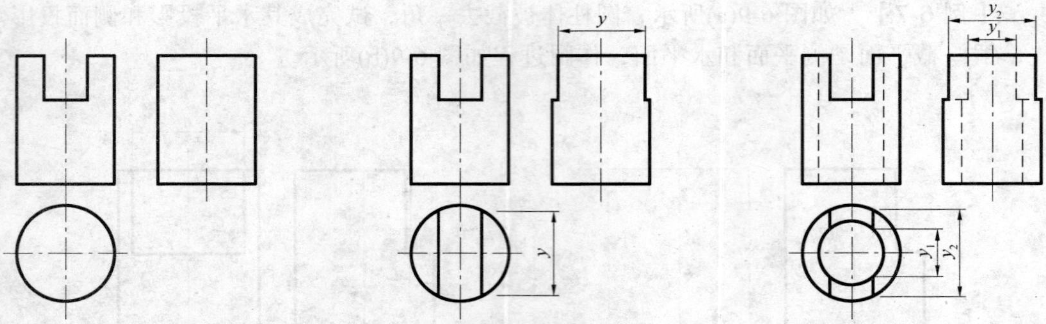

(a)画切口　　(b)画外圆柱面截交线　　(c)画内圆柱面截交线

图 6-11　套筒切口的截交线

如图 6-12 所示，带方孔的圆柱可分析为四个平面与圆柱截交。构成方孔的四个平面中，前后两个为矩形，左右两个侧面为圆弧形平面。在主视图上，矩形反映实形，圆弧平面积聚成直线，圆弧形平面的投影除两端圆弧部分前方边缘可见外，其余均不可见，故用虚线画出。在左视图上，矩形积聚成直线段，且不可见，用虚线画出，圆弧形平面反映实形且积聚在圆柱面的投影上，不用再画出。

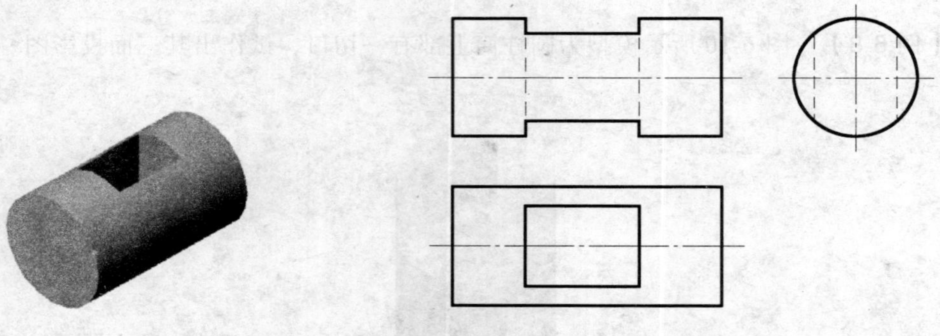

(a)　　(b)

图 6-12　带方孔圆柱的截交线

二、圆锥体的截交线

(一)圆锥体表面上点的投影

根据圆锥体的形成可知，圆锥面的三个投影都没有积聚性，所以在圆锥表面上取点时，不能采用积聚性法，必须借助辅助直线或者辅助圆，利用点和线的从属性来求解，这两种方法分别称为辅助素线法和辅助圆法。如图 6-13 所示。

【例 6-9】 如图 6-14 所示，已知圆锥面上 A 的正面投影 a' ，求点 A 的其他两面投影。

解　分别用辅助素线法和辅助圆法作图求解：

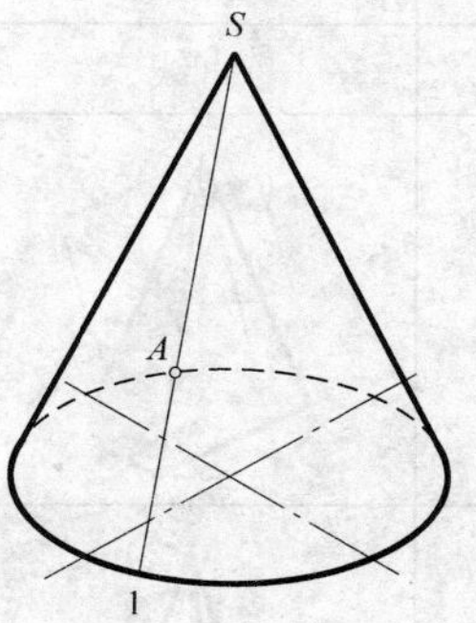

(a)辅助素线法

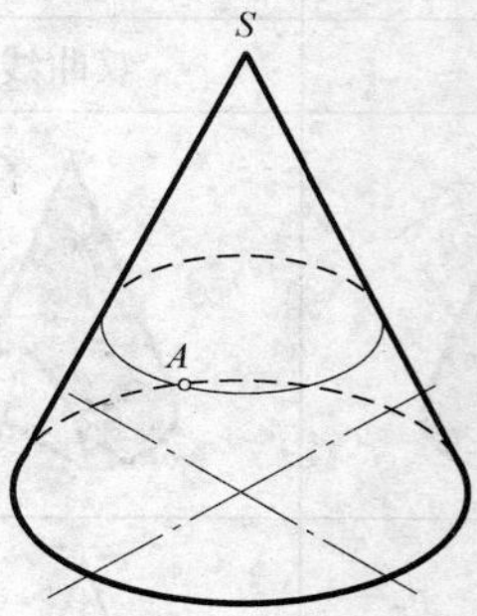

(b)辅助圆法

图 6-13　圆锥表面上求点投影的两种方法图示

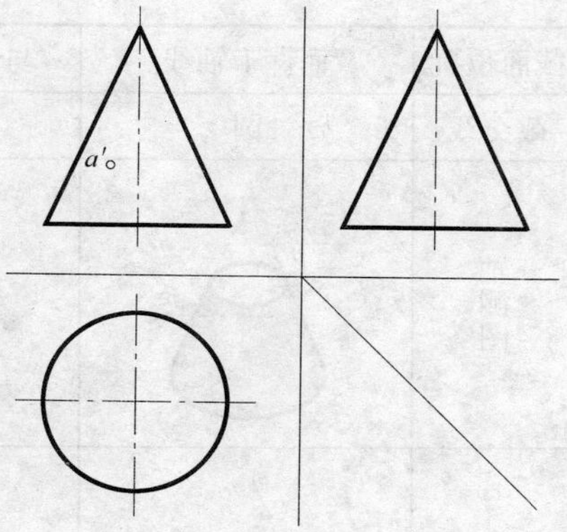

图 6-14　求圆锥面上点的投影

(1)辅助素线法。如图 6-15(a)所示，在正面投影上，过点 a' 作素线的投影 $s'1'$，接着作出素线的水平投影 $s1$，再在 $s1$ 线上作出点 A 的水平投影 a，然后根据点的投影规律作出点 A 的侧面投影 a''。

(2)辅助圆法。如图 6-15(b)所示，在正面投影上，过 a' 作水平线，交圆锥的最左与最右素线于两点得一直线，该直线即为过点 A 的辅助圆在正面上的积聚投影，其长度等于辅助圆直径。以该直线为直径以 s 为圆心在圆锥的水平投影上作圆，点 A 的水平投影 a 即在该圆上。再根据点的正面投影 a' 和水平投影 a 求得点 A 的侧面投影 a''。

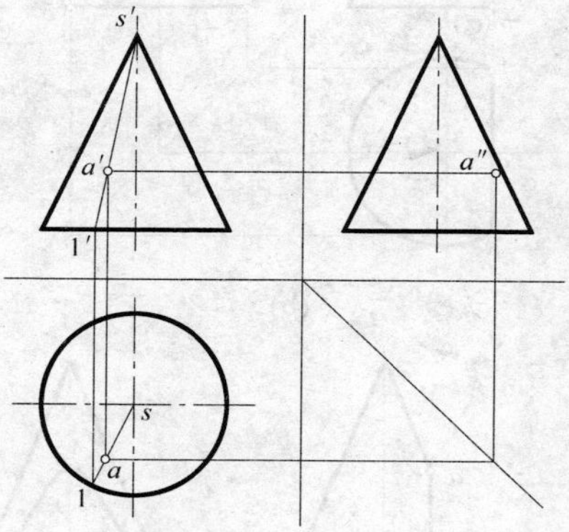

(a)辅助素线法作图

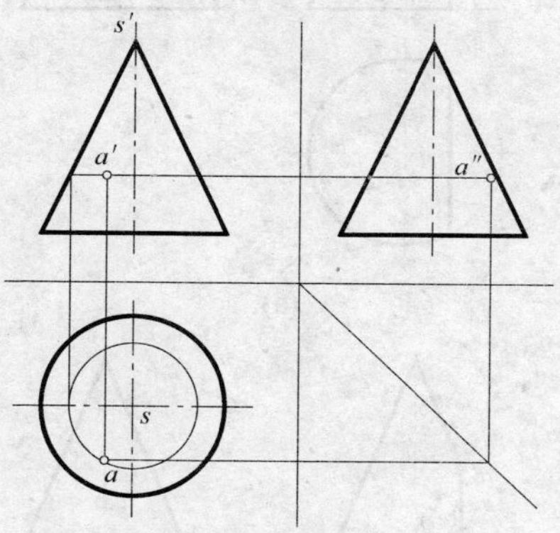

(b)辅助圆法作图

图 6-15　圆锥面上求点投影的两种作图方法

(二)圆锥体的截交线

当平面与圆锥相交时，由于平面对圆锥的相对位置不同，其截交线可以是圆、椭圆、抛物线或双曲线，这四种曲线总称为圆锥曲线；当截切平面通过圆锥顶点时，其截交线为过锥顶的两直线。参看表 6-2。

表 6-2　圆锥的截交线

截面位置	垂直于轴线	与所有素线相交	平行于轴线	过锥顶
截交线	圆	椭圆	双曲线	直线
轴测图	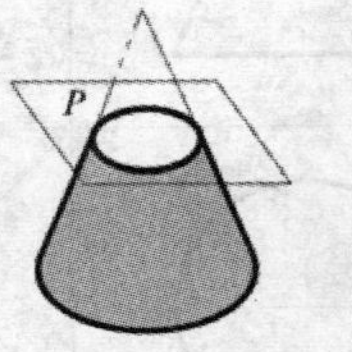	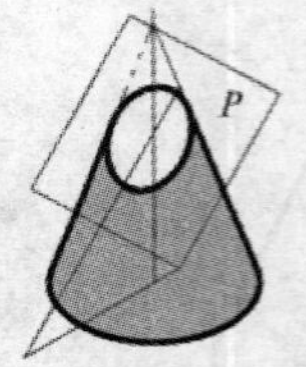	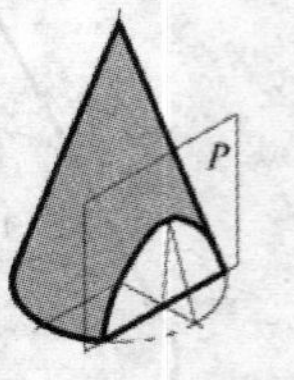	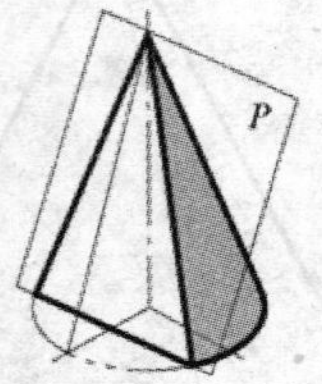
投影图	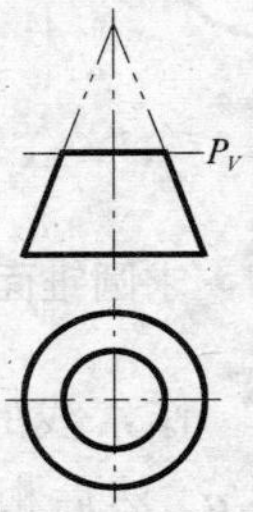	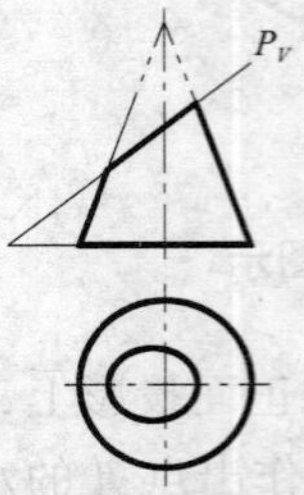	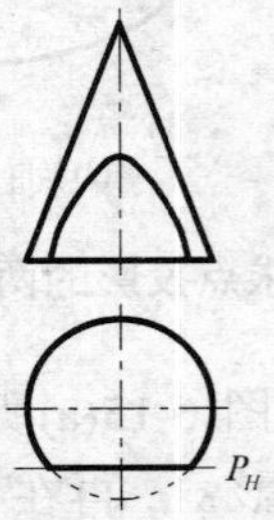	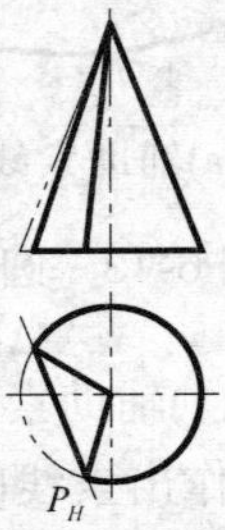

【例 6-10】　如图 6-16(a)所示，圆锥被一侧平面截切，求作截交线的三视图。

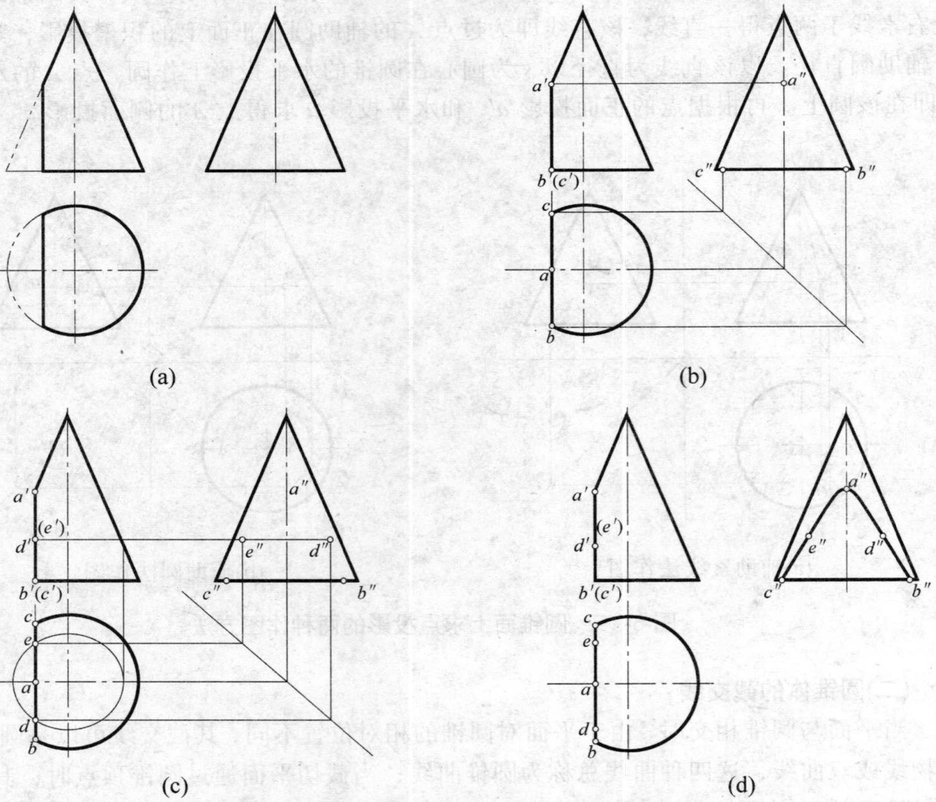

图 6-16　圆锥上双曲线截交线的作图过程

解 截平面为侧平面，与圆锥的轴线平行，确定截交线形状为双曲线。其水平投影和正面投影分别积聚为一直线，侧面投影反映实形。

作图步骤：

(1)求特殊点：如图 6-16(b)所示，最高点 A 是圆锥最左素线上的点，最低点 B、C 为圆锥底面圆周上的点，根据点的从属性求出 A、B、C 三点的三面投影。

(2)求一般点：如图 6-16(c)所示，在水平投影中作一辅助圆，与截交线的积聚投影相交于 e、d 两点，E、D 两点为截交线上的点。然后作出辅助圆的正面投影，再根据点线的从属性和投影规律求出 E、F 两点的正面投影 e' d' 和侧面投影 e'' d''。

(3)如图 6-16(d)所示，依次光滑连接 a''、d''、b''、c''、e'' 各点，即得截交线的侧面投影。

【例 6-11】 如图 6-17 所示，已知圆锥被斜截后的正面投影，试作出其截交线，完成三面投影图。

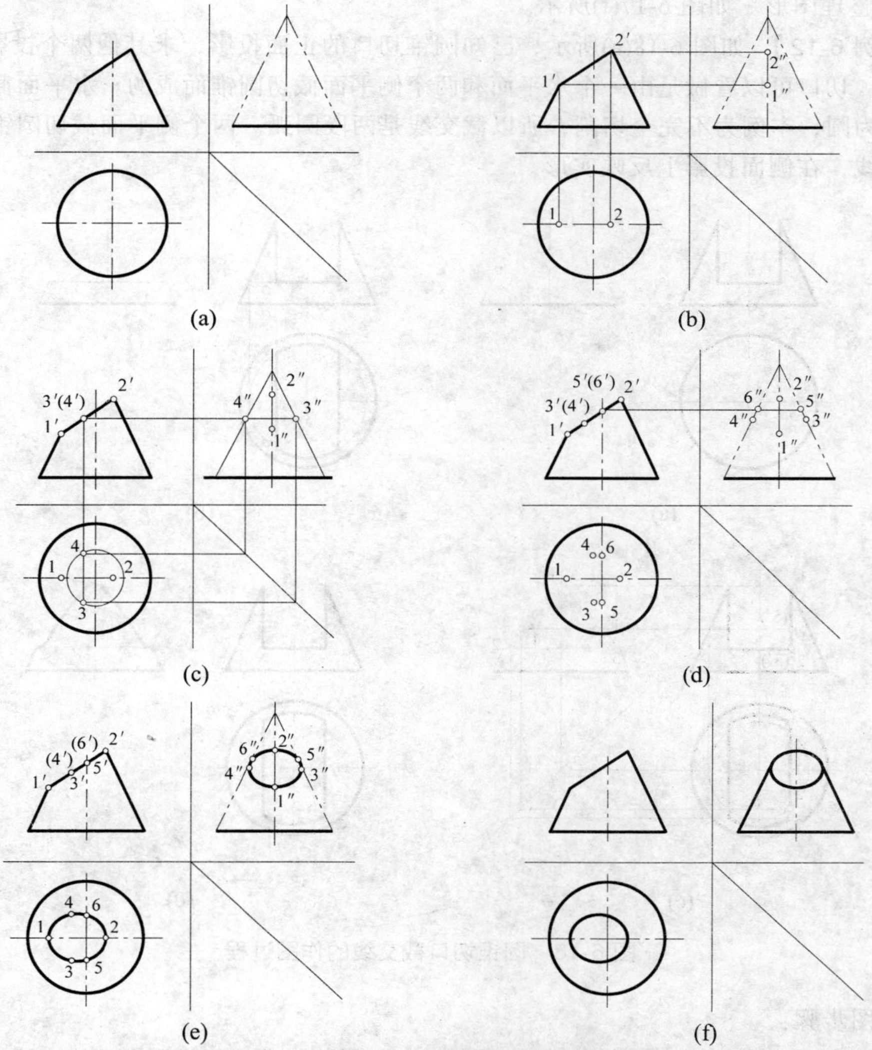

图 6-17 圆锥上椭圆截交线的作图过程

解 圆锥被斜截，截交线是椭圆，正面投影积聚成直线，其余两面投影均是椭圆，椭圆长轴、短轴的端点是必须找到的特殊点，另外再找出素线上的点，光滑连接各点即可。

作图步骤：

(1)在正面投影中，截平面与圆锥面最左素线的交点 1′、2′ 两点是椭圆长轴或短轴的两端点，可在相应的素线上直接找出 1′ 、2′ 两点的其余两面投影。如图 6-17(b)所示。

(2)在正面投影中，截平面积聚成直线，直线的中点 3′ 、4′ 两点是椭圆另一轴的两端点，利用辅助素线法或辅助圆法，找出 3′ 、4′ 两点的其余两面投影。如图 6-17(c)所示。

(3)在正面投影中，截平面与圆锥面上最前、最后素线的交点 5′ 、6′ 两点是椭圆上的任意点，也是侧面投影中最前最后素线的上端点，可在相应的素线上直接找出 5′ 、6′ 两点的其余两面投影。如图 6-17(d)所示。

(4)将各点的同名投影光滑连接成椭圆。如图 6-17(e)所示。

(5)整理图形。如图 6-17(f)所示。

【例 6-12】 如图 6-18(a)所示，已知圆锥切口的正面投影，求其他两个投影。

解 切口可以看做是由一个水平面和两个侧平面截切圆锥而成的。水平面截切圆锥截交线为圆，本例为不完全切割，所以截交线是两段圆弧。两个侧平面截切圆锥截交线为双曲线，在侧面投影上反映实形。

(a)

(b)

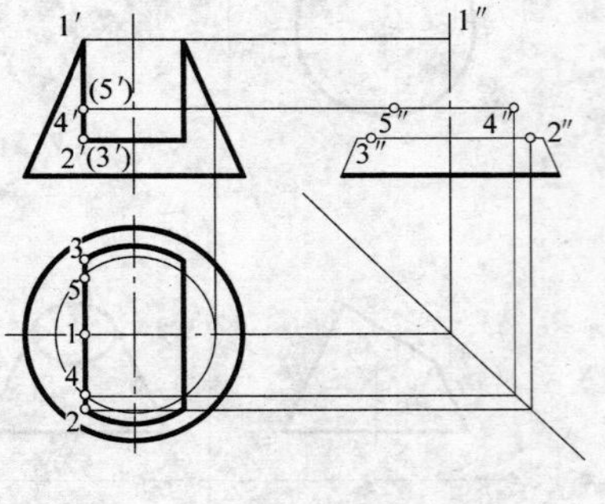

(c)

(d)

图 6-18 圆锥切口截交线的作图过程

作图步骤：

(1)画切口底平面形成的截交线，如图 6-18(b)所示，在正面投影上，将底平面的直线延长，与圆锥的最左、最右素线相交于两点得一直线，在水平投影上以该线段长为直径，锥顶为圆心画圆，中间对应部分即为截交线圆的水平投影。底平面及截交线圆的侧面投影积聚为水平直线(其中被圆锥表面遮住的一段不可见，应画成虚线，可在最后再修改图形)。

(2)作切口两侧面形成的截交线。切口两侧面的正面投影和水平投影都重影成一条直线，首先在该直线投影上找特殊点，如图 6-18(c)所示，在正面投影上确定截交线上的最高点 1′，最低点 2′、3′。已知点 1 在最左素线上，可利用点线的从属性，在最左素线的相应投影上，求得 1、1″。最低点 2、3 在切口底圆上，已知 2′、3′就可作出其水平投影 2、3 和侧面投影 2″、3″。然后在最高点和最低点之间再找两个一般点 4、5，用辅助素线法(或辅助圆法)求出 4、5 两点的三面投影。

(3)依次连接各点完成双曲线的投影，最后整理完成图形。如图 6-18(d)所示。

三、圆球体的截交线

(一)圆球体表面上的点

由于圆球体表面的投影不具有积聚性，也不存在直线段，但有无数条的圆线，凡是平行于投影面的圆线都具有实形性。所以，可以利用辅助圆在圆球体表面上求点的投影。如图 6-19 所示，在球体左前上方表面上有一点 *A*，其投影必定在过点 *A* 而平行于投影面的圆上，在求点的投影时，先作出过点 *A* 的水平圆的投影(也可作正平圆或侧平圆)，再利用点的从属性和投影规律求出点的第三面投影。

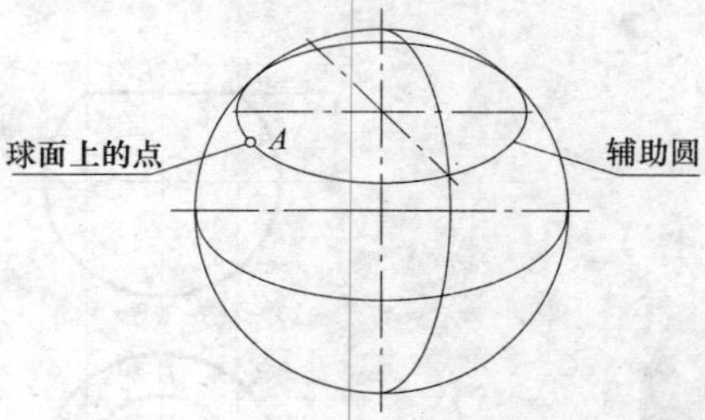

图 6-19　球面上的点与辅助圆

【例 6-13】　如图 6-20(a)所示，已知圆球表面上点 *A* 的正面投影 *a*′，求其水平投影 *a* 和侧面投影 *a*″。

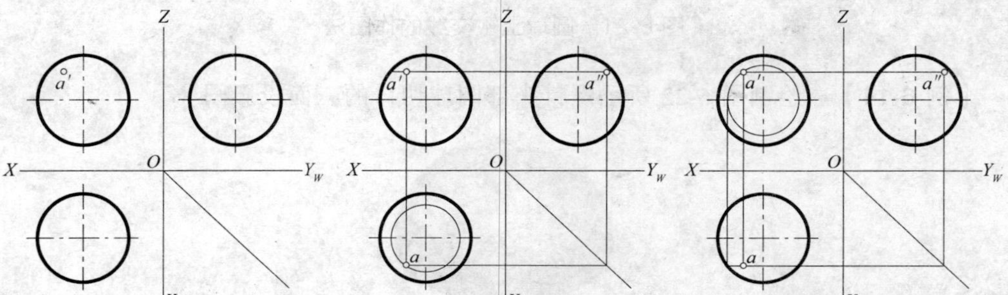

图 6-20　圆球上求点投影的作图过程

解 前面已经分析，在圆球表面上求一般点的投影，必须通过辅助圆的方法进行作图，可以采用作水平辅助圆、正平辅助圆、侧平辅助圆的任一种方法，本例采用作水平辅助圆和正平辅助圆两种方法作图，采用作侧平辅助圆的作图方法，读者可自行练习。

作图步骤：

(1)作水平辅助圆：如图 6-20(b)所示，在正面投影上过 a' 作平行于 OX 轴的直线，与圆相交，该水平线为过点 A 且平行于 H 面的辅助圆的积聚投影，其长度等于辅助圆直径。作该辅助圆的水平投影，A 点的水平投影 a 即在该圆上，最后根据 a、a' 求得 a''。

(2)作正平辅助圆：如图 6-20(c)所示，在正面投影上以球心为圆心，过点 a' 作圆，该圆为圆球面上过点 A 的正平圆的实形，在水平投影图中作出该圆的积聚性投影(一平行于 X 轴的直线)，即可在该直线上找到点的水平投影 a，最后根据 a、a' 求得 a''。

(二)圆球体的截交线

平面与圆球相交，不论平面与圆球的相对位置如何，其截交线都是圆。但由于截切平面对投影面的相对位置不同，所得截交线(圆)的投影有所不同。

在图 6-21(a)中看出，圆球被水平面截切，所得截交线为水平圆。该圆的正面投影和侧面投影重影成一条直线(如 $a'b'$、$a''b''$)，该直线的长度等于所截水平圆的直径，其水平投影反映该圆实形。如图 6-21(b)所示。截切平面距球心愈近(h 愈小)，圆的直径(d)愈大；h 愈大，其直径愈小。

(a)

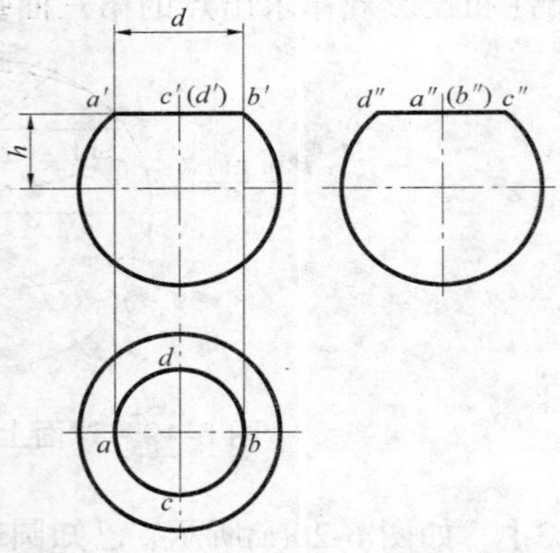

(b)

图 6-21 圆球上截交线的作图法

【例 6-14】 绘制图 6-22 所示螺钉头部圆球切口的三面投影图。

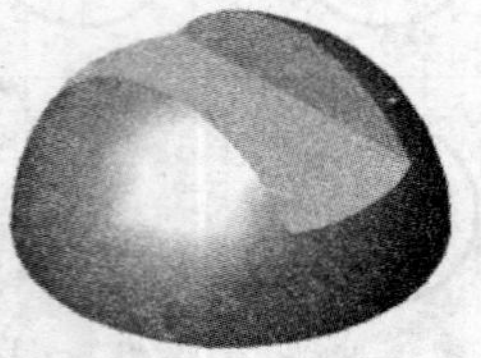

图 6-22 圆球切口

解　圆球切口由三个切平面组成，底平面为水平面，两侧面是侧平面。它们在圆球表面上形成的截交线都是圆弧，圆弧的实形分别反映在水平投影和侧面投影上，作图时只需找到圆弧的半径即可。

作图步骤：

(1)作出半球的三面投影草图，在正面投影上作切口的投影，如图 6-23(a)所示。

(2)作切口底平面的圆弧形截交线，如图 6-23(b)所示。

(3)作切口两侧平面的圆弧截交线，如图 6-23(c)所示。

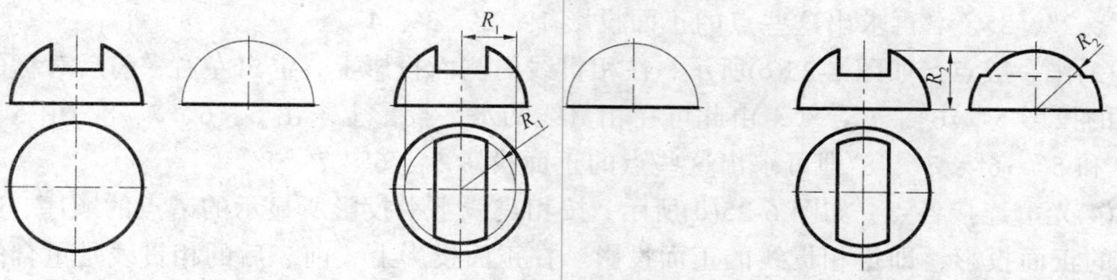

(a)　(b)　(c)

图 6-23　圆球切口的投影

第三节　两曲面体的相贯线

两立体相交称为相贯，相贯的两立体表面产生的交线称为相贯线。两曲面体的相贯线在一般情形下是封闭的空间曲线，特殊情形下可能是平面曲线或直线。相贯线上的点是两曲面立体表面的共有点。求作两曲面立体的相贯线的投影时，一般是先作出相贯线上一系列点的投影，再连成相贯线的投影。

当两个立体中有一个立体表面的投影具有积聚性时，可以用在曲面立体表面上求点的方法作出这些点的投影。在求作相贯线上的这些点时，与求作曲面立体的截交线一样，应在可能和方便的情况下，适当地作出一些在相贯线上的特殊点，即能够确定相贯线的投影范围和变化趋势的点，如相贯体的曲面投影的特殊素线上的点，以及最高、最低、最左、最右、最前、最后点等，然后按需要再求作相贯线上一些一般点，从而准确地连得相贯线的投影，并表明可见性。只有同时位于两个立体可见表面上的相贯线，其投影才是可见的；否则，不可见。

一、圆柱与圆柱的相贯线

【例 6-15】 如图 6-24，求作两正交圆柱相贯线的投影。

解　两圆柱的轴线垂直相交，有共同的前后对称面和左右对称面，小圆柱全部穿进大圆柱。因此，相贯线是一条封闭的空间曲线，且前后对称和左右对称。

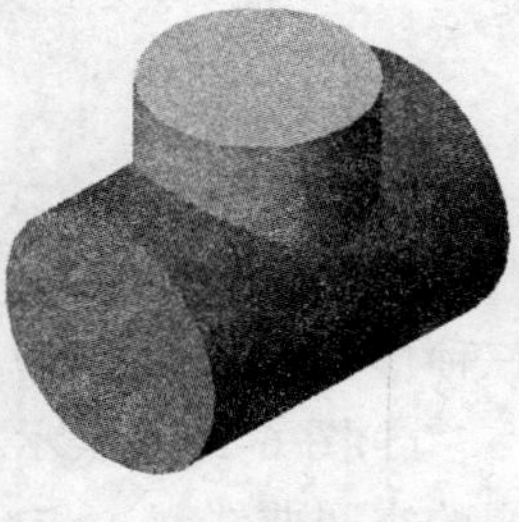

图 6-24　两圆柱相贯体

由于小圆柱面的水平投影积聚为圆，相贯线的水平投影便积聚在此圆上，同理，大圆柱面的侧面投影积聚为圆，相贯线的侧面投影也就积聚在与小圆柱相交处的一段圆弧上。于是问题就可归结为已知相贯线的水平投影和侧面投影，求作相贯线的正面投影。因此，可采用在圆柱面上取点的方法，找出相贯线上的一些特殊点和一般点的投影，再顺序连成相贯线的投影。

作图步骤：

(1)画出两相贯圆柱的外形轮廓投影，如图 6-25(a)所示。

(2)作特殊点。如图 6-25(b)所示，先在相贯线的水平投影和侧面投影上，确定相贯线上的最左、最右、最前、最后点的投影 1、2、3、4 和 1″、2″、3″、4″。由 1、2、3、4 和 1″、2″、3″、4″再求出这些点的正面投影 1′、2′、3′、4′。

(3)作一般点。如图 6-25(c)所示，在相贯线的侧面投影上，定出左右、前后对称的四个点的投影 5″、6″、7″、8″，由此可在相贯线的水平投影上求出 5、6、7、8。由 5、6、7、8 和 5″、6″、7″、8″即可求出这些点的正面投影 5′、6′、7′、8′。

(4)光滑连接各点。如图 6-25(d)所示，按相贯线水平投影所显示的诸点的顺序，连接诸点的正面投影，即得相贯线的正面投影。在正面投影上，前、后的相贯线是重合的。

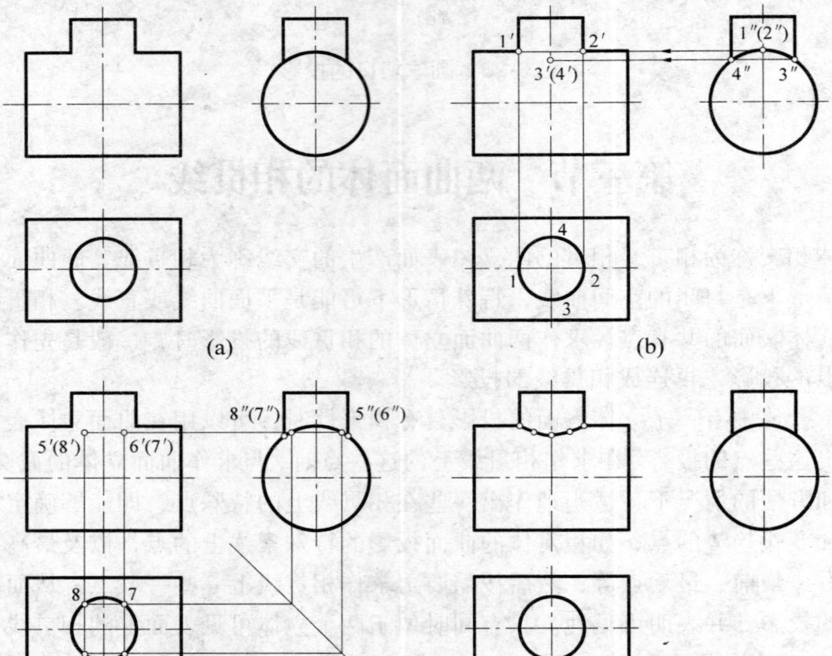

图 6-25　作两正交圆柱的相贯线的投影

两轴线垂直相交的圆柱，在零件上是最常见的，它们的相贯线一般有图 6-26 所示的三种形式：

(1)图 6-26(a)表示小的实心圆柱全部贯穿大的实心圆柱，相贯线是上下对称的两条封闭的空间曲线。

(2)图 6-26(b)表示圆柱孔全部贯穿实心圆柱，相贯线也是上下对称的两条封闭的空间曲线，就是圆柱孔的上下孔口曲线。

(3)图 6-26(c)所示的相贯线，是长方体内部两个孔的圆柱面的交线，同样是上下对称的两条封闭的空间曲线。

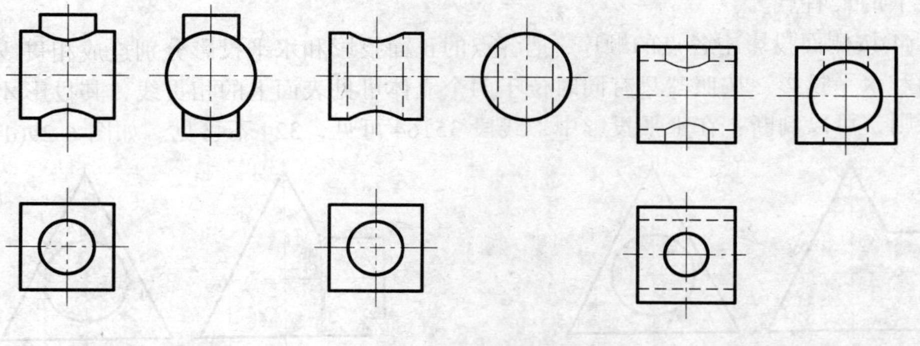

(a) 两实心圆柱相交　　(b)圆柱孔与实圆柱相交　　(c)两圆柱孔相交

图 6-26　圆柱相贯常见的三种形式

以上三个投影图中所示的相贯线，具有同样的形状，其作图方法也是相同的。为了简化作图，可用如图 6-27 所示的圆弧近似代替这段非圆曲线，圆弧半径为大圆柱半径。必须注意根据相贯线的性质，其圆弧弯曲方向应向大圆柱轴线方向凸起。

二、圆柱与圆锥的相贯线

【例 6-16】　如图 6-28 所示，圆柱和圆锥相贯，画出其三面投影图。

解　由图 6-28 可见相贯线是一条封闭的空间曲线，且前后对称，前半相贯线与后半相贯线的正面投影相互重合。又由于圆柱面的侧面投影积聚为圆，相贯线的侧面投影必积聚在这个圆上。因此，相贯线的侧面投影是已知的，正面投影和水平投影是要求作的。应用圆锥面上求点的方法，即可作出相贯线。

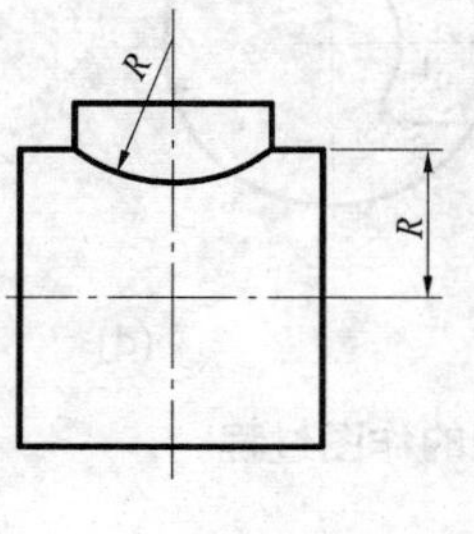

图 6-27　相贯线的简化画法

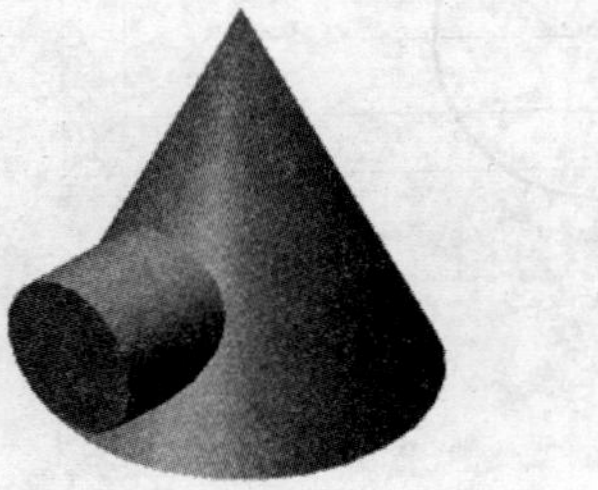

图 6-28　圆柱与圆锥相贯

作图步骤：

(1)画出圆柱与圆锥相贯体的外形轮廓投影，如图 6-29(a)所示。

(2)如图 6-29(b)所示。在侧面投影上，确定最前、最后、最上、最下四个特殊点的投影位置 1″、2″、3″、4″，并在相应的素线上，作出其水平投影 1、2、3、4 与正面投影 1′、2′、3′、4′。

(3)如图 6-29(c)所示。在侧面投影上，通过锥顶作一素线与小圆柱的投影圆相切得切点 5″、6″，求出该两点的水平投影 5、6 和正面投影 5′、6′，5′、6′可认为是相贯线上的最右点。

(4)按侧面投影中各点的顺序，把各点的正面投影和水平投影分别连成相贯线的正面投影和水平投影。按照“只有同时位于两个立体可见表面上的相贯线，其投影才可见”的原则，可以判断：在水平投影中，线段 35164 可见，324 不可见。如图 6-29(d)所示。

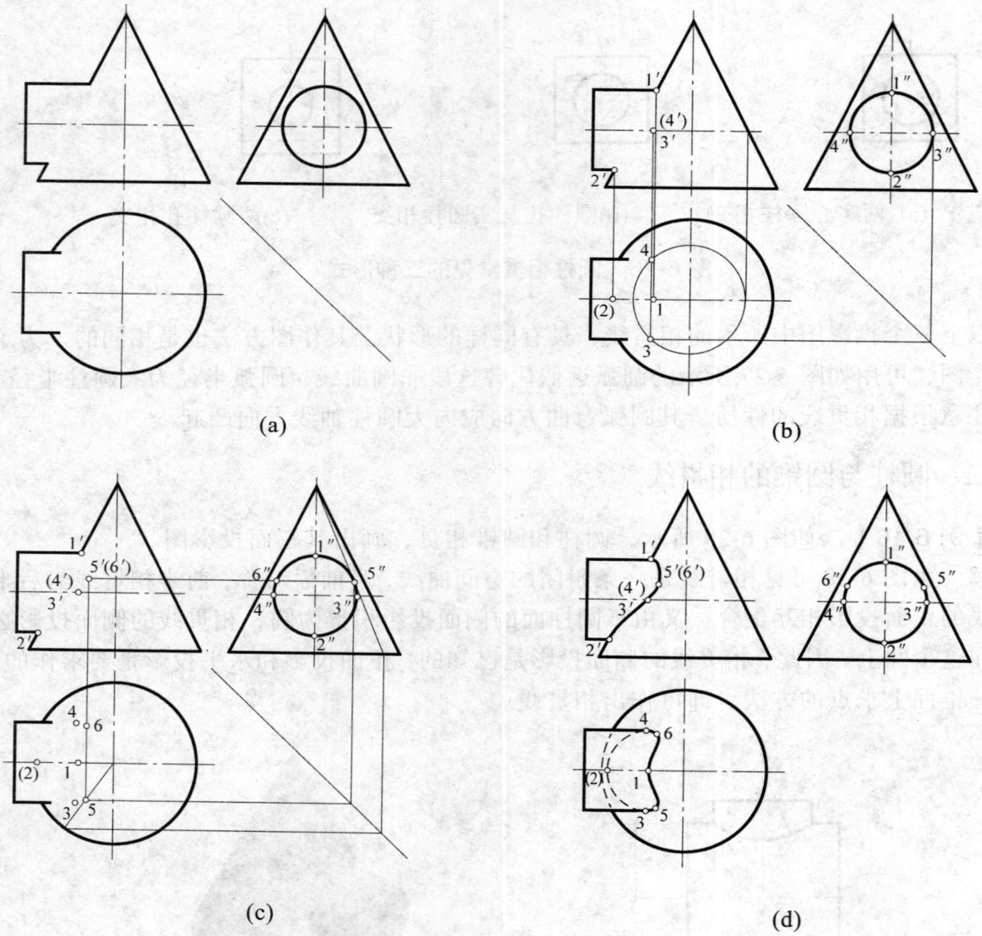

图 6-29　圆柱和圆锥相贯线的作图过程

三、相贯线的特殊情况

在一般情况下，两回转体的相贯线是空间曲线，但在一些特殊情况下，也可能是平面曲线或直线。相贯线是平面曲线的几种特殊情况如表 6-3 所示。

表 6-3　相贯线的特殊情况

	等径圆柱正交	等径圆柱斜交	圆柱轴线过球心	圆锥轴线过球心
实体图				
投影图	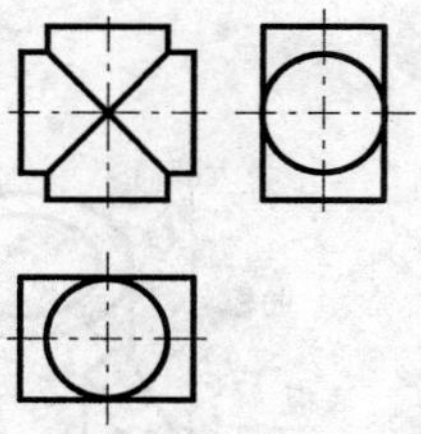	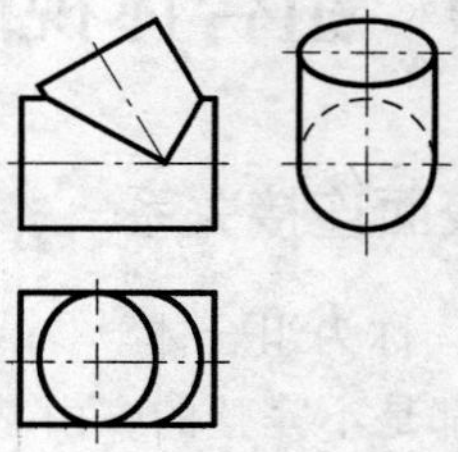	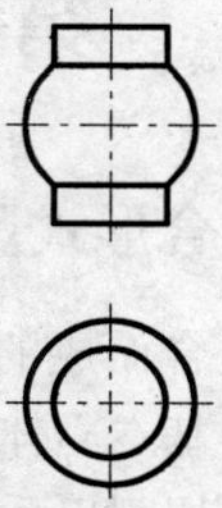	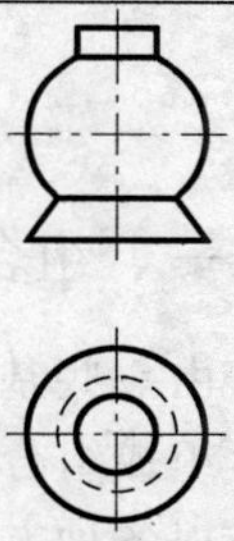

第七章　组合体的视图与识读

第一节　组合体视图

一、组合体的组合形式及其表面连接关系

由一些基本立体组合而成的立体，称为组合体。

组成组合体的这些基本立体一般都是不完整的，由基本立体以各种方式叠加或切割以后，往往只是基本形体的一部分，由这些不完整的基本立体组合形成组合体。如图 7-1 所示。

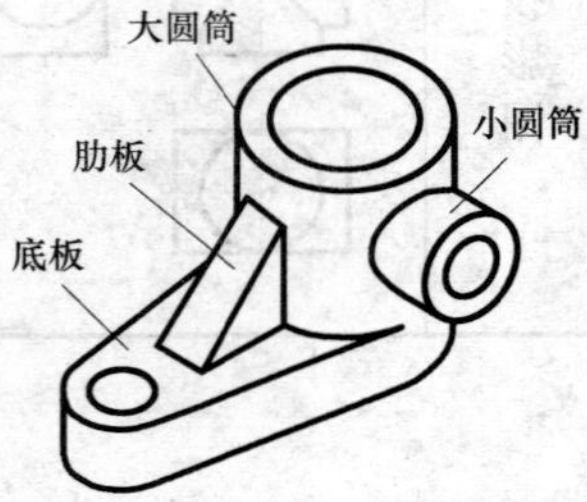

图 7-1　组合体的概念

(一)组合体的组合形式

组合体的组合形式有三种：叠加式、切割式、综合式，综合式是叠加和切割这两种形式的综合。

1. 叠加式

由两个或多个基本体叠加而成的组合体，称为叠加式组合体，如图 7-2(a)所示。

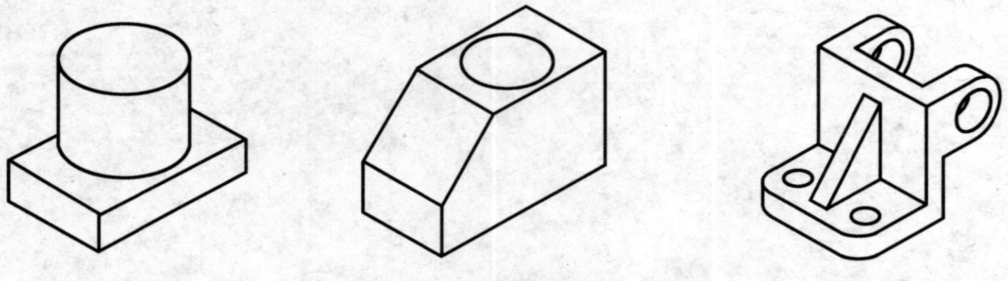

(a)叠加式　　(b)切割式　　(c)综合式

图 7-2　组合体的组合形式

2. 切割式

由一个基本体切割而成的组合体，称为切割式组合体，如图 7-2(b)所示。

3. 综合式

既有叠加，又有切割的组合体，称为综合式组合体，如图 7-2(c)所示。常见机件多为综合式组合体。

(二)组合体的表面连接关系

组合体中各表面之间的连接关系，有不平齐、平齐、相切、相交等情况。

1. 表面不平齐

如图 7-3(a)所示，组合体的上下表面不平齐。应在视图中画出结合处的分界线。

2. 平齐

如图 7-3(b)所示，组合体的上下表面对齐，没有错开，结合处无分界线。

3. 相切

如图 7-4 所示，组合体两表面光滑连接，即相切，结合处是光滑过渡的，不画线。

(a)表面不平齐　　(b)表面平齐

图 7-3　两平面平齐与不平齐

4. 相交

如图 7-5 所示，平面与曲面相交，相交处有分界线，应画出。

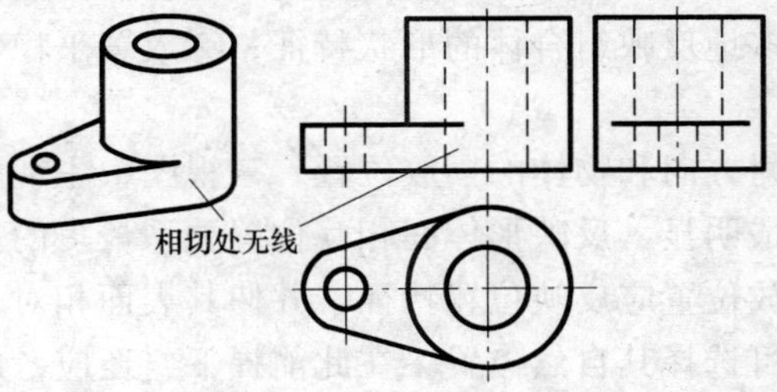

图 7-4　表面相切

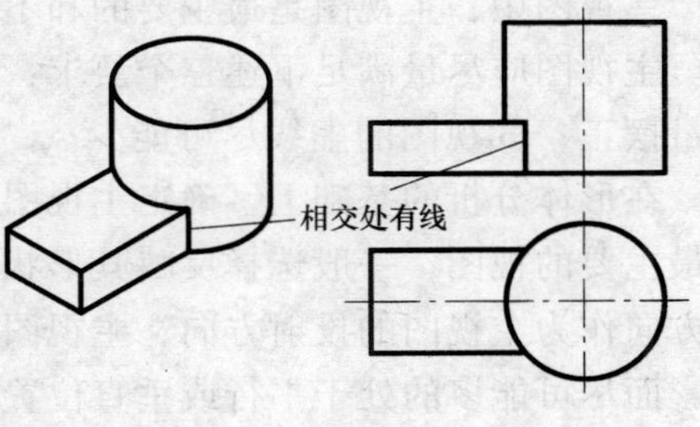

图 7-5　平面与曲面相交

二、形体分析画组合体视图的方法

(一)形体分析

假想将组合体分成若干部分，并弄清各部分的形状、大小、位置、组合形式以及表面连接关系，以便于绘图、看图或标注尺寸的方法，称为形体分析法。

通过形体分析，可提高初学者画图、看图、标注尺寸的效率。

如图 7-6 所示的支架。该支架是一综合式组合体，可看成由底板 1、半圆槽板 2、三棱柱 3 三个部分叠加而成，其中有两个部分由不同的基本体切割而成。

底板：由一个长方体底部开一方槽，四角开四个圆孔而成。

半圆槽板：由一个长方体上部挖掉半个圆柱而成。

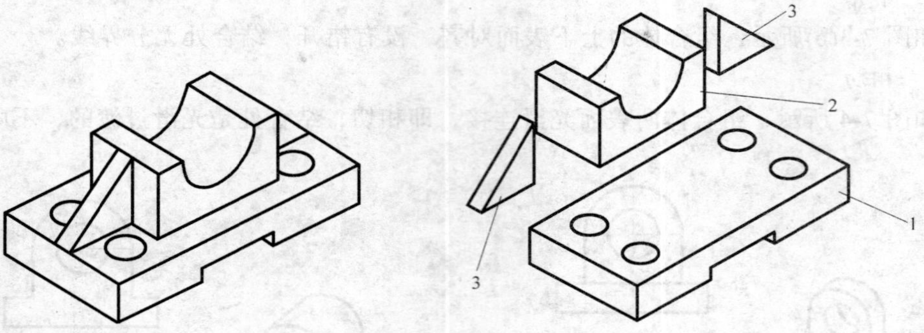

(a) 支架　　　　　　　　(b)支架分解图

图 7-6　支架的形体分析

(二)组合体的画图步骤

无论叠加式、切割式还是综合式组合体，一般按以下方法步骤进行分析和画图。

1. 形体分析

画图前，首先对组合体进行形体分析，弄清该组合体的大小、形状、各组成部分的相对位置和组合方式等。

2. 确定主视图

三视图中，主视图是最主要的和不可缺少的视图，画图和看图都是从主视图开始考虑。主视图应尽量满足下述三个要求：①更多地反映组合体的形状特征；②放置平稳和尽量摆正；③视图的虚线尽可能少。

在形体分析的基础上，确定主视图的投射方向和物体的摆放位置。三视图中主视图是最主要的视图，一般选择反映其形状特征最明显、反映形体间相互位置关系最多的投射方向作为主视图的投射方向；主视图的摆放位置应反映位置特征，并使其表面相对于投影面尽可能多的处于平行或垂直位置，也可选择其自然位置。在此前提下，还应考虑使俯视图和左视图上虚线尽可能地减少。主视图一旦确定，其他视图也就随之而定。

3. 画图步骤

(1)布置视图。视图选择好后，首先根据组合体的大小和图幅规格，选定画图比例。然后，考虑标注尺寸所需的位置，力求匀称地布置视图。

(2)画各个视图的作图基准线。通常选组合体中投影有积聚性的对称面、底面(上或下)、端面(左、右、前、后)或回转轴线、对称中心线作为画各视图的基准线。

(3)按形体分析画各个基本形体的三视图。

为了快速而准确地画出组合体的三视图，画底稿时还应注意：

(1)按形体分析，可先下、后上、再中间地逐一画出每个基本形体的三视图，这样有利于保持投影关系，提高作图的准确性和作图效率；

(2)每个形体应先从具有积聚性或反映实形的视图开始，然后画其他投影，并且三个视图最好同时进行绘制，可以避免漏线、多线，确保投影关系正确和提高绘图速度；

(3)注意各形体之间表面的连接关系；

(4)要注意各形体间内部融为整体，绘图时不应该将形体间融为整体而不存在的轮廓线画出；

(5)检查、描深，用细实线画完的底稿要特别注意检查各基本形体表面间的连接、相交、相切等关系的处理，是否符合投影原则。检查无误后，擦去多余底稿线，按机械制图的线型标准加粗。

【例 7-1】 形体分析法画支架三视图。

(1)形体分析。如图 7-7(a)所示的支架可以分解为四个部分，底板侧面与大圆筒相切，相切处无交线；小圆筒与大圆筒相交，外表面和内表面都有相贯线；肋板前后两侧面与大圆筒相交，产生截交线——直线，肋板顶面与大圆筒相交产生截交线——椭圆弧。

(2)选择主视图。将大圆筒直立使其轴线放在铅垂位置，为了清楚表达支架特征和减少视图中的虚线，将小圆筒放在前面，选择 A 方向作为主视图的投影方向。主视图选好后，俯视图和左视图就确定了。

(3)画图步骤(参见图 7-7)。

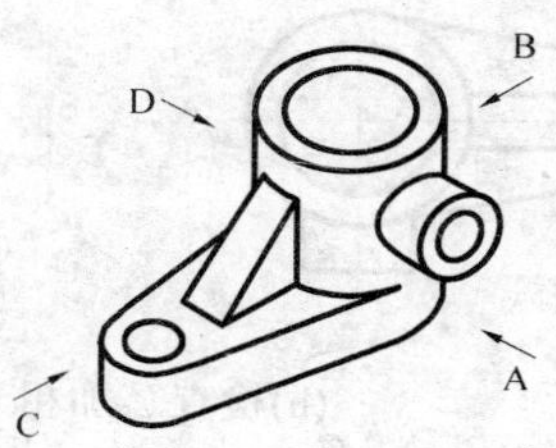

(a)支架

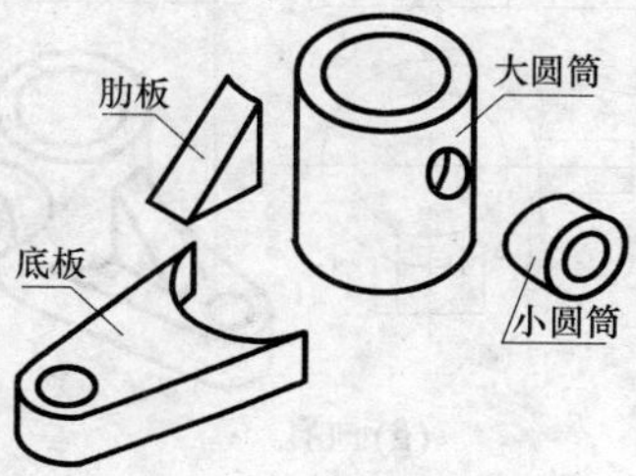

(b)形体分析

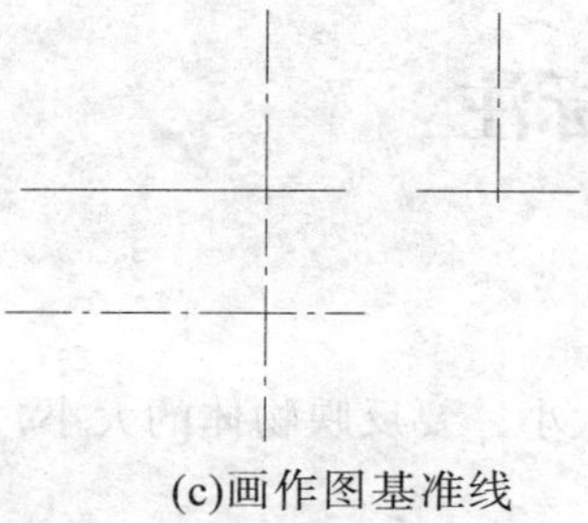

(c)画作图基准线

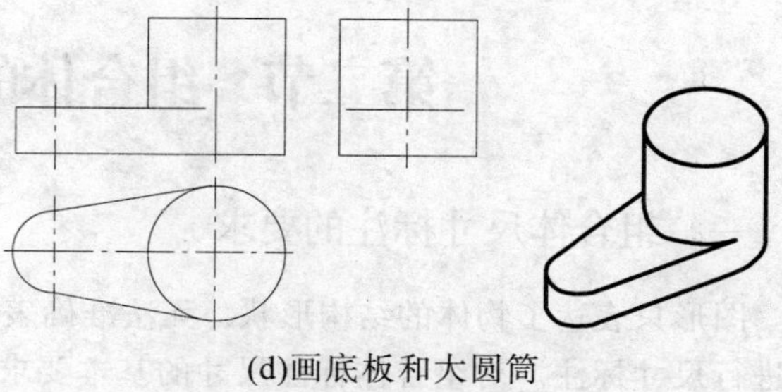

(d)画底板和大圆筒

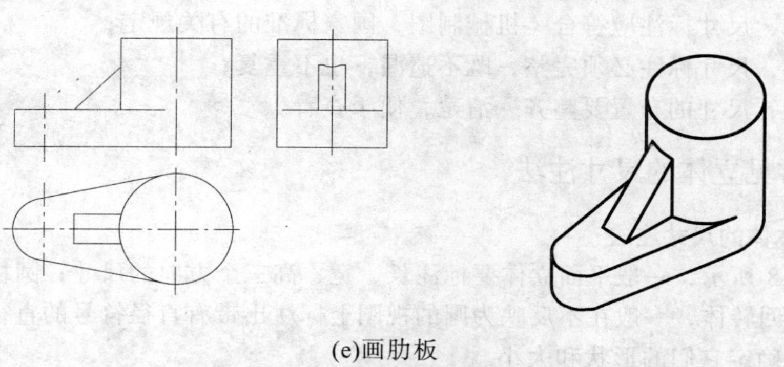

(e)画肋板

图 7-7 组合体的画图步骤

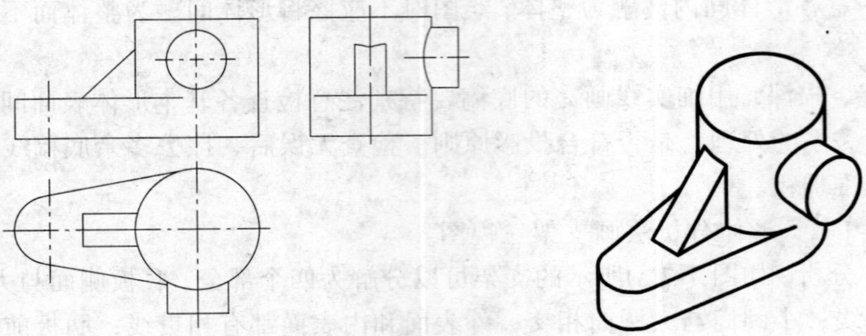

(f)画小圆等

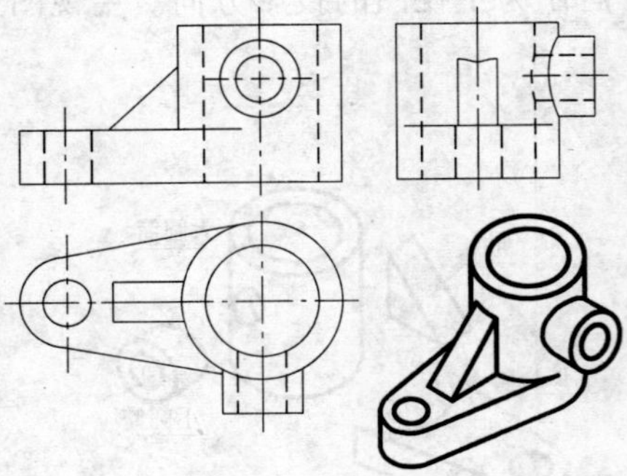

(g)画孔

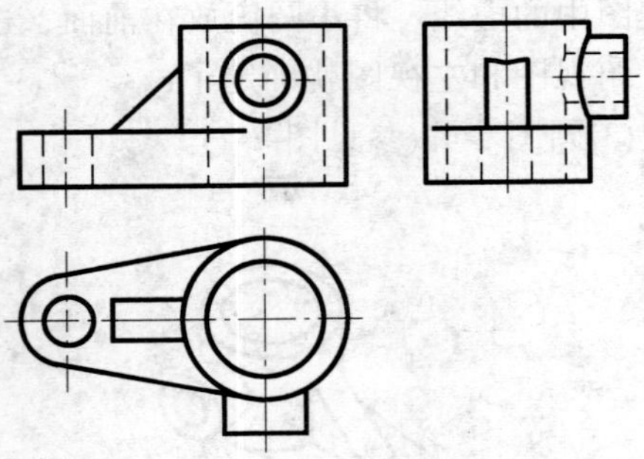

(h)检查、加粗

续图 7-7

第二节　组合体的尺寸标注

一、组合体尺寸标注的要求

图形只表达了物体的结构形状，无法准确表达物体的大小，要反映物体的大小，必须进行尺寸标注。对组合体标注尺寸的基本要求是：

(1)正确，尺寸标注应符合《机械制图》国家标准的有关规定；

(2)完整，尺寸标注必须完整，既不遗漏，也不重复；

(3)清晰，尺寸的布置要整齐、清楚，便于查看。

二、常见立体的尺寸注法

(一)基本体的尺寸注法

如图 7-8 所示，一般平面立体要标注长、宽、高三个方向的尺寸；圆柱、圆锥、圆球、圆环等回转体，一般在不反映为圆的视图上标注出带有直径符号的直径尺寸和轴向尺寸，就能确定它们的形状和大小。

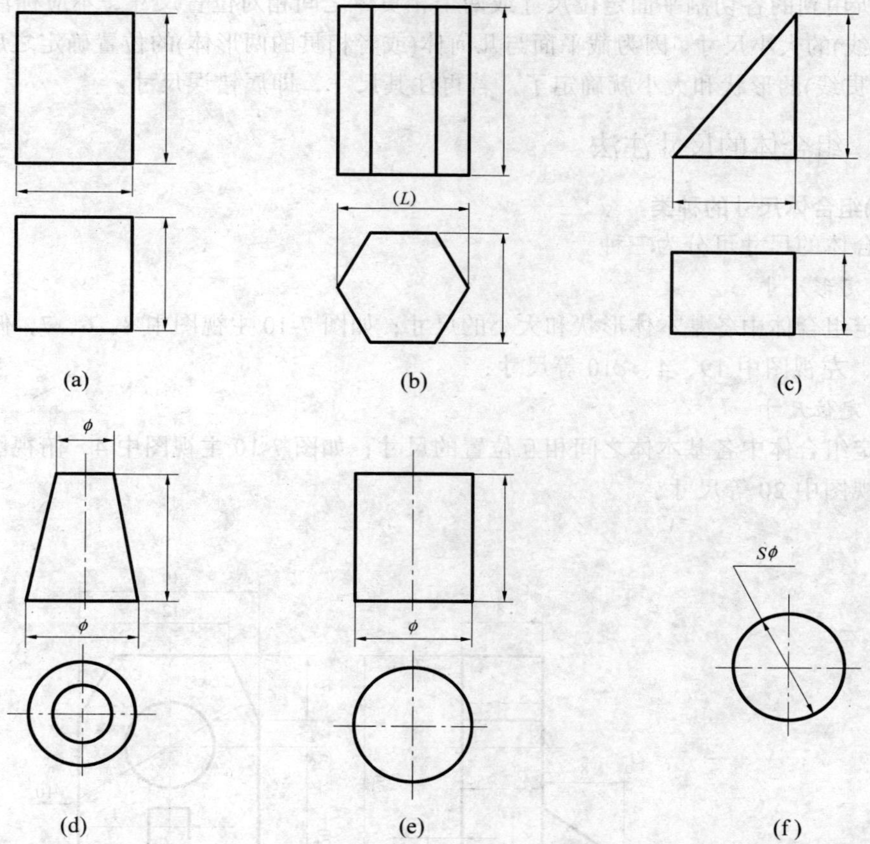

图 7-8　基本立体的尺寸标注

(二)切割体和相贯体的尺寸标注

如图 7-9 所示，先标注确定基本体长、宽、高三个方向大小的尺寸，再标注切割基

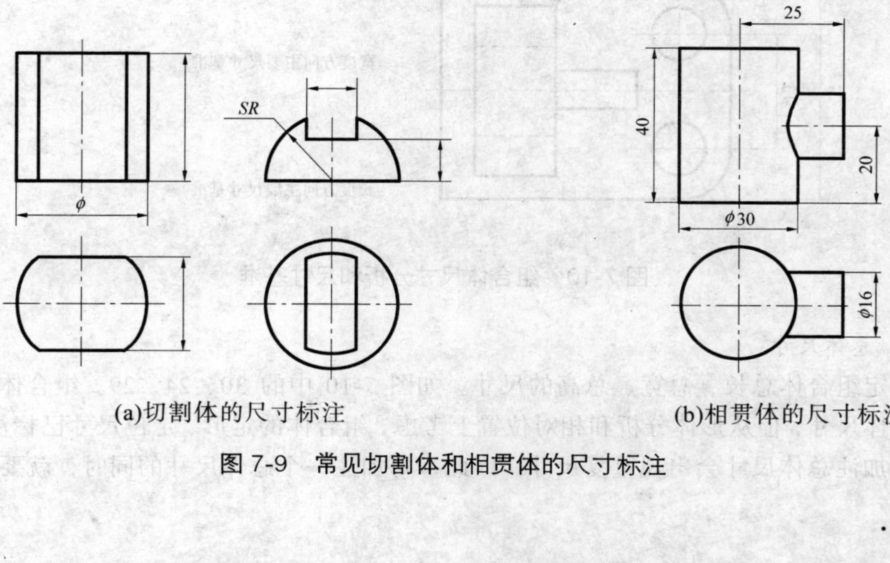

(a)切割体的尺寸标注　　(b)相贯体的尺寸标注

图 7-9　常见切割体和相贯体的尺寸标注

本体时所用到的各切割平面定位尺寸或两个相贯体之间相对位置尺寸，不应标注截交线(或相贯线)的大小尺寸。因为截平面与几何体(或者相贯的两形体)的位置确定之后，截交线(或相贯线)的形状和大小就确定了，若再注其尺寸，即属错误尺寸。

三、组合体的尺寸注法

(一)组合体尺寸的种类

组合体的尺寸可分为三种。

1. 定形尺寸

确定组合体中各基本体形状和大小的尺寸；如图 7-10 主视图中 8、6、7，俯视图中 *R*6、24，左视图中 19、4、ϕ10 等尺寸；

2. 定位尺寸

确定组合体中各基本体之间相互位置的尺寸；如图 7-10 主视图中 4，俯视图中 24、13，左视图中 20 等尺寸。

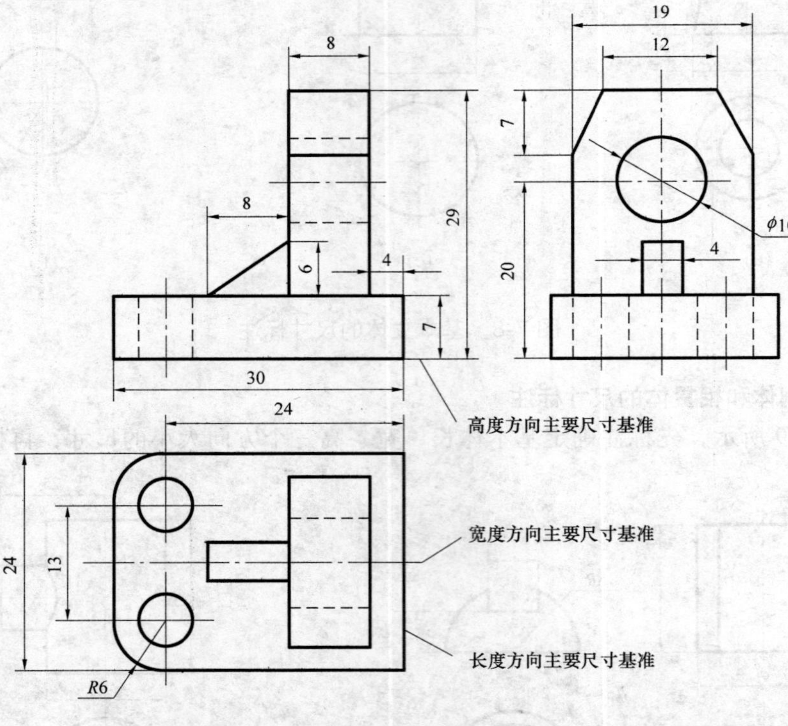

图 7-10　组合体尺寸分析和尺寸基准

3. 总体尺寸

确定组合体总长、总宽、总高的尺寸。如图 7-10 中的 30、24、29。组合体一般要标注总体尺寸，但从形体分析和相对位置上考虑，组合体的定形、定位尺寸已标注完整，有时再加注总体尺寸会出现重复尺寸。因此，每加注一个总体尺寸的同时，就要减去一个同方向的定形尺寸或定位尺寸。

当组合体的一端为同心圆孔的回转体时，为了考虑制造方便，必须优先注出直径或半径(定形尺寸)和中心距(定位尺寸)，其该方向的总体尺寸由此而定，不再标注总体尺寸。如图 7-9(b)中总长尺寸 25。

(二)尺寸基准

标注和测量尺寸的起点，称尺寸基准，长、宽、高方向各有一个主要基准。同一方向除了主要基准外，还可以有一个或多个辅助基准。图形越复杂，尺寸越多，辅助基准就越多。常以组合体的对称平面、重要底面或端面、回转体轴线作为尺寸基准。

图 7-10 所示的组合体，底板右端为长度方向的主要基准，前后对称面为宽度方向的主要基准，底板底面为高度方向的主要基准。

(三)组合体尺寸标注的步骤

标注尺寸要完整，一个不漏，一个不多，初学者应按下列步骤标注尺寸。

1. 形体分析

将组合体分解成若干个基本体，逐个分析其定形尺寸。

2. 选定主要尺寸基准(图 7-11(a))

(1)长度方向基准：轴承座左右对称平面；

(2)高度方向基准：底板底面；

(3)宽度方向基准：底板后端面；

3. 标注尺寸

(1)标注底板的尺寸(图 7-11(a))；

(2)标注圆柱筒、凸台的尺寸(图 7-11(b))；

(3)标注支承板、肋板的尺寸(图 7-11(c))；

(4)标注定位尺寸，检查、调整并标注总体尺寸(图 7-11(d))。

(四)尺寸标注要注意的问题

为便于看图，不致发生误解或混淆，组合体尺寸的标注必须做到整齐、清晰。因此，标注尺寸应注意下列几点：

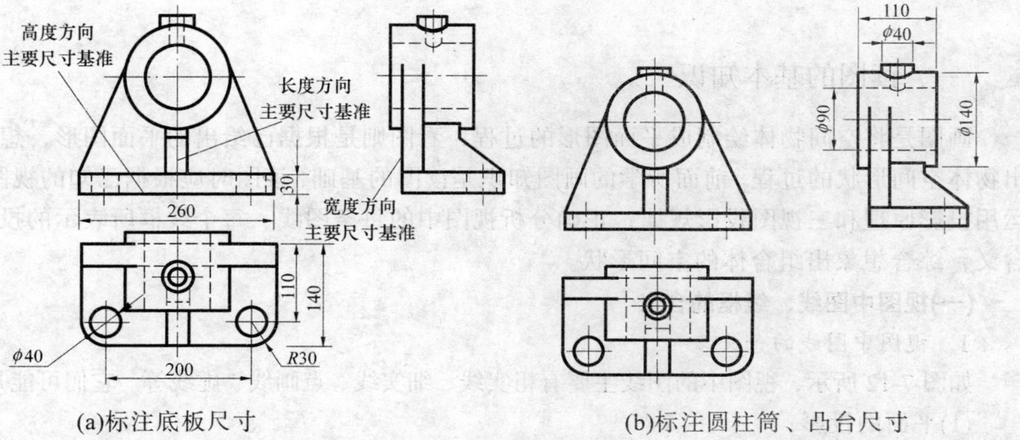

(a)标注底板尺寸

(b)标注圆柱筒、凸台尺寸

图 7-11 轴承座尺寸标注

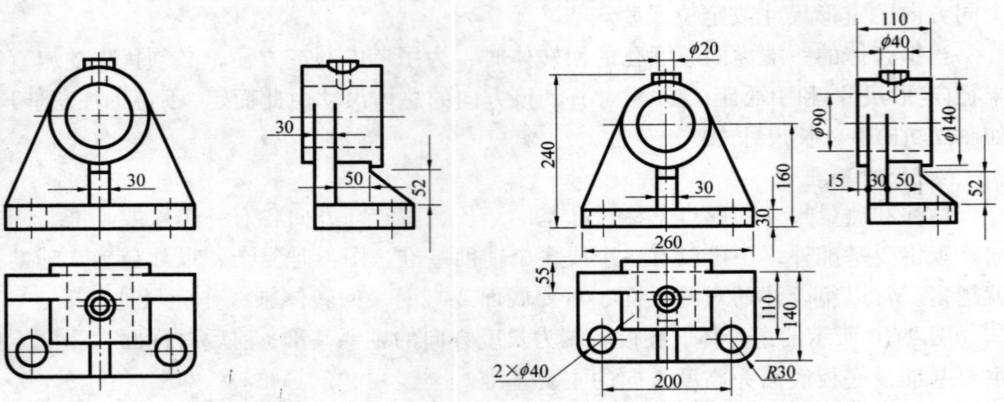

(c)标注肋板、支撑板尺寸　　　　(d)标注定位尺寸和总体尺寸

续图 7-11

(1)尺寸应尽量注在视图外部，两个视图之间，排列要整齐，且应小尺寸在里(靠近图形)，大尺寸在外，避免尺寸线和尺寸界线相交，如图 7-11(a)中，尺寸 110、140。同一方向的串联尺寸应排列在同一直线上，如图 7-11(d)中，尺寸 15、30、50。

(2)尺寸应尽可能标注在反映形体形状特征较明显、位置特征较清楚的视图上，且同一形体的相关尺寸尽量集中标注，如图 7-11(a)中，尺寸 110、140；半径尺寸应标注在反映为圆弧实形的视图上，且相同的圆角半径只注一次，不在符号“*R*”前注圆角数目。如图 7-11(d)中，尺寸 *R*30。

(3)为保持图形清晰，虚线上应尽量不注尺寸。

(4)同轴回转体的直径尺寸，应尽量注在非圆视图上，如图 7-11(b)中，尺寸 ϕ90、ϕ140。但板件上多孔分布时，孔的直径尺寸应注在反映为圆的视图上，如图 7-11(d)中，尺寸 2× ϕ60。

第三节　组合体视图的识读

一、读图的基本知识

画图是将空间物体绘制成平面图形的过程，看图则是根据已给出的平面图形，想象出物体空间形状的过程。前面所学的画图知识是读图的基础，读图时应根据已知的视图，运用投影原理和三视图投影规律，正确分析视图中的每条图线、每个线框所表示的投影含义，综合想象出组合体的空间形状。

(一)视图中图线、线框的含义

1. 视图中图线的含义

如图 7-12 所示，视图中的图线主要有粗实线、细实线、点画线、虚线等。它们可能是：

(1)平面的投影；

(2)曲面的投影；

(3)曲面的转向线的投影；

(4)两个面交线的投影；

(5)轴线、中心线、对称线。

2. 视图中封闭线框的含义

如图 7-12 所示，视图中的任何一个封闭线框可能是：

(1)平面的投影，如图 7-12 中的线框 P；

(2)曲面的投影，如图 7-12 中的线框 Q、R；

(3)复合面的投影。

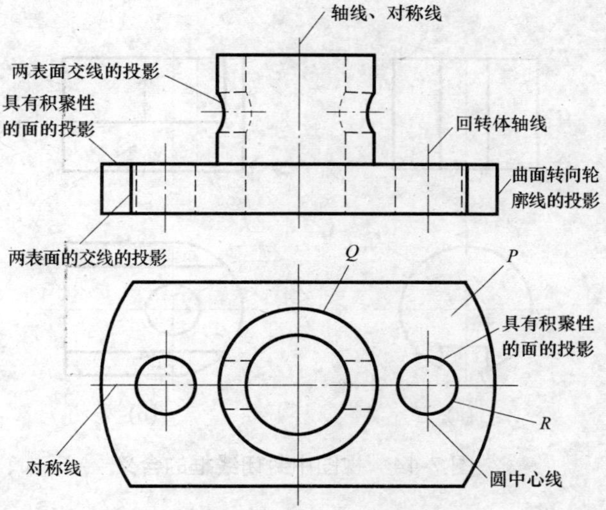

图 7-12　视图中线和线框的含义

(二)读图的基本要领

1. 要几个视图联系起来看

通常，仅一个视图并不能完全确定物体的形状，而需两个或两个以上的视图才能完全确定。如图 7-13 所示不同的立体，主视图、俯视图却完全相同。只有将左视图也联系起来一起看，才能完全确定物体的空间形状。

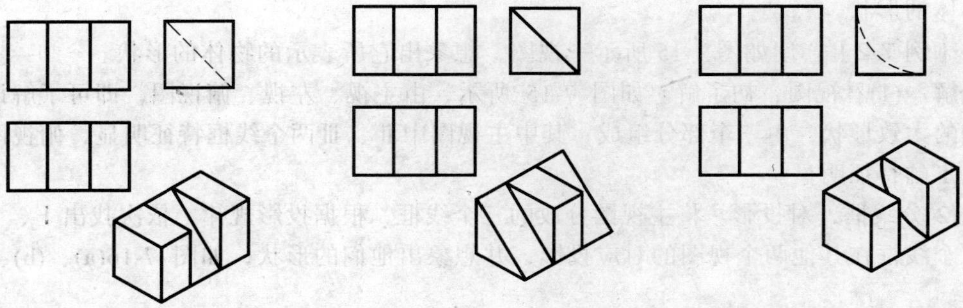

图 7-13　几个视图联系看

2. 要从反映形体特征最明显的视图看起

看图时还要注意抓住物体的形体特征，包括形状特征和位置特征。

如图 7-14(a)所示，从主视图可基本看出该物体的形状，但却不能确定中间部分的具体位置，即不能确定这部分是凹进去的还是凸出来，必须结合俯视图分析，才能确定形体的相对位置。

3. 要认真分析视图中相邻线框的位置关系

分析视图中线和封闭线框，弄清它们所表达的结构形状，从而想象出物体的整体形状。如图 7-14 所示。线框 *P*、*N* 为平面的投影；线框 *Q*、*G* 为曲面的投影；线框 *M* 为复合面的投影。

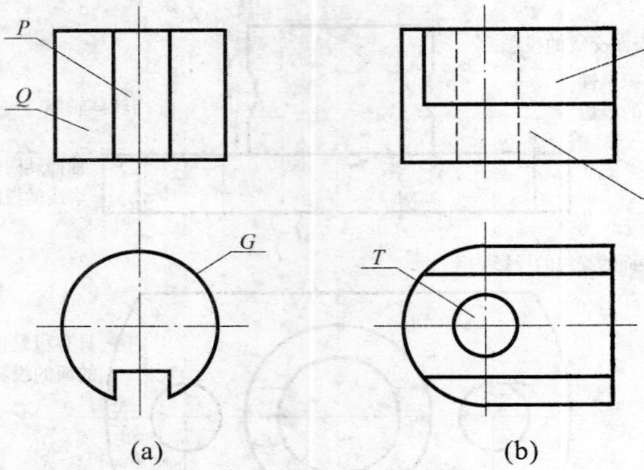

图 7-14　视图中封闭线框的含义

二、读图的基本方法

(一)形体分析法读图的步骤

根据组合体的视图识别出各个基本形体，再确定它们的组合形式及相对位置，综合想象出整体形状。

(1)看视图，分线框。从主视图入手，按照投影规律，把组合体大致分成几部分。

(2)对投影，识形体。将几个视图联系起来看，根据每一部分的三视图，想象出各基本形体的形状。

【例 7-2】　读如图 7-15 所示三视图，想象出它所表示的物体的形状。

解　(1)看视图，初了解。如图 7-15 所示，由主视、左视、俯视图，即可了解该组合体的大致形状，由三个部分组成，其中主视图中Ⅱ、Ⅲ两个线框特征明显，俯视图中线框Ⅰ的特征明显。

(2)分线框，对投影。将主视图分成的三个线框，根据投影规律，依次找出Ⅰ、Ⅱ、Ⅲ三个线框在其他两个视图的对应投影，并想象出他们的形状，如图 7-16(a)、(b)、(c)所示。

(3)合起来，定整体。确定各形体的相互位置，初步想象物体的整体形状。然后把想象的组合体与三视图进行对照、检查，如根据主视图中的圆线框及它在其他两视图中的投影想象出通孔的形状，将三个部分按其相对位置组合起来，最后想象出的物体形状如图 7-16(d)所示。

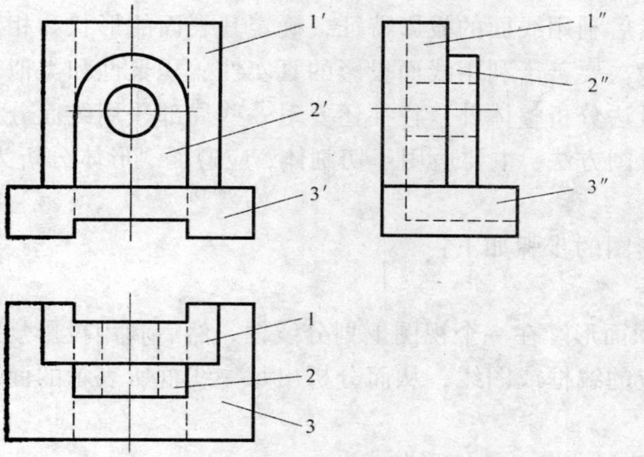

图 7-15　形体分析法看图

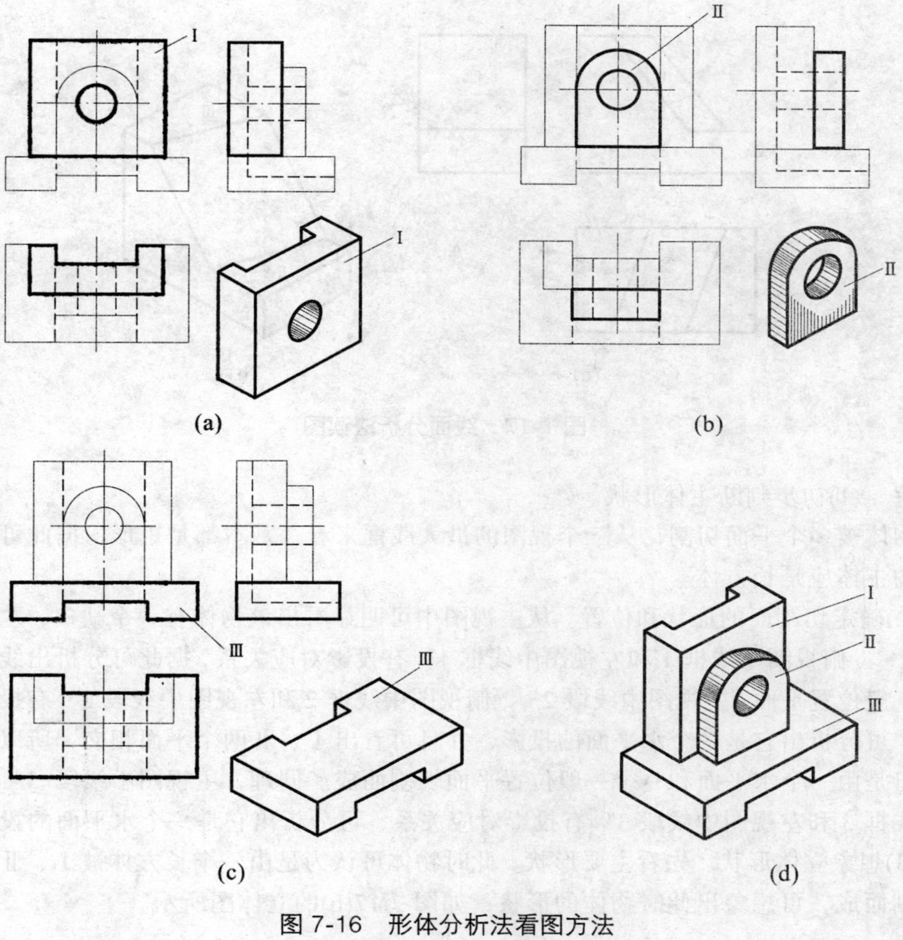

图 7-16　形体分析法看图方法

(二)线面分析法看图

所谓线面分析法，就是把组合体看成是由若干个平面或平面与曲面围成，面与面之间常存在交线，然后利用线面的投影特征，确定其表面的形状和相对位置，从而想象出组合体的整体形状。要善于利用线面投影的真实性、积聚性和类似性。对较复杂的组合体，除用形体分析法分析整体外，往往还要对一些局部采用线面分析的方法。线面分析法是一种辅助的看图方法，主要适用于切割体，应遵循“形体分析为主，线面分析为辅”的原则。

线面分析法读图的步骤如下：

(1)形体分析。

(2)分线框，识面形。在一个视图上划分线框，然后利用投影规律，找出每一线框在另两个视图中对应的线框或图线，从而分析出每一线框所表示的面的空间形状和相对位置。

(3)空间平面组合，想出整体形状。

【例 7-3】 读如图 7-17(a)所示三视图，想象出它所表示的物体的形状。

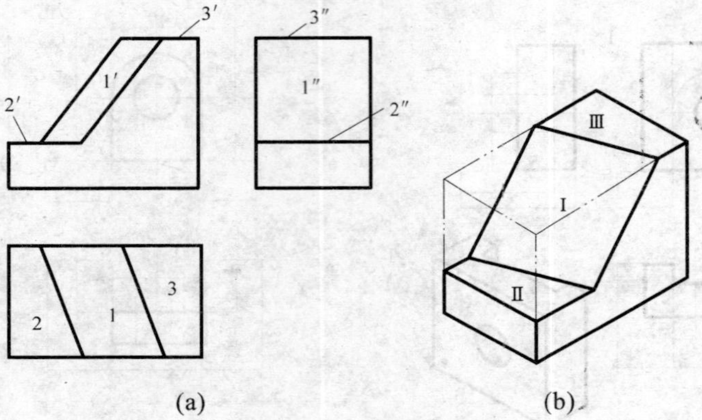

图 7-17 线面分析法读图

解 (1)初步判断主体形状。

物体被多个平面切割，从三个视图的最大线框来看，基本都是矩形，据此可判断该物体的主体应是长方体。

(2)确定切割面的形状和位置。从主视图中可明显看出该物体有一个缺口，主视图中线框 1′、俯视图中线框 1 和左视图中线框 1″ 有投影对应关系，据此可分析出线框Ⅰ是一个一般位置平面；主视图中线段 2′、俯视图中线框 2 和左视图中线段 2″ 有投影对应关系，可分析出它是一个水平面的投影，并且可看出Ⅰ、Ⅱ两个平面相交，所以主视图的缺口是由一个水平面和一个一般位置平面切割而成。同理，主视图中线段 3′、俯视图中线框 3 和左视图中线段 3″ 有投影对应关系，可分析出它是一个水平面的投影。

(3)想象立体形状。先看主要形状。此时物体可认为是由一个长方体被Ⅰ、Ⅱ两个平面切割而成，可想象出此时物体的形状，如图 7-17(b)的立体图所示。

三、读图综合实例

补视图和补缺线是训练看图的主要方法。补视图即已知两个视图补画第三视图，补缺线即补齐视图中没有画出的图线。

【例 7-4】 如图 7-18 所示，根据已知的组合体主、俯视图，作出其左视图。

解 (1)形体分析，想象物体的形状。主视图可以分为四个线框，根据投影关系在俯视图上找出它们的对应投影，可初步判断该物体是由四个部分组成的。Ⅰ是底板，其上开两个通孔；Ⅱ是一个圆柱筒；在底板与圆柱筒之间有一块支撑板Ⅲ，支撑板的斜面与圆柱筒的外圆柱面相切，后表面与底板的后表面平齐；在底板与圆柱筒之间还有一块肋板Ⅳ。根据以上分析，想象出该物体的形状，如图 7-19(a)所示。

(2)画出各部分的左视图、检查描深。根据上面的分析及想出的形状，按照各部分的相对位置，依次画出底板、圆柱筒、支撑板、肋板在左视图中的投影。作图步骤如图 7-19(a)、(b)、(c)、(d)所示。最后检查、描深，完成全图。

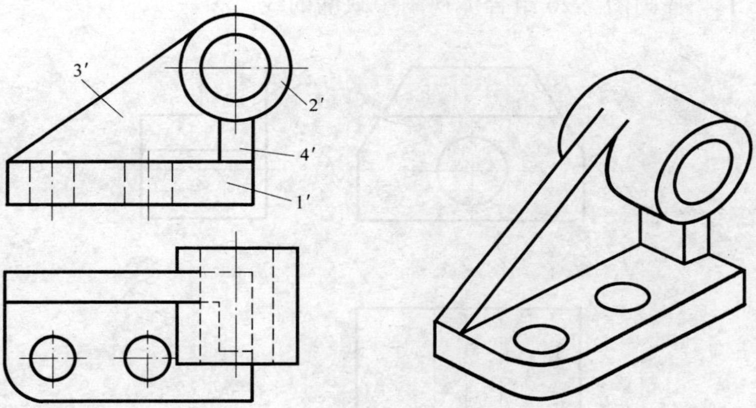

图 7-18 已知组合体两个视图，补画第三视图

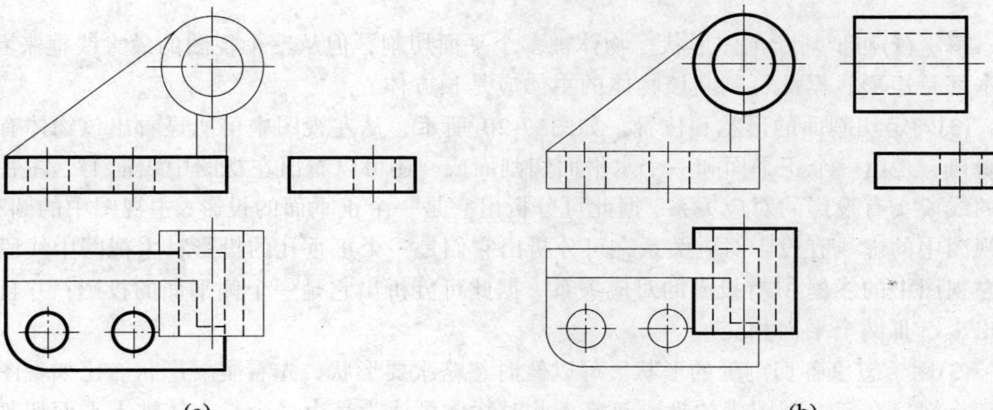

(a) (b)

图 7-19 补组合体视图步骤

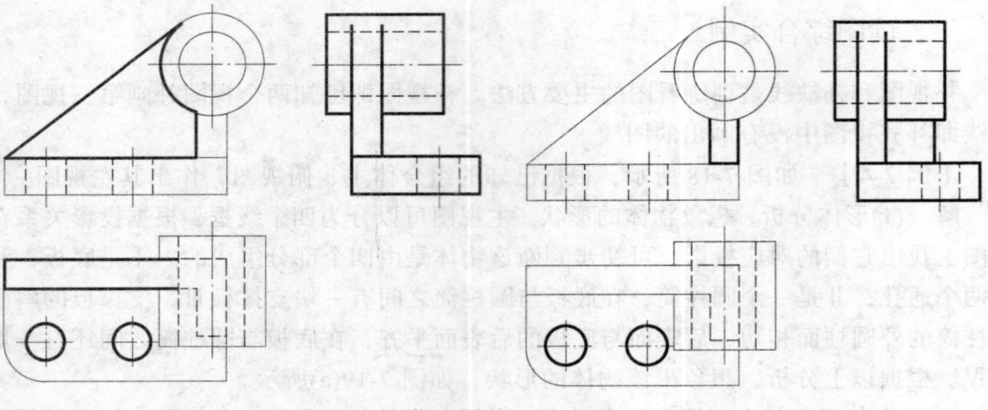

(c)　　　　　　　　　　　　　　　　(d)

续图 7-19

【例 7-5】　补画图 7-20 组合体视图中缺漏的线。

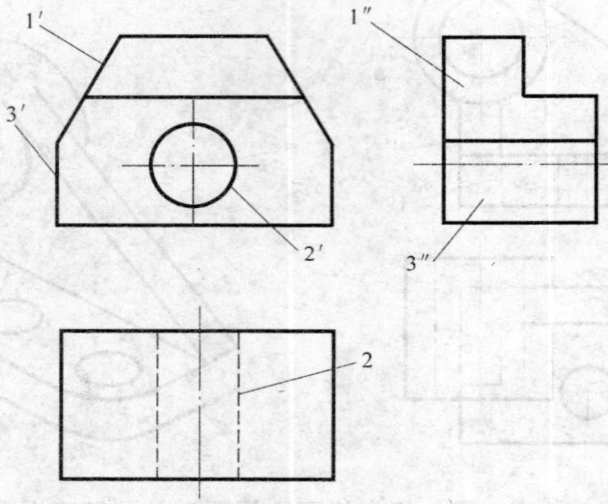

图 7-20　补组合体视图中缺漏的线

解　(1)初步判断主体形状。物体被多个平面切割，但从三个视图的最大线框来看，基本都是矩形，据此可判断该物体的主体应是长方体。

(2)确定切割面的形状和位置。如图 7-20 所示，从左视图中可明显看出该物体有一个缺口，是由一个正平面和一个水平面切割而成。还可以看出左视图中线框 1″、主视图中的线段 1′有投影的对应关系，据此可分析出它是一个正垂面的投影；主视图中的圆 2′、俯视图中的虚线有投影对应关系，可分析出它们是一个正垂孔的投影；主视图中线段 3′与左视图中的线框 3″有投影的对应关系，据此可分析出它是一个侧平面的投影；并且可看出Ⅰ、Ⅲ两个平面相交。

(3)逐个想象各切割处的形状。可以暂时忽略次要形状，先看主要形状。比如看图时可先将缺口在三个视图中的投影忽略，此时物体可认为是由一个长方体被Ⅰ平面切割而成，可想象出此时物体的形状，然后再依次想象缺口处和孔的形状，分别如图 7-21 所示。

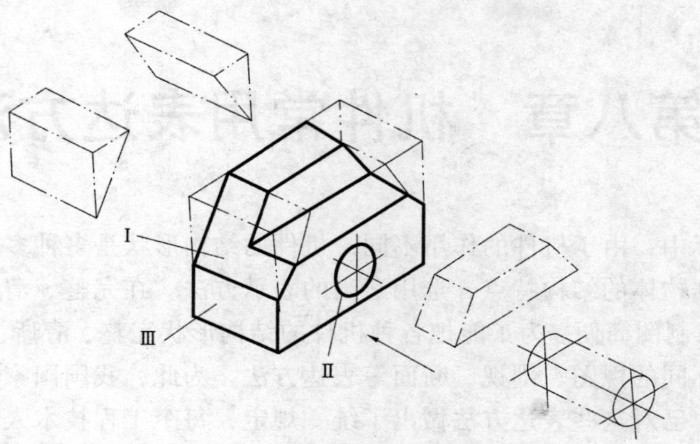

图 7-21　分析截切平面与组合形状

(4)想象整体形状。综合归纳各截切面的形状和空间位置，想象物体的整体形状，如图 7-21 所示。

(5)利用投影关系分别补画出俯视图和左视图中缺漏的线，如图 7-22(a)所示，检查加粗如图 7-22(b)所示。

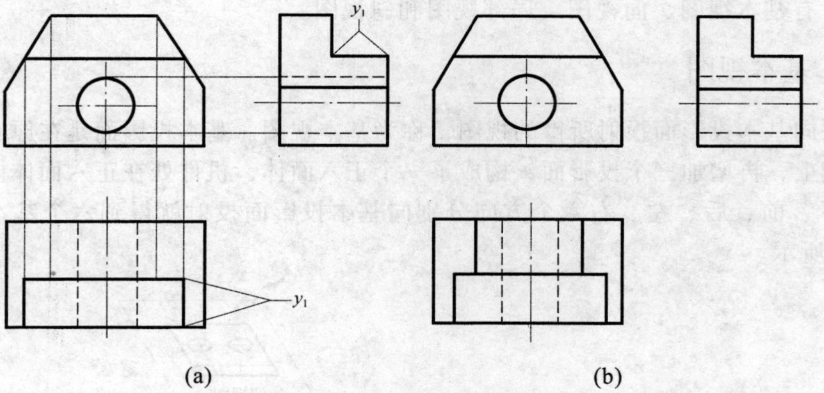

图 7-22　线面分析法看图

第八章　机件常用表达方法

在生产实际中，由于机件的作用不同，机件的结构形状是多种多样的。在绘制技术图样时，应根据物体的结构特点，选用适当的表示方法。在完整、清晰地表示物体形状的前提下，力求制图简便。为了能把各种机件的结构形状完整、清晰、简便地表达出来，需要采用各种不同的视图、剖视、断面等表达方法。为此，我国国家标准《技术制图》和《机械制图》已对这些表达方法做出了统一规定，每个工程技术人员在画图时都必须严格遵守这些规定。

第一节　视　图

根据有关标准规定，用正投影法所绘制出的物体的图形称为视图。视图一般只画机件的可见部分，必要时才画出不可见部分，所以视图主要用来表达机件的外部结构形状。视图通常有基本视图、向视图、局部视图和斜视图。

一、基本视图

机件向基本投影面投射所得的视图，称为基本视图。基本投影面是在原有三个投影面的基础上，再增加三个投影面，构成了一个正六面体，机件处在正六面体内，从机件的上、下、前、后、左、右六个方向分别向基本投影面投射就得到六个基本视图，如图 8-1(a)所示。

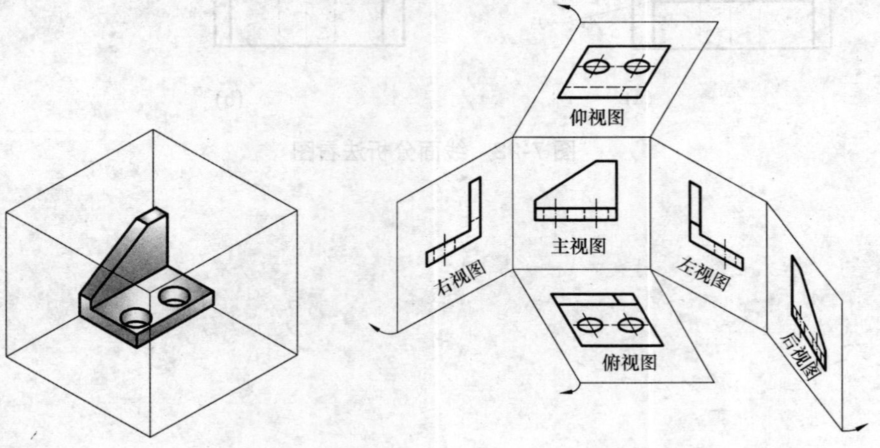

(a)　(b)

图 8-1　基本视图的形成

在基本视图中，除前面介绍过的主视图、俯视图和左视图外，还包括：从右向左投射，得到的右视图；从下向上投射，得到的仰视图；从后向前投射，得到的后视图。六个基本投影面在展开时，仍保持正面不动，其余投影面按图 8-1(b)所示箭头所指方向展开到与正面在同一平面上。展开后各视图的位置如图 8-2 所示。在同一张图纸上，按图 8-2 配置视图时，一律不注视图名称。

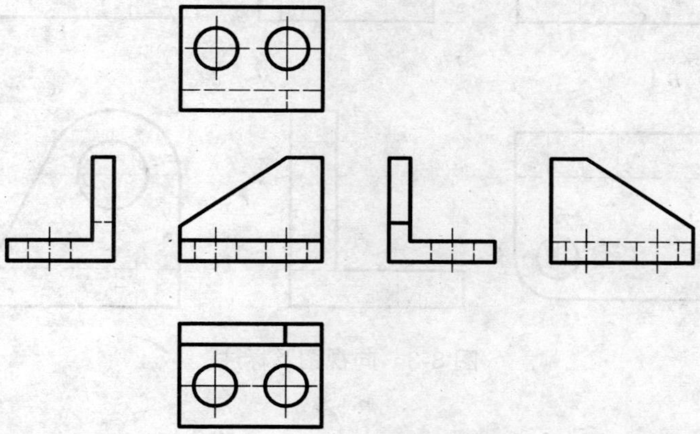

图 8-2　基本视图的配置

六个基本视图之间应符合“长对正、高平齐、宽相等”的投影关系。六个基本视图与物体上的六个方位是以主视图为中心，除后视图外，靠近主视图的面为物体表面的后面，远离主视图的面为物体表面的前面。

二、向视图

向视图是可以自由配置的视图。根据机件的需要，某个视图不能按图 8-2 基本视图的位置配置时，可用向视图表示。在向视图上方要用大写拉丁字母标注视图的名称“×”，在相应视图的附近用箭头指明投射方向，并注上同样字母，如图 8-3 所示。

三、局部视图

将机件的某一部分(即局部)向基本投影面投射所得的视图，称为局部视图，如图 8-4 所示。

图 8-4 所示的机件，当采用了主、俯两视图表达后，只有两侧凸台部分尚未表达清楚。为此，采用了 *A* 向和 *B* 向两个局部视图加以补充表达，这样可以省去左视图和右视图，既简化了作图，又使表达简单、清楚、明了。

画局部视图时应注意以下几点：

(1)用带字母的箭头指明要表达的部位和投射方向，并注明视图名称。

(2)局部视图的断裂边界常用波浪线或双折线绘制，如图 8-4 所示的 *A* 向视图。当所表示的局部视图的外轮廓线封闭时，则不必画出表示断裂边界的波浪线，如图 8-4 中的 *B* 向局部视图。

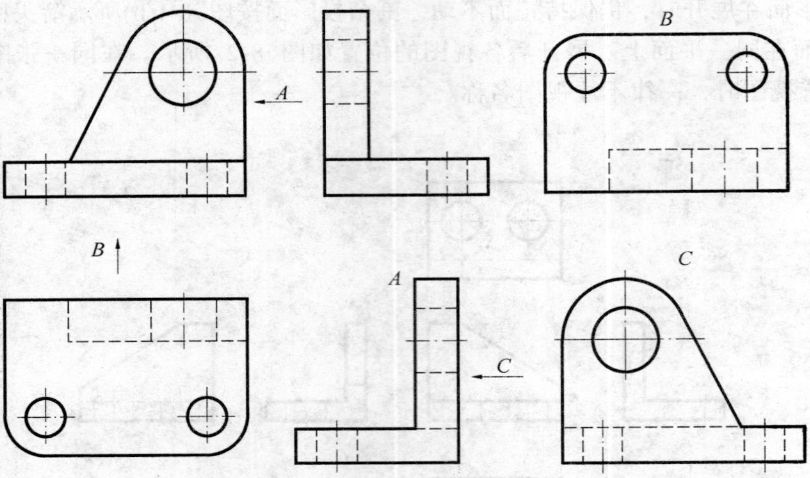

图 8-3　向视图及标注

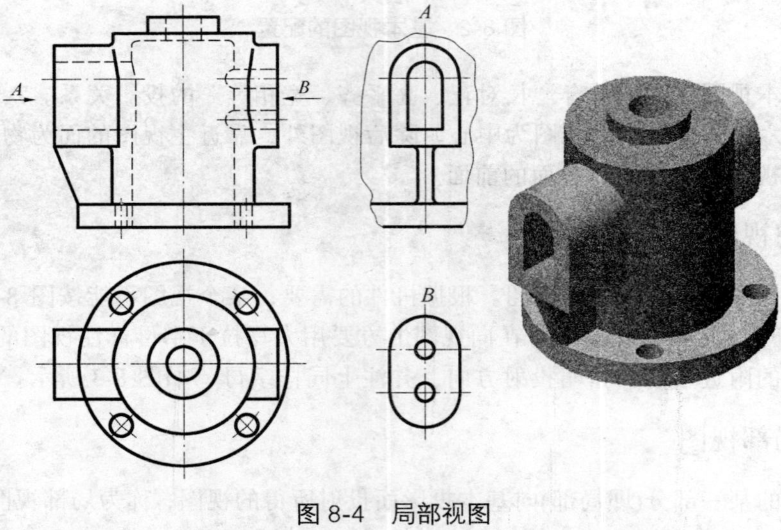

图 8-4　局部视图

(3)局部视图应尽量按投影关系配置，如图 8-4 中的俯视图，此时可不加标注；也可按向视图的形式配置并标注，如图 8-4 中的 *B* 向视图。

四、斜视图

将机件的倾斜部分向不平行于基本投影面的平面投射所得的视图，称为斜视图。斜视图一般配置在箭头所指方向，且符合投影关系，如图 8-5(a)所示。必要时，允许将斜视图旋转配置，加注旋转符号，如图 8-5(b)所示。

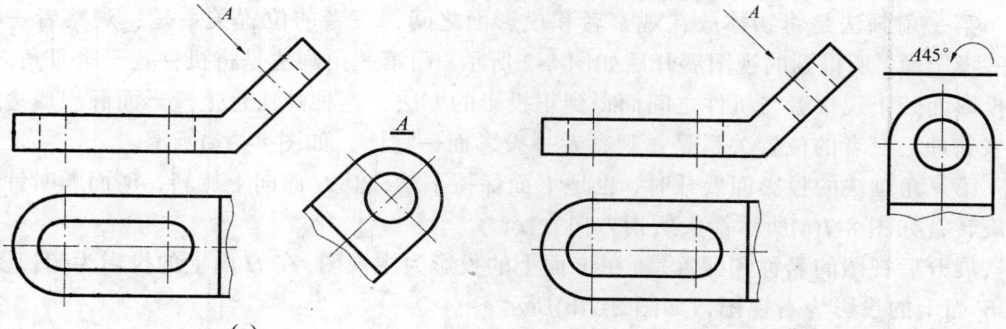

图 8-5　局部视图与斜视图

第二节　第三角画法简介

我国《机械制图》的国家标准规定，采用第一角投影法绘制机械图样。但有些国家和地区采用第三角投影法绘制图样，为了促进国际交流，下面对第三角投影法作一些简单介绍。

一、第三角画法

如图 8-6 所示，表明两个相互垂直的投影面将空间分为四个部分，称做四个分角。第三角投影画法是将物体置于第三分角内进行投射的方法，如图 8-7(a)所示。

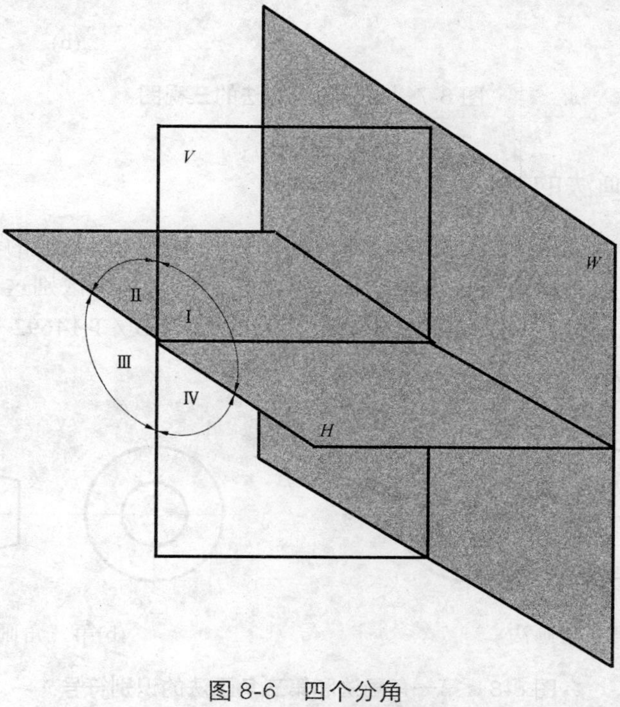

图 8-6　四个分角

第一角画法是将物体放在观察者和投影面之间，三者的位置关系是：观察者—物体—投影面，所得到的视图展开后如图 8-2 所示。而第三角画法是将机件置于第Ⅲ角内，使投影面处于观察者与机件之间而得到正投影的方法，这种画法是把投影面假想成透明的来处理。三者的位置关系是：观察者—投影面—物体，如图 8-7(a)所示。

第三角画法的投影面展开时，也是 V 面保持不动，但 H 面向上旋转，W 面顺时针方向旋转，如图 8-7(a)所示箭头所指方向。

展开后视图的名称和配置是，在 V 面上的投影为主视图，在 H 面上的投影为俯视图，在 W 面上的投影为右视图，如图 8-7(b)所示。

以主视图为准，俯视图画在主视图的上面，右视图画在主视图的右边，组成第三角画法的三视图。

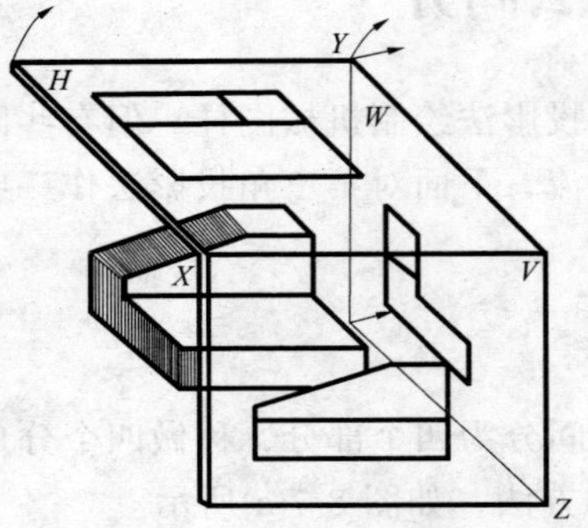

(a)

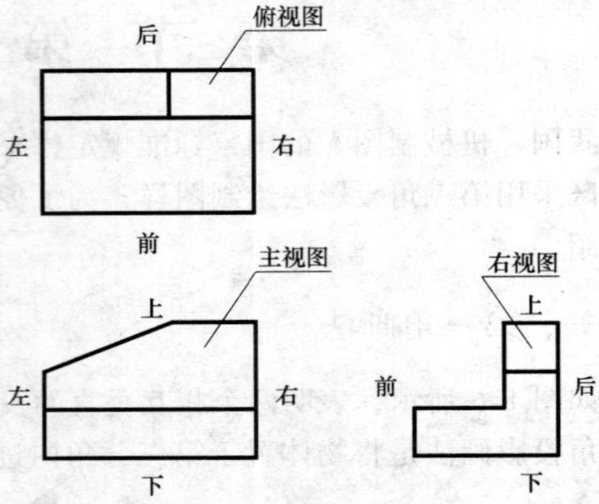

(b)

图 8-7　第三角投影法的三视图

二、第三角画法的标识

ISO 国际标准中规定，应在标题栏专设的格内画出所采用画法的识别符号。我国国家标准规定，采用第一角画法，也可以采用第三角画法。为了区别这两种画法，规定在标题栏用规定的识别符号表示。《技术制图　投影法》(GB / T 14692—1993)中规定的识别符号如图 8-8 所示。

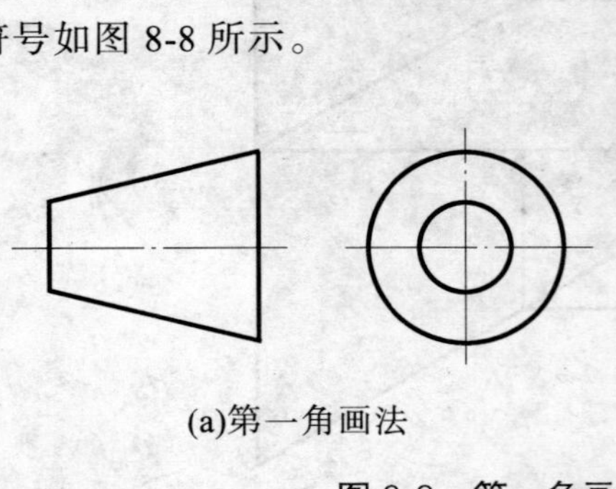

(a)第一角画法

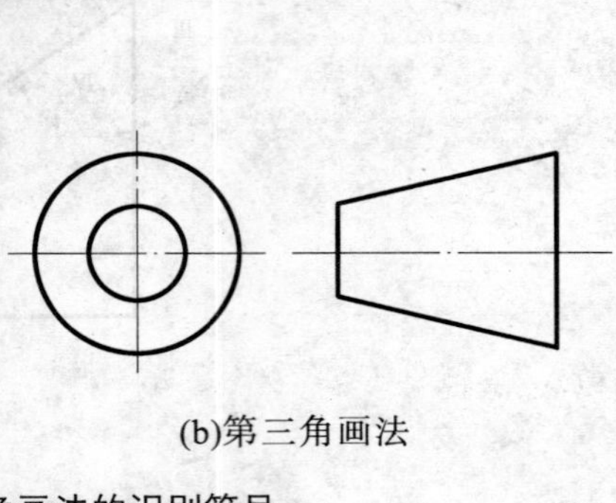

(b)第三角画法

图 8-8　第一角画法和第三角画法的识别符号

第三节 剖视图

在用视图表达机件时，其内部结构都用虚线来表示，内部结构形状越复杂，视图中就会出现越多虚线，这样会影响图面清晰，不便于看图和标注尺寸。如图 8-11(a)所示。为了减少视图中的虚线，使图面清晰，可以采用剖视的方法来表达机件的内部结构和形状。

一、剖视的概念

(一)剖视图的形成

假想用剖切面剖开机件，将处在观察者和剖切面之间的部分移去，而将其余部分向投影面投射所得的图形称为剖视图，简称剖视，并在剖面区域内画上剖面符号。如图 8-9(b)所示，主视图采用了剖视图的画法，原来不可见的孔和槽变成可见，图上原来的虚线变成了实线。这样，使图形更加清晰，便于看图。

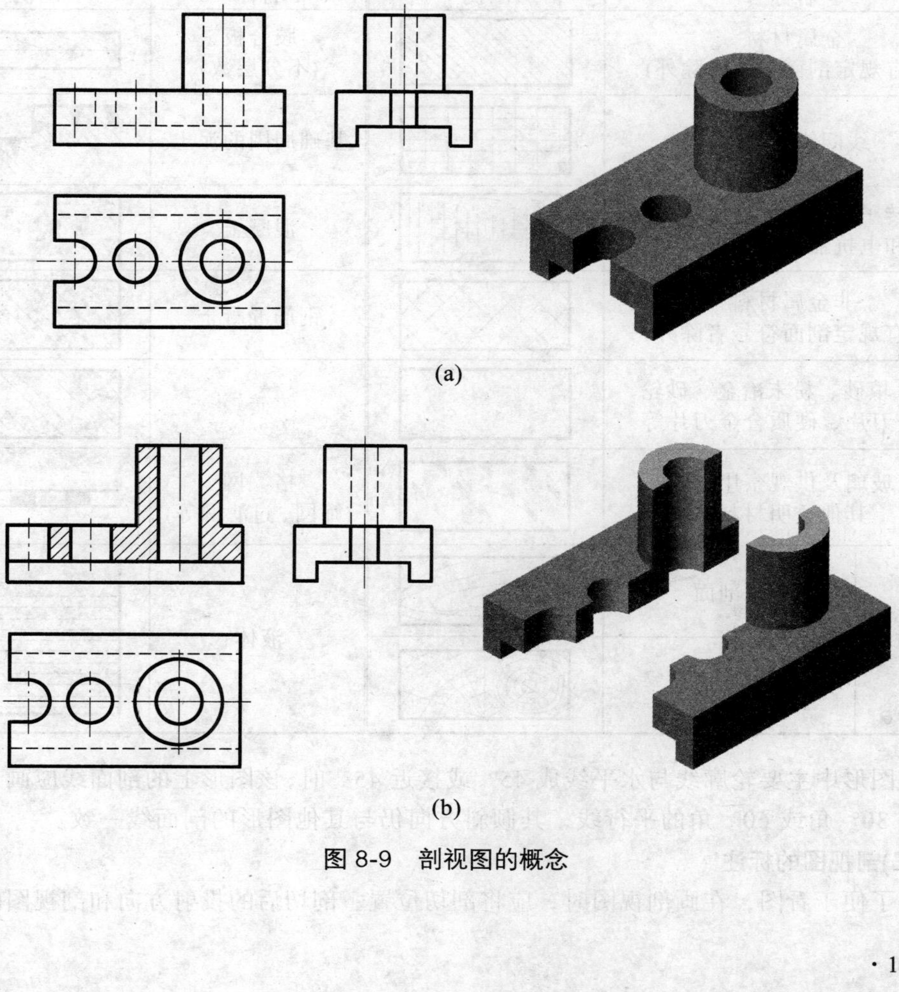

(a)

(b)

图 8-9 剖视图的概念

(二)剖视图的画法

1. 确定剖切平面的位置

为了能反映出机件内部结构的真实形状，剖切面通常应与投影面平行，并应通过零件内部结构的对称平面或通过其轴线，如图 8-9(b)中的剖切面平行于正面，且通过机件前后方向的对称平面。

2. 画剖视图

将处在观察者和剖切面之间的部分移去，而将其余部分全部向投影面投射；不同的视图可以同时采用剖视。剖切面与机件内外表面相接触的部分称为断面。画剖视图时，应把断面及剖切面后方的可见轮廓线用粗实线画出。

3. 画剖面符号

在剖面区域内画上剖面符号，剖视图中的虚线一般可省略。国家标准《机械制图》中规定的剖面符号见表 8-1。金属材料的剖面符号(又称剖面线)一般画成与水平线成 45°角的等距细实线。在同一张图上，同一机件在各个剖视图中剖面线的方向和间距应一致。

表 8-1　剖面符号

名称	图例	名称	图例
金属材料 (已有规定剖面符号者除外)	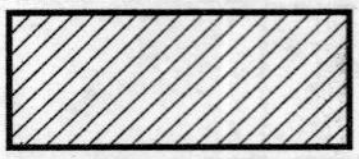	胶合板 (不分层数)	
线圈绕组元件	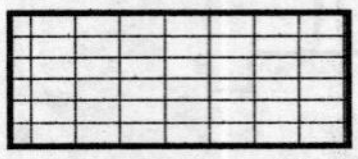	基础周围的泥土	
转子、电枢、变压器 和电抗器等的叠钢片		混凝土	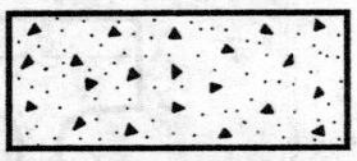
非金属材料 (已有规定剖面符号者除外)		钢筋混凝土	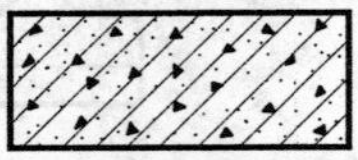
型砂、填砂、粉末冶金、砂轮、 陶瓷刀片、硬质合金刀片等	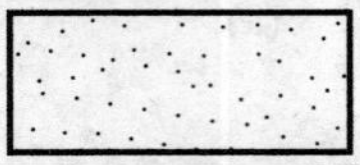	砖	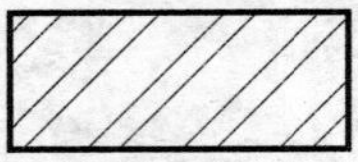
玻璃及供观察用的 其他透明材料	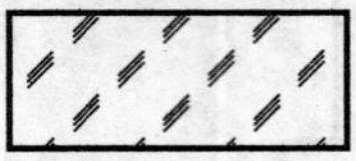	格　网 (筛网、过滤网等)	
木材　纵剖面		液体	
木材　横剖面			

当图形中主要轮廓线与水平线成 45° 或接近 45° 时，该图形上的剖面线应画成与水平线成 30° 角或 60° 角的平行线，其倾斜方向仍与其他图形的剖面线一致。

(三)剖视图的标注

为了便于看图，在画剖视图时，应将剖切位置、剖切后的投射方向和剖视图的名称标注在相应的视图上。标注的内容有以下两项：

1. 剖切符号

剖切符号是指表示剖切面起、迄和转折处(用粗短线表示)及投射方向(用箭头表示)的符号。即在剖切面的起、迄和转折处画粗短线，线宽为 1～1.5，长 5～10 mm，并尽可能不与图形的轮廓线相交，在两端粗短线外侧用箭头表示投射方向，并与剖切位置线垂直。

2. 剖视图名称

在剖视图的上方用大写拉丁字母标注剖视图的名称“×—×”，并在剖切符号的附近标出相同的字母，字母一律水平书写。如图 8-10 所示。

国家标准规定在下列情况下可省略或简化标注：

(1)当单一剖切平面通过零件的对称平面或基本对称平面时，或剖切位置显而易见，且剖视图按投影关系配置，中间没有其他图形隔开，可省略标注，如图 8-10 中的主视剖视图，省略了剖切位置标注。

(2)当剖视图按投影关系配置，中间又没有其他图形隔开时，可省略箭头，如图 8-10 中的俯视剖视图，省略了投影方向标注。

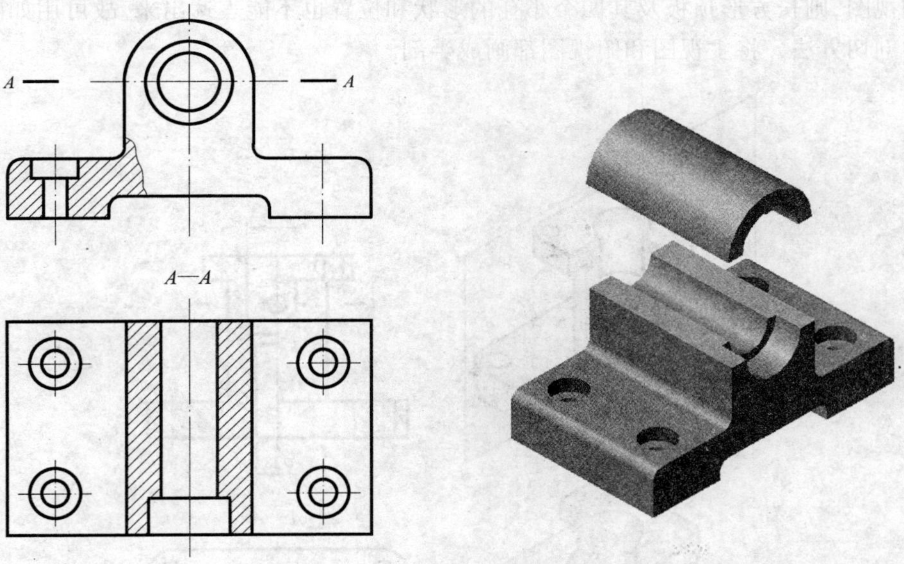

图 8-10　全剖视图

(四)画剖视图时应注意的问题

(1)剖切平面的选择。一般都选特殊位置平面，如通过机件的对称面、轴线或中心线；被剖切到的实体的投影反映实形。

(2)剖切是一种假想过程，其他视图仍就完整画出。

(3)剖切面后面的可见部分应该全部画出。

(4)在剖视图上已经表达清楚的结构，其表示内部结构的虚线省略不画，但没有表示清楚的结构，允许画少量虚线。

(5)剖面线为细实线，最好与主要轮廓或剖面区域的对称线成 45° 角；同一物体的剖面区域，其剖面线画法应一致。

二、剖视图的种类

剖视图分为全剖视图、半剖视图和局部剖视图。

(一)全剖视图

用剖切平面(一个或几个)完全地剖开机件所得的剖视图称为全剖视图，如图 8-10 所示。

全剖视图适用范围：全剖视图适用于机件外形比较简单，而内部结构比较复杂，且不对称的机件。

(二)半剖视图

当机件具有对称平面时，在垂直于对称平面的投影面上投射所得的图形，可以以对称中心线为界，一半画成剖视图，另一半画成视图，这样画出的图形称为半剖视图，适用范围：内、外形都需要表达，而形状又基本对称时。

图 8-11 所示为半剖视图，从图中可知，该零件的内外形状都比较复杂，但前后和左右都对称。如果主视图采用全剖视图，则顶板下的凸台就不能表达出来，如果俯视图采用全剖视图,则长方形顶板及其四个小孔的形状和位置也不能表达出来。故可用如图 8-11 所示的剖切方法，将主视图和俯视图都画成半剖。

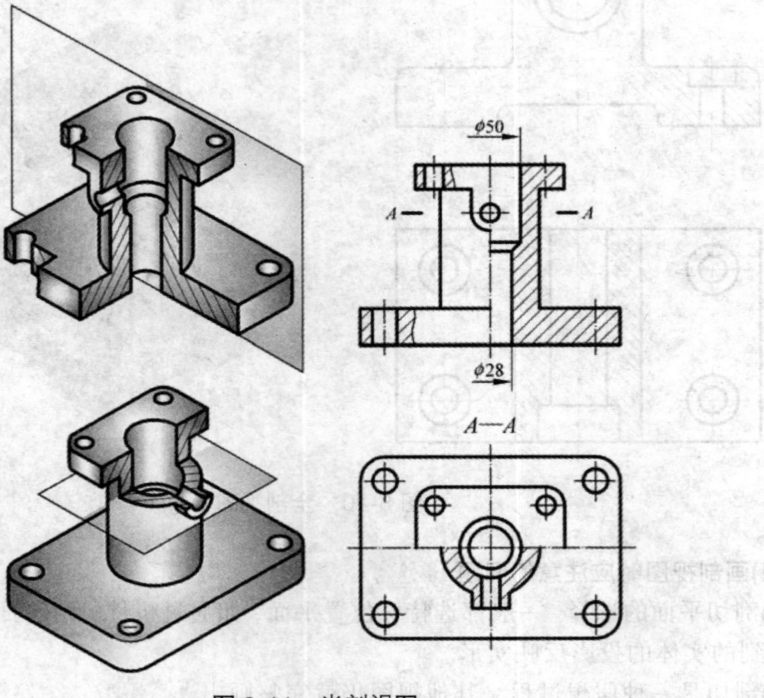

图 8-11　半剖视图

画半剖视图时应注意半个视图和半个剖视图的分界线是细点画线，不能画成粗实线。

(三)局部剖视图

用剖切面局部地剖开机件所得到的剖视图，称为局部剖视图。

局部剖视图是一种比较灵活的表达方法，剖切部位根据实际需要来决定。对于形状不对称，而又在同一视图中需表达内腔和外部形状时，采用局部剖视图比较合适，运用得当可使视图简明清晰。如图 8-12 所示，主视图采用正平面作剖切面，俯视图采用水平面作剖切面，在适当的位置局部剖开机件，以表达这一部分内腔的形状。但应注意一个视图中局部剖的数量不宜过多，以免使图形过于破碎。

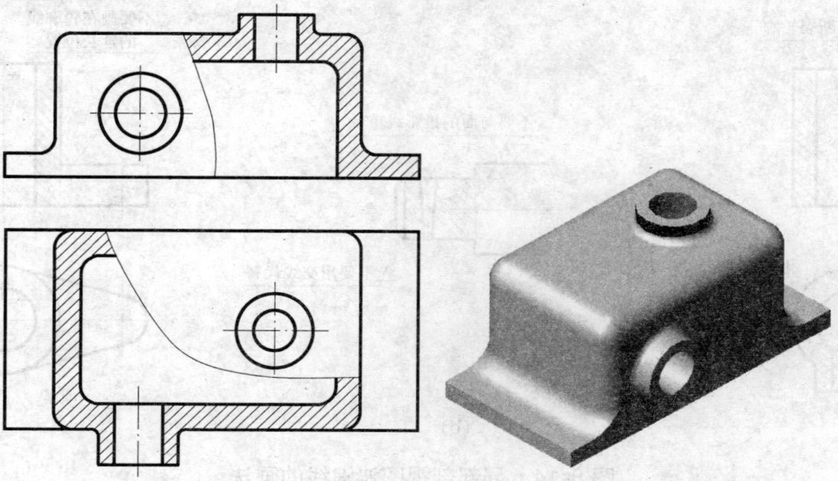

图 8-12　局部剖视图

应该指出的是，如图 8-13 所示机件，虽然对称，但由于机件的分界处有轮廓线，因此不宜采用半剖视而采用了局部剖视，而且局部剖视范围的大小，视机件的具体结构形状而定，可大可小。

(a)　(b)　(c)

图 8-13　局部剖视图中剖切范围的处理

局部剖视图用波浪线与视图分界，波浪线表示机件断裂处的边界线。关于波浪线的画法，应注意如下几点：

(1)波浪线不能超出视图的轮廓线，如图 8-14(a)所示。

(2)波浪线若遇到孔、槽等结构时，波浪线必须断开，如图 8-14(a)所示。

(3)波浪线不能与轮廓线重合，也不宜画在轮廓线的延长线上，如图 8-14(b)、图 8-14(c)所示。

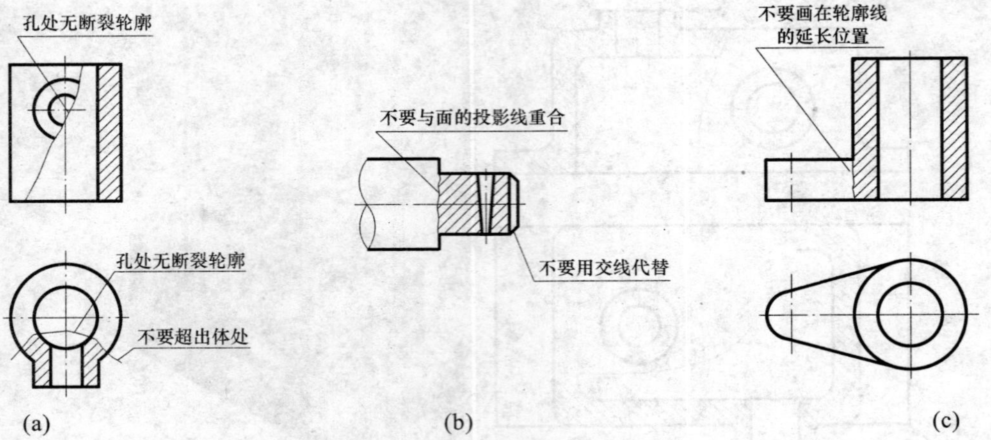

图 8-14　局部剖视图波浪线的画法

(四)斜剖视图

用不平行于基本投影面的剖切平面剖开机件的方法称为斜剖。图 8-15 为用一个不平

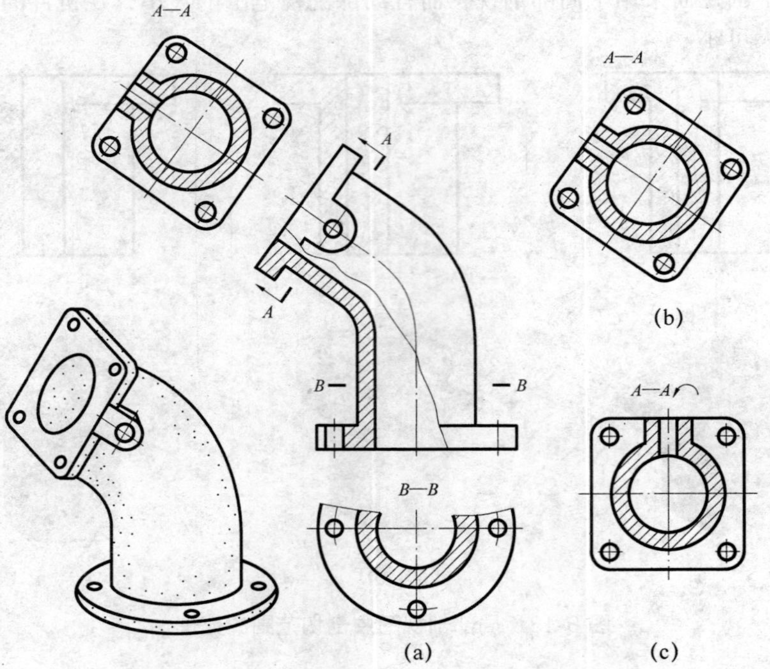

图 8-15　斜剖视图应用

行于任何基本投影面，但平行于倾斜结构，且垂直于正面的剖切平面完全地剖开机件，将该倾斜结构向平行于该剖切平面的相应投影面投射，即可得到斜剖视图。为了看图方便，应尽量将斜剖视图配置在与相应基本视图保持投影关系的位置，如果需要也允许将斜剖视图放置在其他位置，或将图形旋转。斜剖视图必须标注剖切平面位置、投射方向和视图名称，并在剖视图上方中间处标注出剖视图的名称“×—×”，注意字母一律水平书写。

(五)旋转剖视图

用两相交剖切平面剖开机件的剖切方法称为旋转剖。采用这种方法画剖视图时，先假想按剖切位置剖开机件，然后将被剖切平面剖开的倾斜部分结构及其有关部分，绕回转中心(旋转轴)旋转到与选定的基本投影面平行后再投影。

如图 8-16 所示机件，为了能表达凸台内的长圆孔、沿圆周分布的四个小孔及中间的大孔等内部结构，仅用一个剖切平面不能全部剖到，但由于该机件具有回转轴线，可以采用两个相交的剖切平面，并让其交线与回转轴重合，使两个剖切平面通过所要表达的孔、槽剖开机件，然后将与投影面倾斜的部分绕回转轴旋转到与侧面投影面平行，再进行投射，这样孔、槽均已在剖视图中表达清楚。在剖切平面后的其他结构一般仍按原来的位置投影，当剖切后产生不完整要素时，应将此部分按不剖绘制，

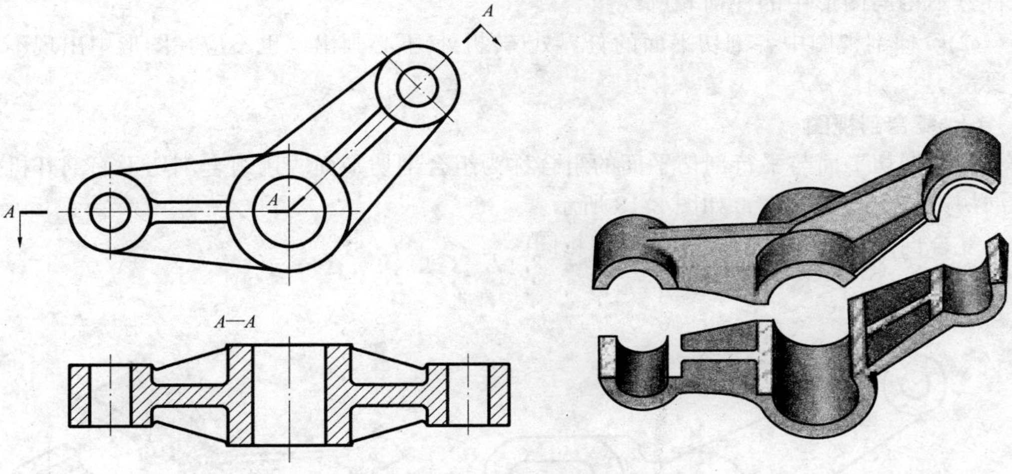

图 8-16　旋转剖视图

旋转剖要进行标注，在剖切平面的起、迄和转折处画出剖切符号表示剖切位置，注上相同的大写字母，如果转折处地方太小，在不引起误解的情况下可省略字母。在起、迄处画出箭头表示投射方向，在剖视图的上方标注出相同的名称，如图 8-16 所示。如按投影关系配置，中间无其他图形隔开，可省略箭头。

(六)阶梯剖视图

用几个平行于某一基本投影面的剖切平面剖开机件的方法称为阶梯剖。

如图 8-17 所示机件，用一个剖切平面不可能把机件内部结构形状完全剖出，所以主视图采用了 2 个互相平行的剖切面 *P*、*Q* 剖开机件，可以把内部形状表达清楚。

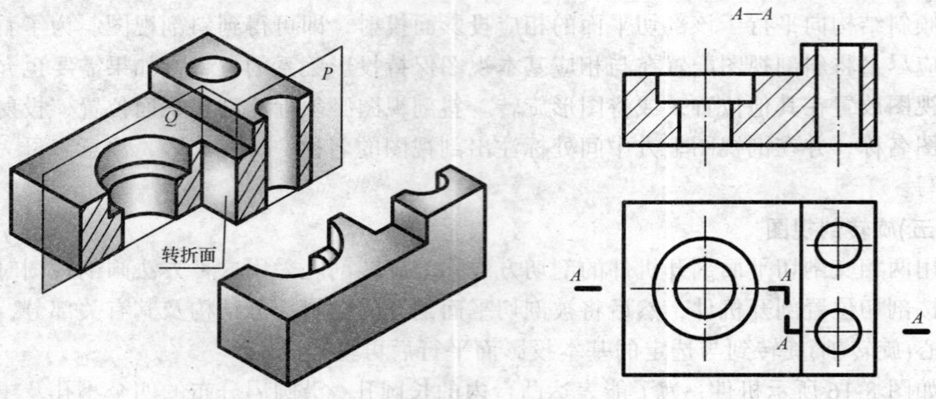

图 8-17　阶梯剖

采用阶梯剖画剖视图应注意几点：

(1)阶梯剖必须标注，在剖切平面的起、迄和转折处，要用相同的字母及剖切符号表示剖切位置，用箭头指明投射方向，并在相应的剖视图上方标出相同的“×—×”。剖切符号不得与图形中的任何轮廓线重合。

(2)阶梯剖视图中各剖切平面的分界处(转折处)不必画出，也不应在图形中出现不完整要素。

(七)复合剖视图

相交剖切平面与平行剖切平面的组合称为组合剖切平面。用组合剖切平面剖开机件的剖切方法称为复合剖，如图 8-18 所示。

复合剖的标注与旋转剖和阶梯剖相同。

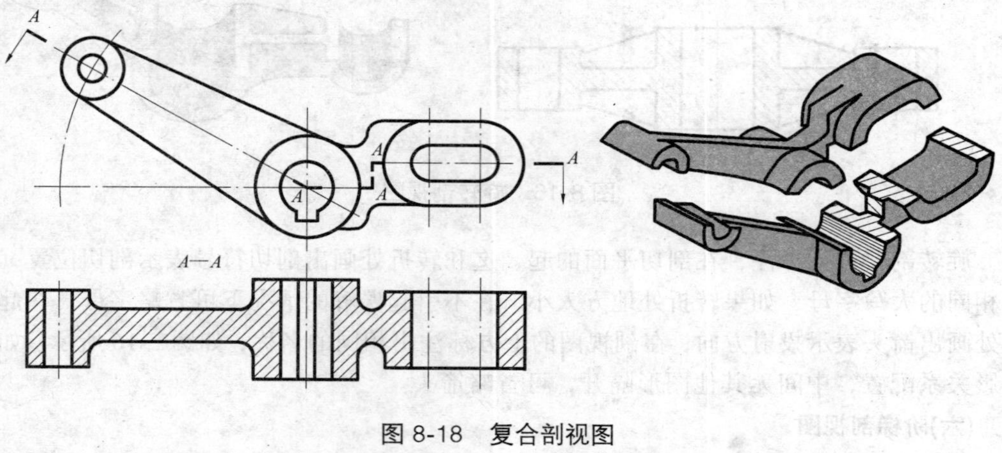

图 8-18　复合剖视图

第四节　断面图

一、断面图的概念

假想用剖切面将机件的某处切断，仅画出断面(剖切平面与机件接触部分)的图形称为断面图，简称断面。

如图 8-19 所示，假想用一个剖切平面垂直于轴线方向将键槽处切断，然后画出断面的实形，就能清楚地表达出断面的形状、键槽的深度。

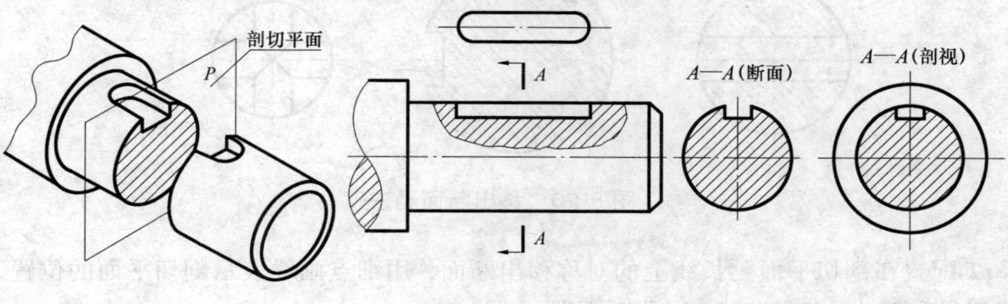

图 8-19　断面的基本概念

断面图与剖视图的区别是：断面仅画剖切面与机件接触部分的图形，而剖视则是将断面连同它后面的投影结构一起画出，如图 8-19(b)所示。

断面图主要用于表达机件某部分的断面形状，如机件上的肋板、轮辐、键槽、杆件及型材的断面等。

二、断面图的种类

根据断面配置的位置，分为移出断面和重合断面两种。

(一)移出断面

断面图配置在视图轮廓线之外,称为移出断面。

1. *移出断面的画法*

移出断面应尽量配置在剖切符号或剖切线(即剖切平面与投影面的交线，用细点画线画出)的延长线上，必要时也可放在其他位置。移出断面的轮廓线用粗实线绘制。移出断面一般用剖切符号表示剖切的起止位置，用箭头表示投影方向，并注上大写拉丁字母，在断面图的上方用同样的字母标出相应的名称“×—×”，如图 8-20 所示。

当剖切平面通过回转面形成的孔或凹坑的轴线时，这些结构按剖视绘制，如图 8-20 中的 *B*—*B* 断面。当剖切平面通过非圆孔，导致出现完全分离的两个断面时，这些结构也按剖视绘制，如图 8-20 中的 *A*—*A* 断面。

移出断面图在下列情况下可以省略标注：

(1)配置在剖切符号延长线上的不对称移出断面，可省略字母，如图 8-20 键槽断面图。

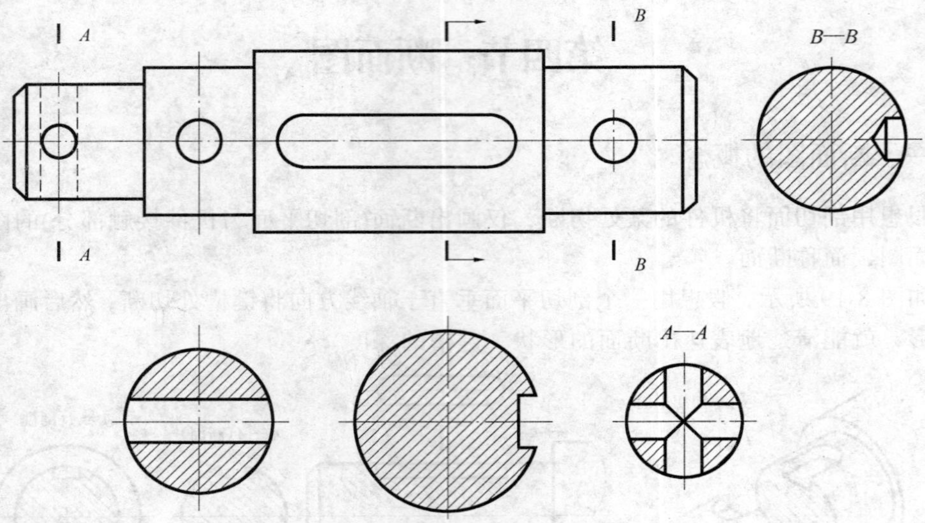

图 8-20　移出断面画法

(2)配置在剖切平面延长线上的对称移出断面，用细点画线表示剖切平面的位置，并省略字母和箭头，如图 8-20 通孔断面图。

(3)不配置在剖切符号延长线上的对称移出断面，以及按投影关系配置的不对称移出断面，均可省略箭头，如图 8-20 中 *A–A*，*B–B* 断面图。

(二)重合断面

断面图配置在剖切平面迹线处，并与原视图重合称重合断面,如图 8-21 和图 8-22 所示。

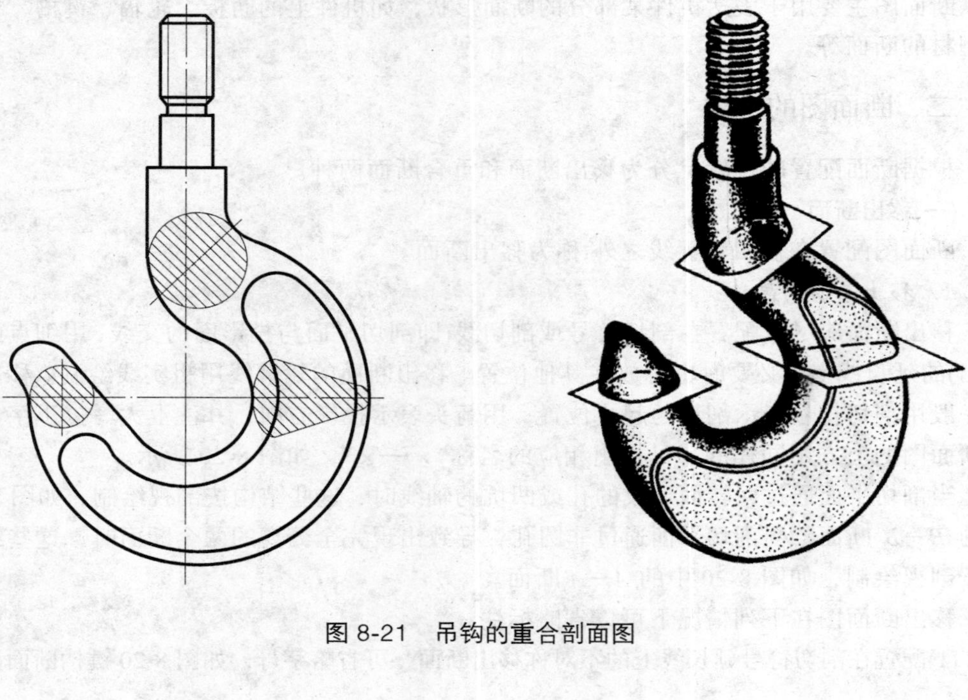

图 8-21　吊钩的重合剖面图

1. 重合断面的画法

重合断面的轮廓线用细实线绘制，当视图中的轮廓线与重合断面的图形重叠时，视图中的轮廓线仍需完整、连续地画出，不可间断。

2. 重合断面的标注方法

(1)配置在剖切线上的不对称的重合断面图，可不标注名称(字母)，如图 8-22 所示。

(2)对称的重合断面图，可不标注。

图 8-22　角钢的重合剖面图

第五节　其他表达方法及综合应用举例

一、局部放大图

将机件的部分结构，用大于原图形所采用的比例画出的图形称为局部放大图。它用于机件上较小结构的表达和尺寸标注。可以画成视图、剖视、断面等形式，与被放大部位的表达形式无关。图形所用的放大比例应根据结构需要而定，与原图比例无关，如图 8-23 所示。

局部放大图应尽量配置在放大部位的附近。画局部放大图时，除螺纹牙型、齿轮和键的齿形外，应用细线圆或长圆圈出被放大部分的部位。当同一机件上有几个被放大的部分时，必须用罗马数字依次标明被放大的部位，并在局部放大图的上方标出相应的罗马数字和所采用的比例，如图 8-23 所示。

当只有一处放大部位时，则只需在放大图的上方注明所采用的比例即可，当同一机件不同部位的局部放大图相同或对称时，只需画一个放大图。

二、规定画法和简化画法

在不影响完整、清晰地表达机件的前提下，为了画图简便起见，国家标准《技术制图》和《机械制图》统一规定了一些简化表示法，包括规定画法、省略画法、示意画法等在内的图示方法，称为简化画法。

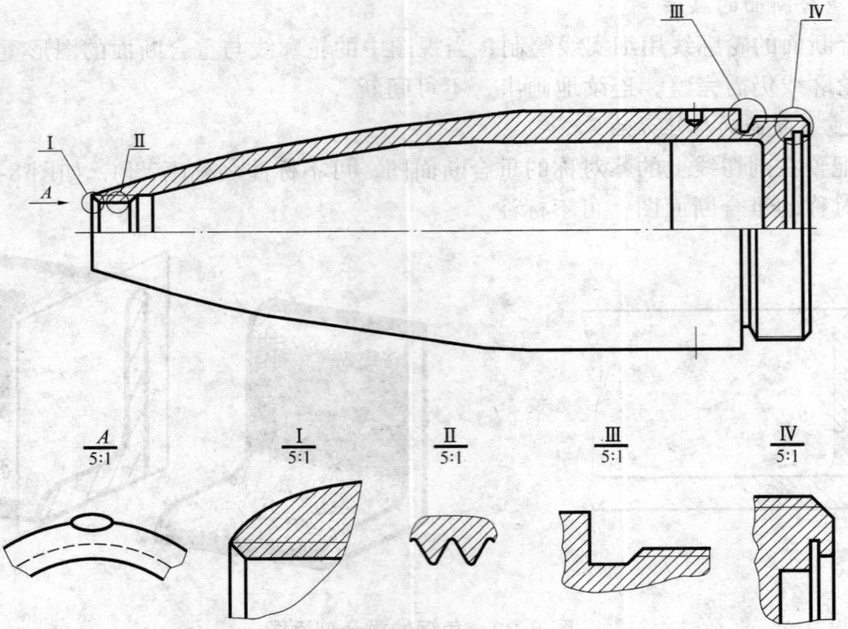

图 8-23　局部放大图的画法

简化画法应用比较广泛，现将常用的简化画法介绍如下。

(一)均匀分布的肋板、轮辐的画法

(1)对于机件的肋、轮辐结构，如按纵向剖切(剖切平面与肋板、轮辐的对称平面重合或平行)，肋板不画剖面符号，而用粗实线将它与其邻接部分分开。如图 8-24 所示。

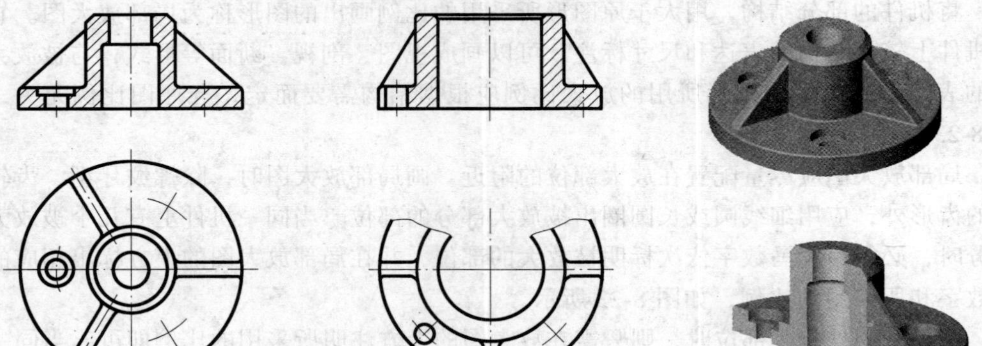

图 8-24　均匀分布的肋板与孔的剖视画法

(二)移出断面中的简化画法

零件图中的移出断面，在不致引起误解的前提下，允许省略剖面符号，但应按前面讲的移出断面标注方法进行标注，如图 8-25 所示。

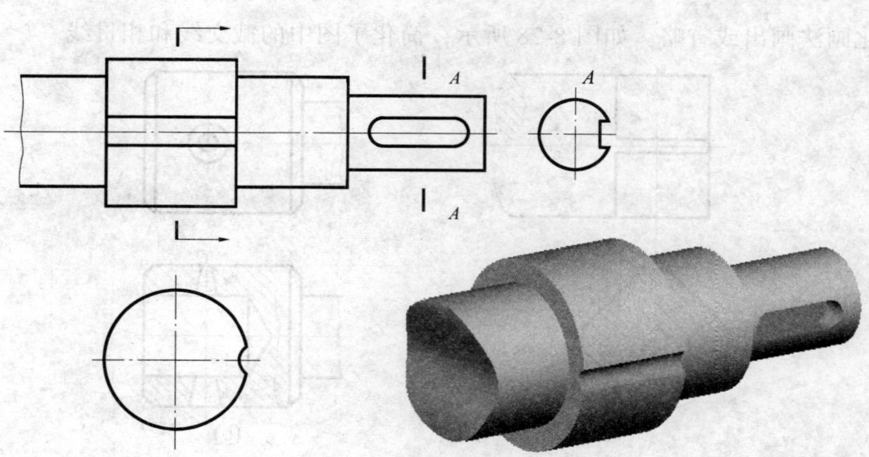

图 8-25　移出断面中的简化画法

(三)相同结构要素的简化画法

机件上若干相同结构(齿、槽、孔等)，按一定规律分布时，只需画出几个完整的结构，其余用细实线连接或画出中心线位置，但在图上应注明该结构的总数，如图 8-26 和 8-27 所示。

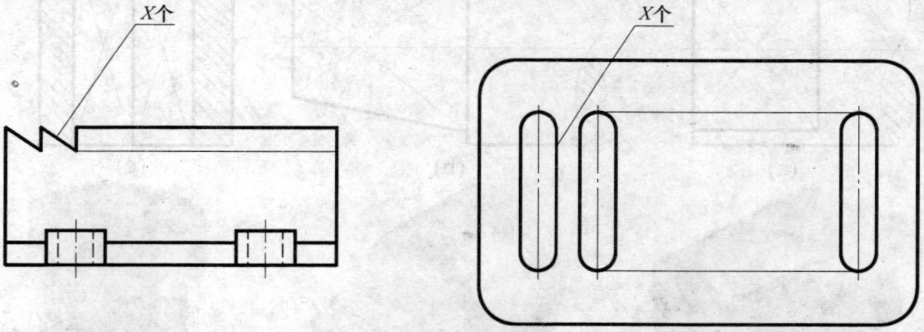

(a)　(b)

图 8-26　成规律分布的若干相同结构的简化画法

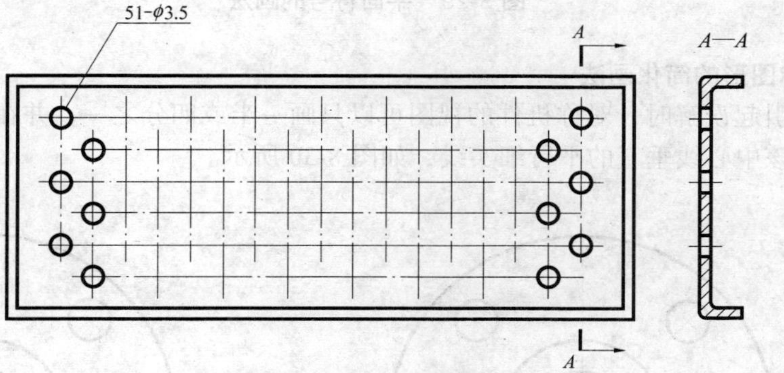

图 8-27　成规律分布的相同孔的简化画法

(四)较小结构的简化画法

对于机件上较小结构，如已有其他图形表示清楚，且又不影响读图时，可不按投影而按简化画法画出或省略。如图 8-28 所示，简化了图中的截交线和相贯线。

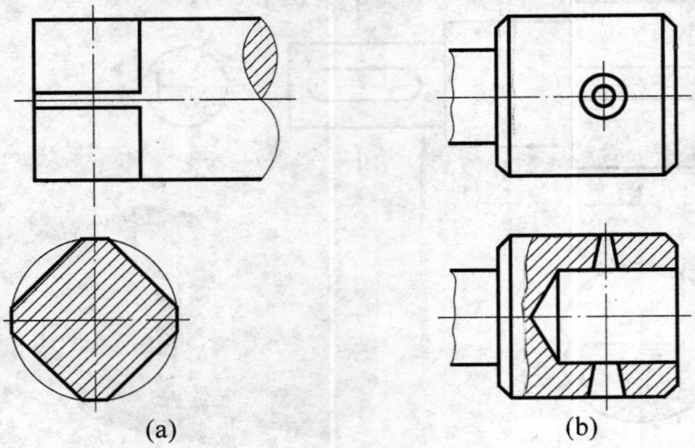

图 8-28　较小结构的简化画法

(五)当图形不能充分表示平面时，可用平面符号

如图 8-29 所示机件上的平面，可在轮廓线附近用平面符号(相交两细实线)来表示。

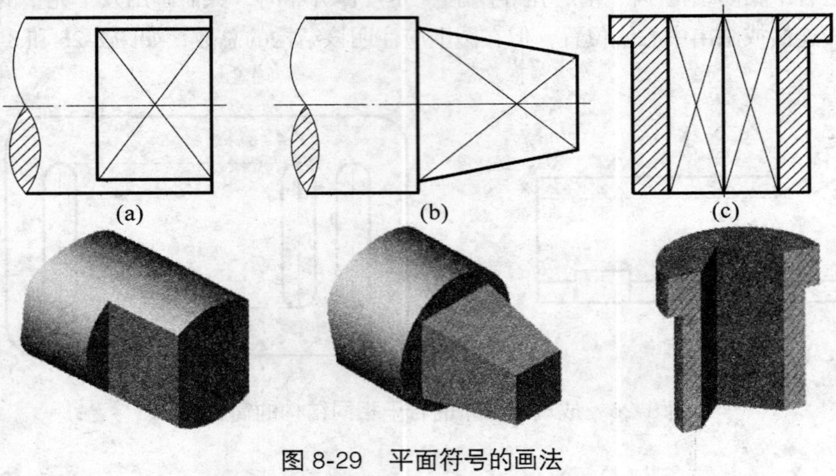

图 8-29　平面符号的画法

(六)对称图形的简化画法

在不致引起误解时，对称机件的视图可以只画一半或四分之一，并在中心线的两端画出两条与该中心线垂直的平行细实线，如图 8-30 所示。

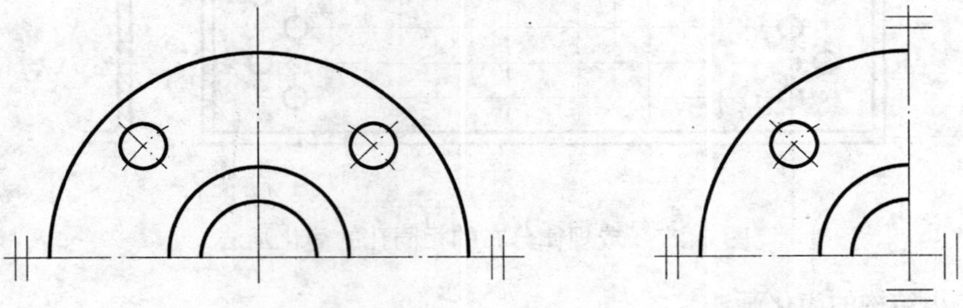

图 8-30　对称机件视图的简化画法

(七)较长机件的简化画法

轴、杆类较长的机件，当沿长度方向形状相同或按一定规律变化时，允许用波浪线断开画出，如图 8-31 所示。

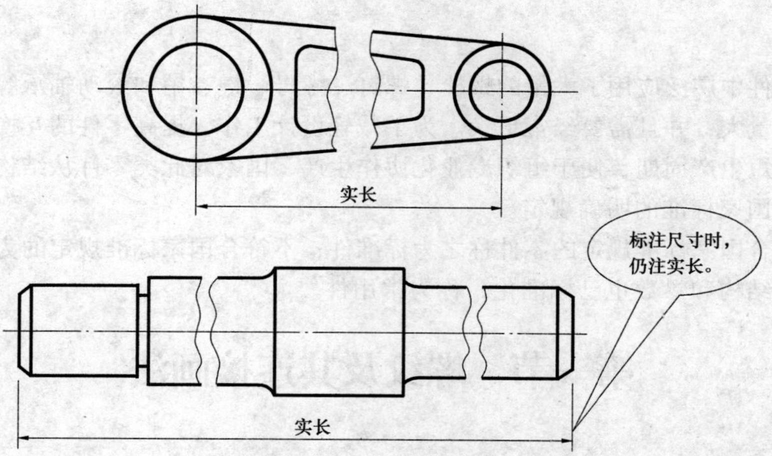

图 8-31　较长机件的简化画法

第九章　标准件与常用件

在零部件中广泛应用了大量的螺栓、螺钉、螺母、键、销和滚动轴承等零件。此类零件应用数量大，并且需要经常更换。为了减轻设计工作，提高零件的互换性，降低生产成本，缩短生产周期，便于组织专业化协作生产，国家对此类零件从结构、尺寸到成品质量都有国家标准的明确规定。

全部符合国家标准规定的零件称之为标准件；不符合国家标准规定的为非标准件。零件的部分结构和参数也已标准化，称为常用件。

第一节　螺纹及其连接画法

一、螺纹的形成及其要素

螺纹为回转体表面上沿螺旋线所形成的、具有相同剖面的连续凸起和沟槽结构。在实际加工中是固定在车床卡盘上的工件作等速旋转时，刀具沿机件轴向作等速直线移动，其合成运动使切入工件的刀尖在机件表面就加工成螺纹。在圆柱表面上形成的螺纹为圆柱螺纹，在圆锥面上形成的螺纹为圆锥螺纹。

螺纹在回转体外表面时为外螺纹；在内表面(孔壁上)时为内螺纹。

图 9-1　外螺纹

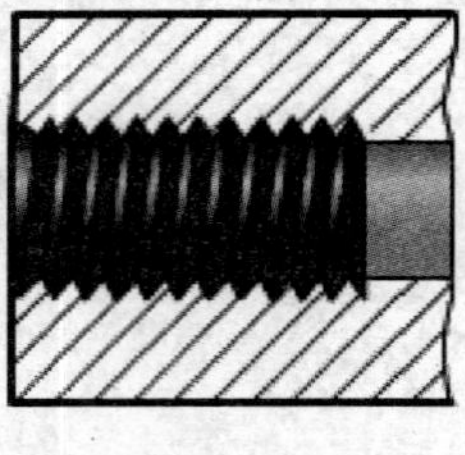

图 9-2　内螺纹

形成螺纹的主要要素：

(1)牙型。螺纹轴向断面的轮廓形状称为牙型。螺纹的牙型有三角型(普通型)、梯形、锯齿形和矩形等。

(2)螺纹直径。螺纹直径有大径、中径、小径三类(见图 9-3)。①螺纹大径，即与外螺纹的牙顶或内螺纹的牙底相重合的假想圆柱面的直径。螺纹的大径也称为螺纹的公称直径。②螺纹小径，即与外螺纹的牙底或内螺纹的牙顶相重合的假想圆柱面的直径。③螺纹中径，指一个假想的圆柱直径，该圆柱的母线通过牙型上沟槽和凸起宽度相等的地方，假想圆柱的直径即为螺纹中径。

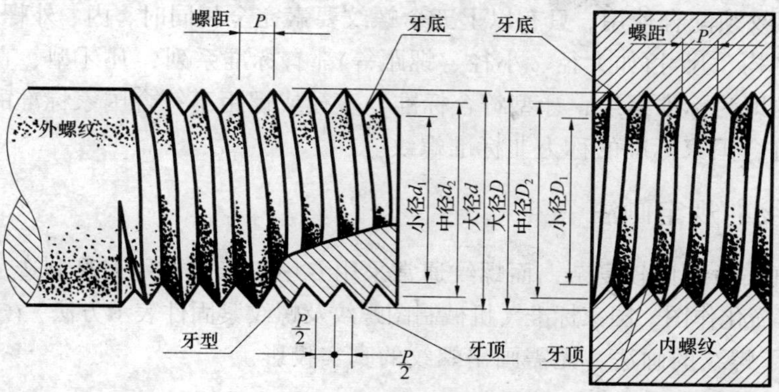

图 9-3　螺纹的直径

(3)线数。圆柱端面上形成螺纹的螺旋线的数目即为线数(n)。沿一条螺旋线所形成的螺纹称单线螺纹；沿两条或两条以上、在轴间等距分布的螺旋线所形成的螺纹称多线螺纹，如图 9-4 所示。

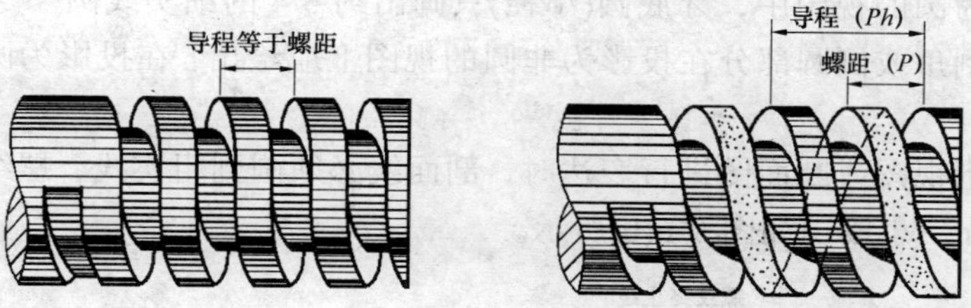

(a)单线　(b)双线

图 9-4　螺纹的线数、导程和螺距

(4)螺距与导程。相邻两牙在中径线上对应两点间的轴向距离称为螺距。在同一条螺旋线上，相邻两牙在中径线上对应两点的轴向距离，称为导程，导程=线数×螺距。如图 9-4 所示。

(5)旋向。螺纹分左旋和右旋。当顺时针旋转旋入的螺纹，称右旋螺纹；逆时针旋转旋入的螺纹，称左旋螺纹。也可按图 9-5 所示的方法判断：将外螺纹垂直放置，螺纹的可见部分是右高左低时为右旋螺纹，左高右低时为左旋螺纹。

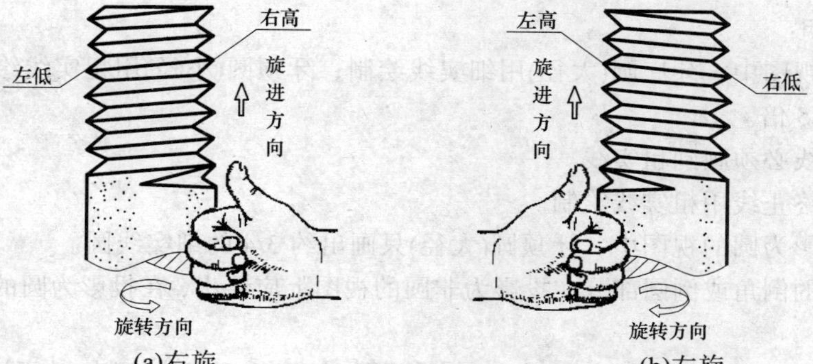

(a)右旋　(b)左旋

图 9-5　螺纹的旋向

内、外螺纹须配合使用，只有以上五个螺纹要素完全相同时，内、外螺纹才能旋合。

牙型的结构、尺寸(如大径、小径、螺距等)都有标准系列，凡牙型、直径、螺距符合国家标准的即为标准螺纹；牙型符合标准，直径或螺距不符合国家标准的称为特殊螺纹；牙型不符合国家标准的称为非标准螺纹。

二、螺纹的规定画法

螺纹的真实投影比较复杂，而螺纹通常采用专用机床和专用刀具制造，并且多数为标准件，为了简化作图，国家标准《机械制图螺纹及螺纹紧固件表示方法》(GB/T 4459.1—1995)中规定了螺纹的画法，无需画出螺纹的真实投影。

(一)外螺纹的规定画法

画法说明：

(1)牙顶圆(大径)用粗实线绘制；牙底圆(小径)用细实线绘制，小径约为大径的 0.85 倍。

(2)螺纹终止线用粗实线绘制。

(3)在投影为圆的视图中，牙底圆(小径)只画出约 3/4 的细实线圆。

(4)轴上的倒角或倒圆部分在投影为非圆的视图上应绘出，在投影为圆的视图上时省略不画。

(5)如果用剖视图或断面图进行表达时，剖面线必须画到粗实线，螺纹终止线只画出牙顶和牙底部分一小段，如图 9-6(b)所示。

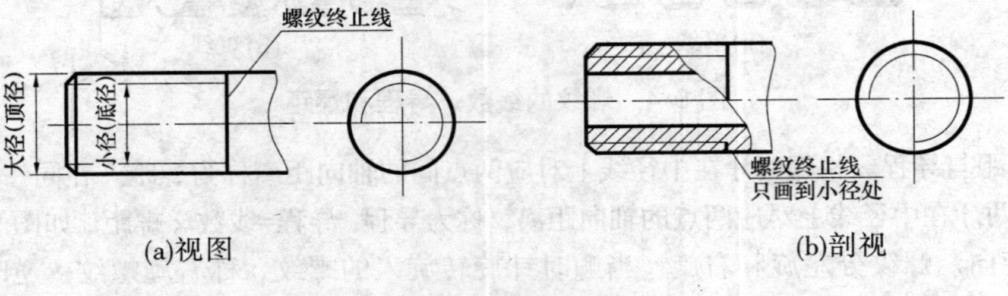

图 9-6　外螺纹的规定画法

(二)内螺纹的规定画法

画法说明：

(1)在剖视图中，牙底圆(大径)用细实线绘制；牙顶圆(小径)用粗实线绘制，小径约为大径的 0.85 倍。

(2)剖面线必须画到粗实线。

(3)螺纹终止线用粗实线绘制。

(4)在投影为圆的视图中，牙顶圆(大径)只画出约 3/4 的细实线圆。

(5)轴上的倒角或倒圆部分在投影为非圆的视图上应绘出，在投影为圆的视图上时省略不画。

(6)如果未剖表达时，牙底圆(大径)、牙顶圆(小径)均用虚线绘制，如图 9-7(b)所示。

(7)不通孔上的螺纹应分别表达出孔深和螺纹深，由于钻尖顶角为 118°，所以不通孔的锥尖角用 120° 表达，无须标注，如图 9-7(c)所示。

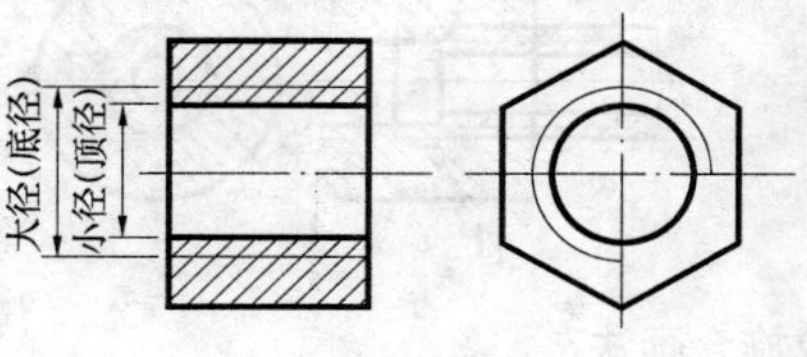

(a)剖视

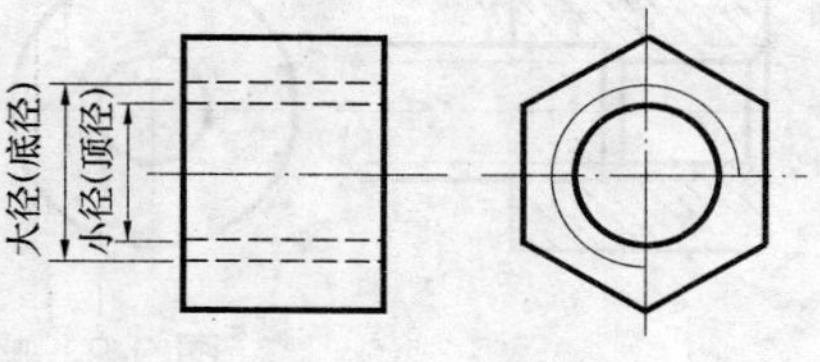

(b)视图

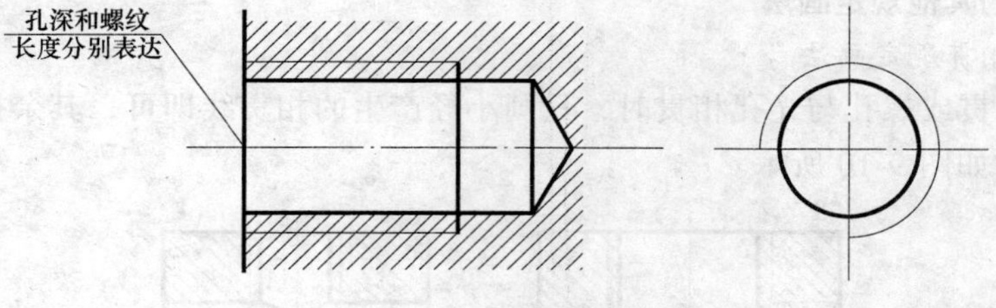

(c)不通孔螺纹

图 9-7　内螺纹的规定画法

(三)圆锥螺纹的规定画法

圆锥螺纹的外螺纹和内螺纹在投影为圆的视图中只画一端(大端或小端)螺纹的投影，其余规定和外螺纹、内螺纹的规定一致，如图 9-8 所示。

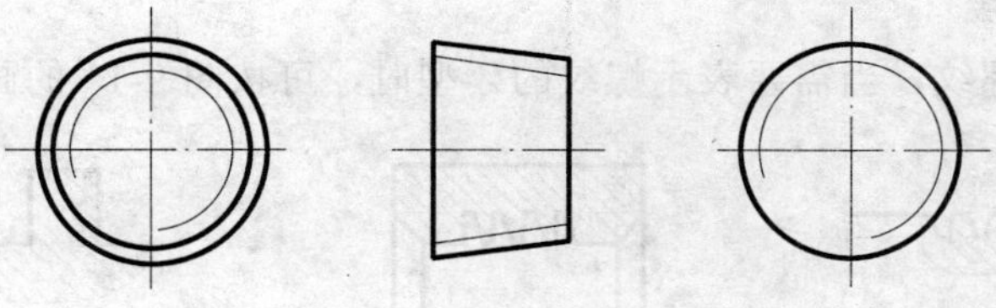

(a)圆锥外螺纹

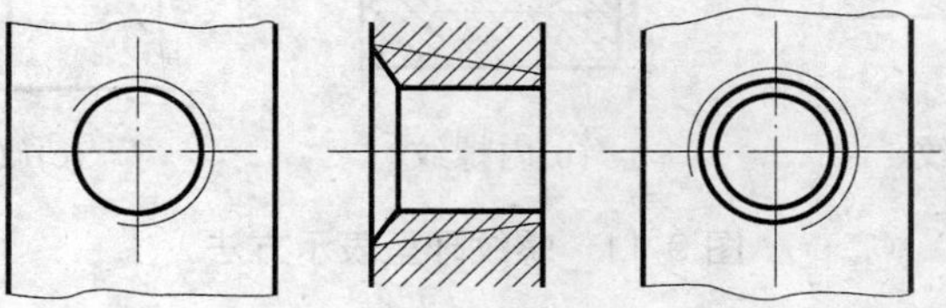

(b)圆锥内螺纹

图 9-8　圆锥螺纹的规定画法

(四)内外螺纹旋合规定画法

在使用时螺纹必须内、外配合使用，在剖视图中表达内、外螺纹的连接时，旋合的部分按外螺纹的规定绘制，未旋合部分按各自的规定画法绘制，应特别注意的是表示内、外螺纹的大、小径的粗、细实线应对齐。剖面线画到粗实线，且相邻两零件的剖面线的方向和间隔应不同，如图 9-9 所示。

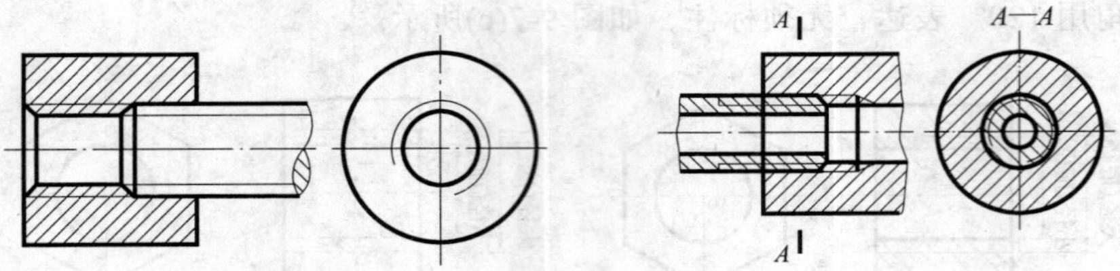

图 9-9　螺纹旋合画法

(五)螺纹的其他规定画法

1. 螺孔相贯规定画法

两螺孔相贯或螺孔与光孔相贯时，只画小径产生的相贯线即可，其余按内螺纹的规定画法绘制，如图 9-10 所示。

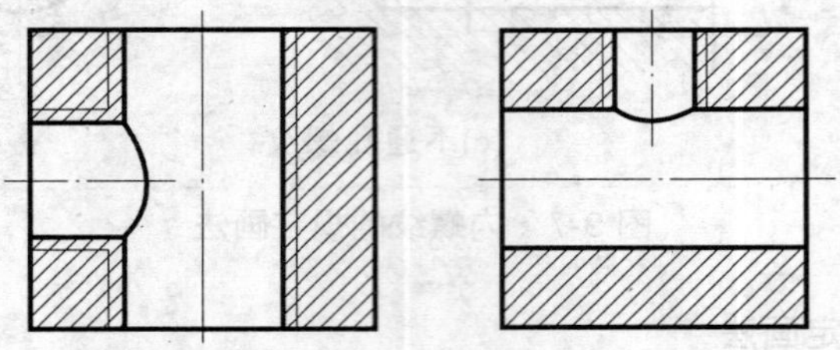

图 9-10　螺孔相贯规定画法

2. 其他规定画法

按规定画出的螺纹，当需要表示螺纹的牙型时，可按图 9-11 的画法绘制。

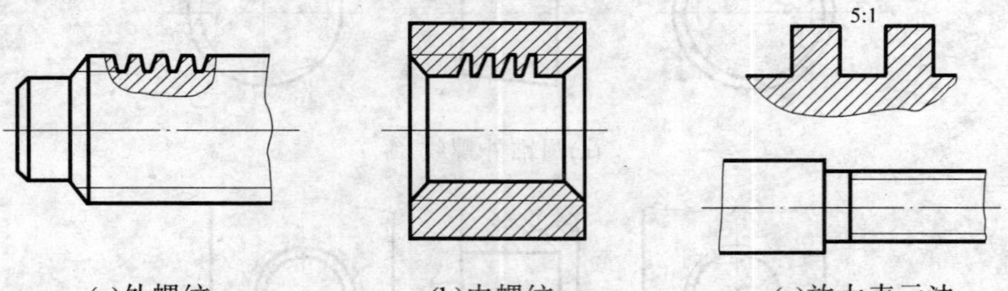

(a)外螺纹　(b)内螺纹　(c)放大表示法

图 9-11　螺纹牙型表示方法

三、螺纹的标注

由于各种螺纹在绘制时采用规定画法，图上不能反映出牙型、螺距、线数、旋向等要素的特征，因此应在图样上标注出国家标准《机械制图螺纹及螺纹紧固件表示方法》(GB/T 4459.1—1995)规定的螺纹代号，方便区分和选用。

(一)螺纹的标记

完整的螺纹标记由螺纹特征代号、尺寸代号、公差带代号及其他需要进一步说明的个别信息组成。其标记格式一般为：

螺纹特征代号 尺寸代号—螺纹公差带代号—螺纹旋合长度—旋向代号

1. 螺纹特征代号

螺纹的特征代号用来表示螺纹的种类，见表 9-1。

表 9-1 螺纹的特征代号对照表

螺纹种类		特征代号
普通螺纹		M
梯形螺纹		Tr
锯齿形螺纹		B
55° 密封管螺纹	圆柱内螺纹	R_P
	与圆柱内螺纹配合的圆锥外螺纹	R_1
	圆锥内螺纹	R_C
	与圆锥内螺纹配合的圆锥外螺纹	R_2
55° 非密封管螺纹		G

2. 尺寸代号

对于普通螺纹、梯形螺纹、锯齿形螺纹，单线螺纹的尺寸代号为“公称直径×螺距”，对于粗牙普通螺纹一般省略标注螺距项。

例如，公称直径为 8 mm、螺距为 1 mm 的单线细牙普通螺纹标记为：

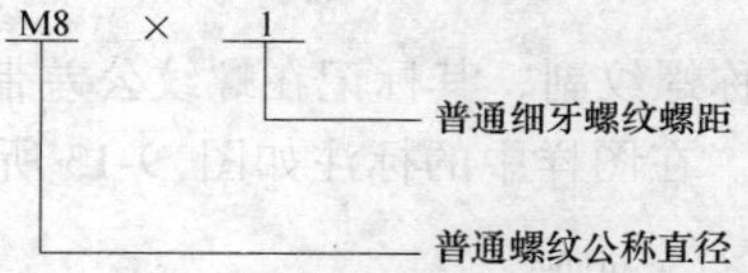

公称直径为 8 mm、螺距为 1.25 mm 的单线粗牙普通螺纹标记为：M8。

多线螺纹的尺寸代号为“公称直径×P_h导程 P 螺距”。例如：M12×P_h6P2，表示公称直径为 12 mm，螺距为 2 mm，导程为 6 mm 的普通螺纹。

3. 螺纹公差带代号

螺纹公差带代号由“数字+字母”组成，数字表示公差等级，字母表示公差带位置，外螺纹字母小写，如 6g、7h；内螺纹字母大写，如 7H，6K。螺纹公差带代号包含中径公差带代号和顶径公差带代号。当两者公差带相同时只需标注一个。

管螺纹无此项，55° 非密封管螺纹的外螺纹标注公差等级代号 A 或 B。

4. 螺纹旋合长度

国家标准对普通螺纹的旋合长度规定为长(L)、中(N)、短(S)三种。一般情况为中等旋合长度，可省略不标。

5. 旋向代号

螺纹有左旋螺纹和右旋螺纹之分，对于工程中常用的右旋螺纹不需标注旋向，对于左旋螺纹则应在尺寸规格之后加注“LH”。

例：

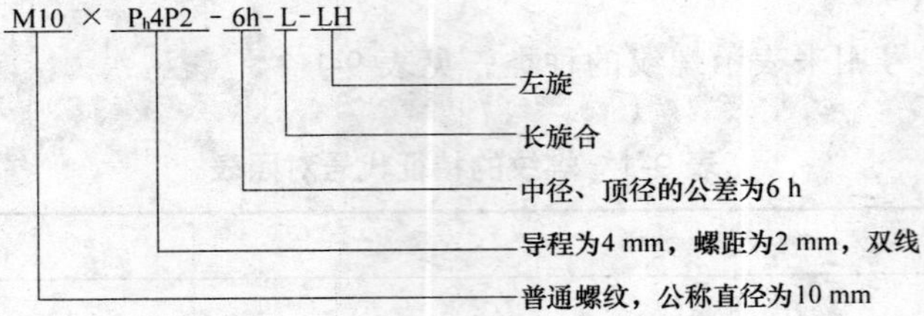

(二)螺纹的标注方法

不论是内螺纹还是外螺纹，在图样中进行尺寸标注时，尺寸界线都从螺纹大径处引出，螺纹的长度不包括螺纹的螺尾长度，如图 9-12 所示。

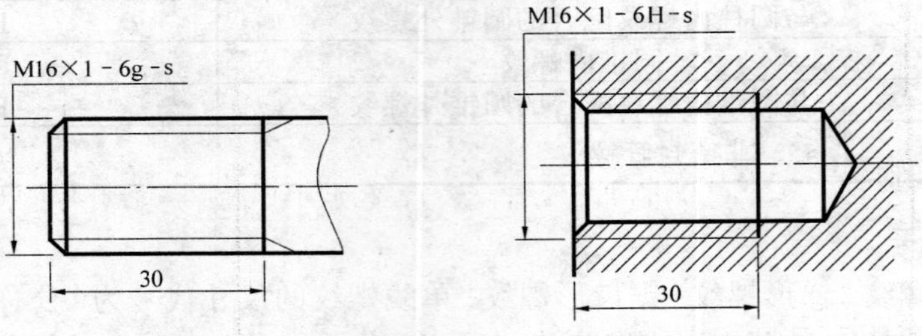

(a)外螺纹标注样式　　(b)内螺纹标注样式

图 9-12　螺纹标注方法

内、外螺纹装在一起时称螺纹副，其标记在螺纹公差带代号处用斜线分开，左边表示内螺纹，右边表示外螺纹。在图样中的标注如图 9-13 所示。

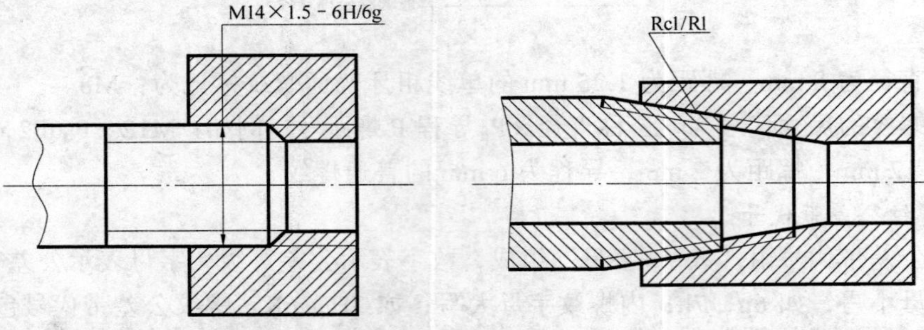

图 9-13　螺纹副的标注方法

对于非标螺纹，通常画出螺纹的牙型，并标注出螺纹的相关结构要素的尺寸和有关说明。

四、螺纹连接件

螺纹连接件是一对用来连接和紧固零部件的零件。常用的螺纹连接件主要包括，螺栓、螺柱、螺母、垫圈、螺钉等。

螺纹连接件为标准件，其结构型式和尺寸可以根据其标记在有关标准中查阅。为了简化作图，在画图时，一般采用比例画法，即除公称长度外，其余各部分尺寸都按以公称直径 d 为基准，按一定的比例确定其余各部分的结构尺寸。如图 9-14 所示为常用紧固件的比例画法。螺栓的头部画法与螺母画法相同。

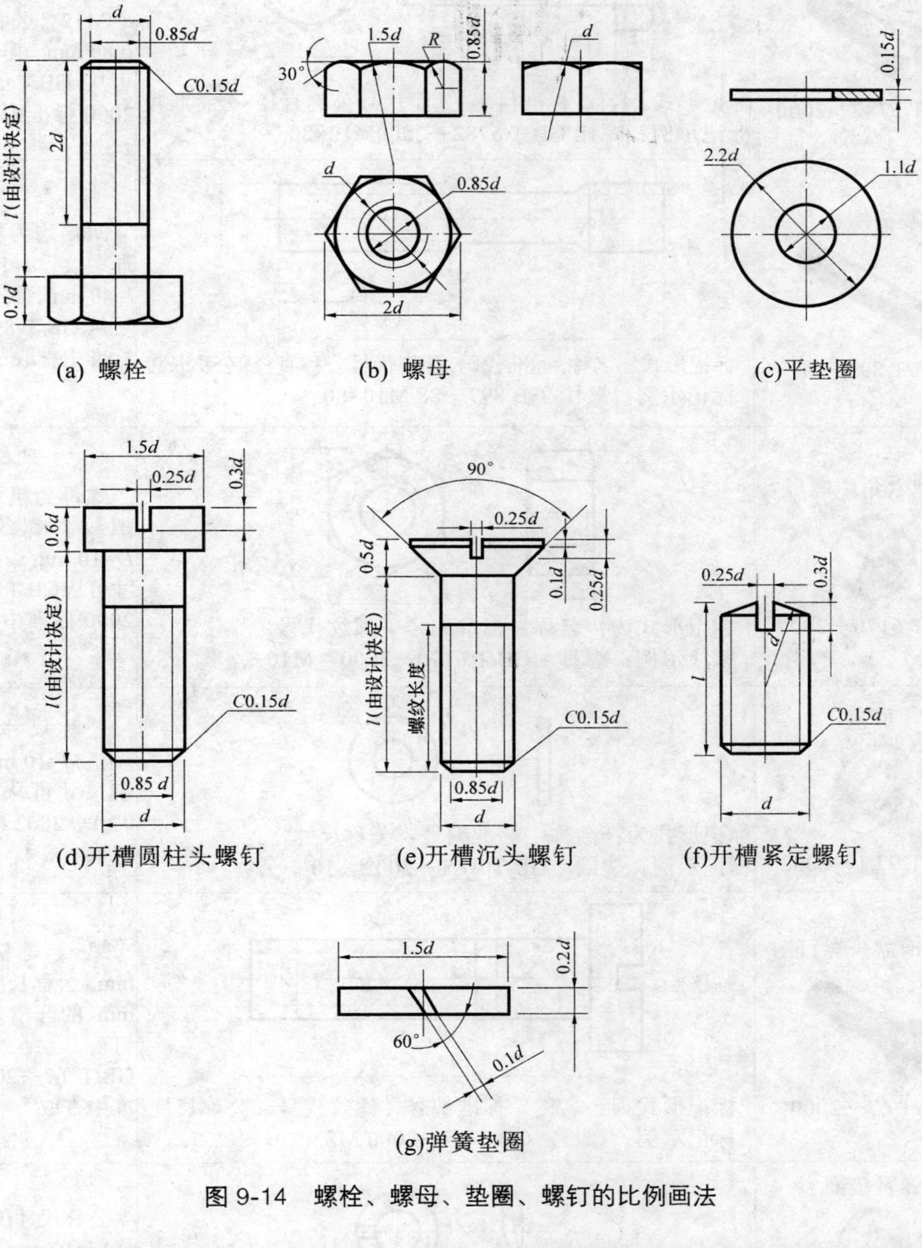

(a) 螺栓　(b) 螺母　(c)平垫圈

(d)开槽圆柱头螺钉　(e)开槽沉头螺钉　(f)开槽紧定螺钉

(g)弹簧垫圈

图 9-14　螺栓、螺母、垫圈、螺钉的比例画法

螺纹连接件还可以采用查表法绘制，查表法是根据螺纹连接件的标记，在标准中查得各有关尺寸，进行绘图。

表 9-2 为螺纹连接件的画法及标记。

表 9-2　螺纹连接件的画法及标记

名称	画法、尺寸标注及标记	说明
六角头螺栓 A 级和 B 级  GB/T 5782—2000	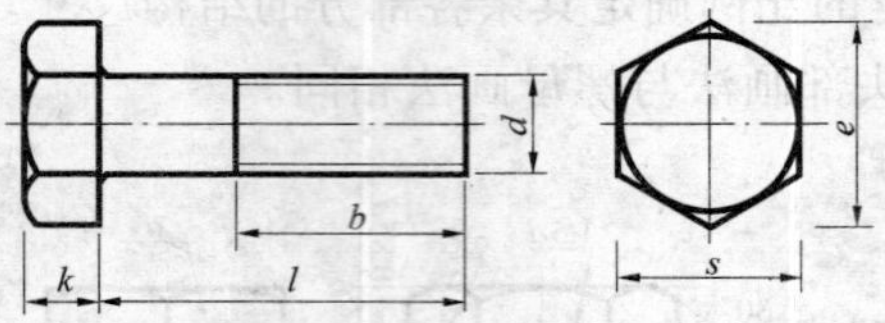 标记形式：名称　标准代码　牙型代号公称直径×公称长度 标记示例：螺栓 GB/T 5782—2000M12×80	螺栓为粗牙普通螺纹，螺纹规格 d=M12，公称长度 l=80 mm，其余尺寸可从 GB/T 5782—2000 标准中查取
双头螺柱 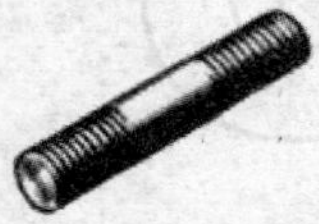 GB/T 897—88	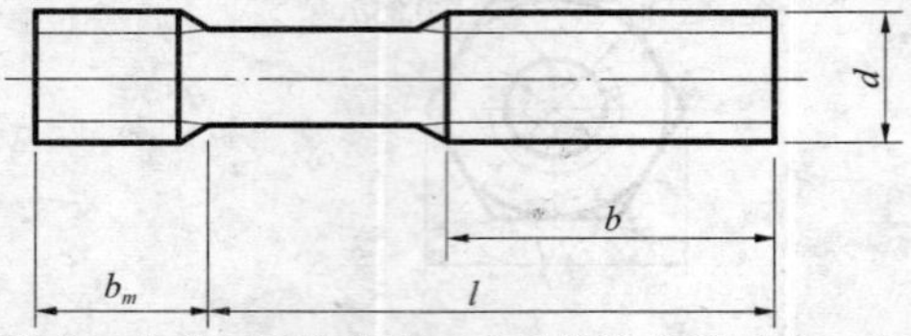 标记形式：名称　标准代码　牙型代号公称直径×公称长度 标记示例：螺柱　GB 897—88 M10×80	两端均为粗牙普通螺纹，d=10 mm，l=40 mm，其余尺寸可从 GB/T 897—88 标准中查取
Ⅰ型六角中螺母  GB/T 6170—2000	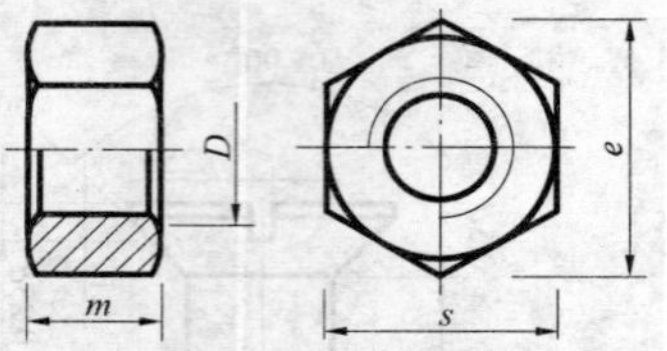 标记形式为：名称　标准编号　螺纹代号 标注示例：螺母　GB/T 6170—2000　M10	螺母为粗牙普通螺纹，螺纹规格 D=10 mm，其余尺寸可从 GB/T 6170—2000 标准中查取
垫圈  GB/T 97.1—2002	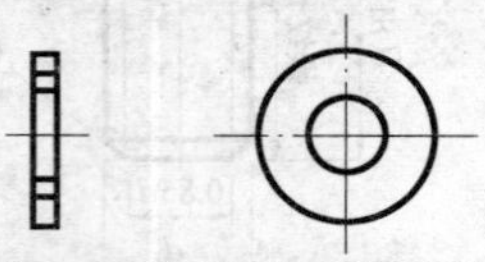 标记形式为：名称　标准编号　公称尺寸 标记示例：垫圈　GB/T 97.1—2002　10	公称尺寸(螺纹规格)d=10 mm，其余尺寸可从 GB/T 97.1—2002 标准中查取
开槽盘头螺钉 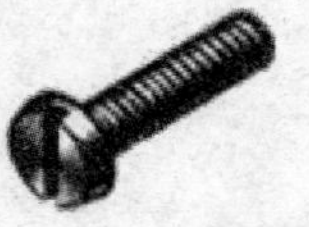 GB/T 67—2000	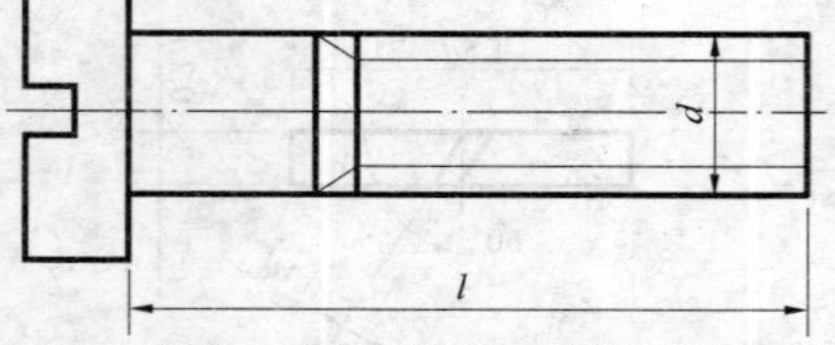 标记形式为：名称　标准编号　螺纹代号 × 公称长度 标记示例：螺钉　GB/T 67—2000 M8 × 30	螺纹规格 d=8 mm，公称长度 l=40 mm 的开槽盘头螺钉。其余尺寸可从 GB/T 67—2000 标准中查取
弹簧垫圈  GB 93—87	 标记形式为：名称　标准编号　公称尺寸 标记示例：垫圈　GB/T 93—87　10	公称尺寸(螺纹规格)d=10 mm，其余尺寸可从 GB/T 93—87 标准中查取

五、连接件装配图画法

(一)画装配图的一般要求

(1)相邻两零件的表面接触处只画一条粗实线作为分界线，凡不接触的表面，无论间隙大小，都必须画两条轮廓，间隙过小时应采用夸大画法表达。

(2)剖切平面通过螺栓、螺母、垫圈等标准件的轴线时，应按未剖切绘制，即只画出它们的外形。

(3)在剖视图、断面图中，相邻两零件的剖面线应画成不同倾斜方向，或方向相同而间距不同的形式。在同一张图上，同一零件在各个剖视图、断面图中的剖面线方向、间距应保持一致。

(二)螺栓连接

螺栓连接适用于连接厚度不大并允许钻成通孔的零件，如图 9-15 所示。连接前，先在两个连接的零件上钻出通孔(光孔直径 ϕ=1.1 d)，套上垫圈，再用螺母拧紧。垫圈起到增加支撑和防止损伤被连接件的表面的作用。

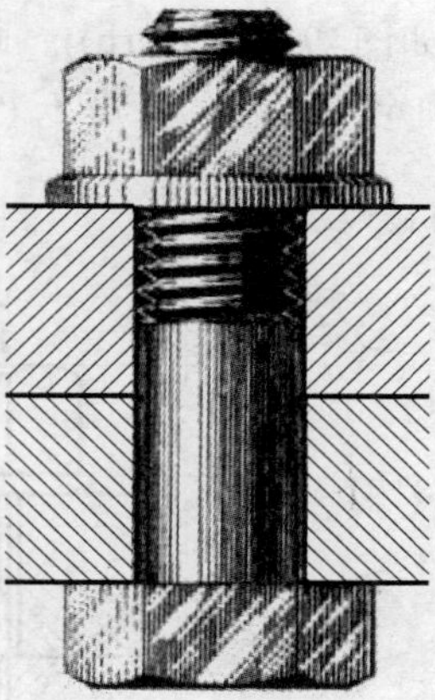

图 9-15　螺栓连接

在装配图中，螺栓连接常采用近似画法或简化画法画出(见图 9-16(a)、(b))。

螺栓的公称长度 L 的参考值可按下式计算：

$$L=t_1+t_2+h+m+a$$

式中　t_1、t_2——被连接零件的厚度；

h——垫圈厚度，根据垫圈标记查表取值或近似取 h=0.15 d；

m——螺母厚度，根据螺母标记查表取值或近似取 m=0.85 d；

a——螺栓伸出螺母的长度，a≈(0.2 ~ 0.3)d。

计算出 L 后，还需从螺栓的标准长度系列中选取与 L 相近的标准值。

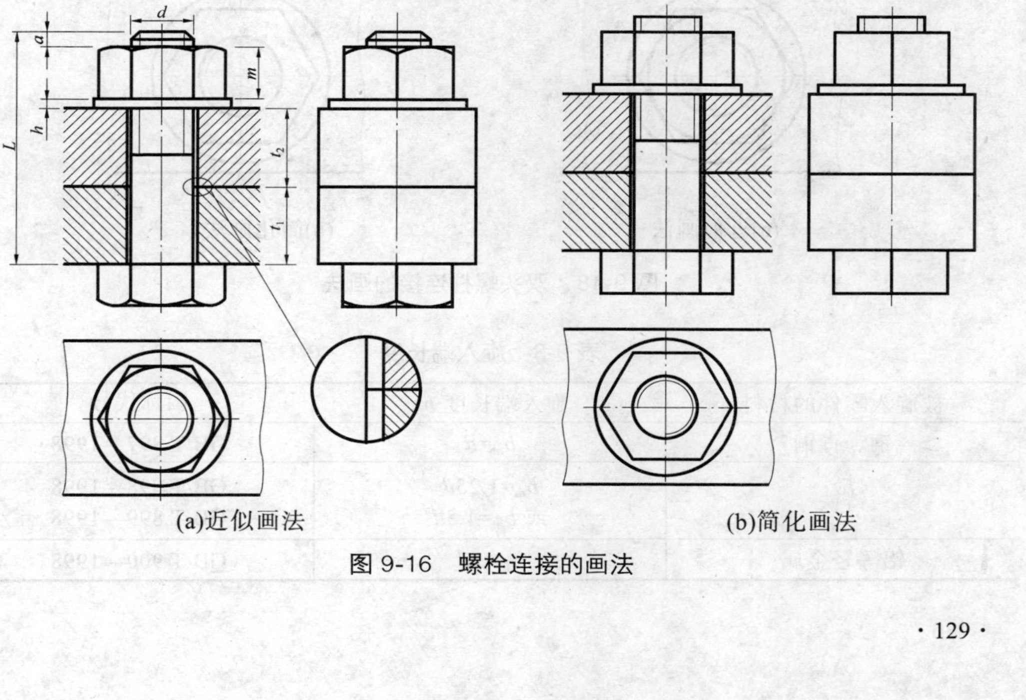

(a)近似画法　　　　(b)简化画法

图 9-16　螺栓连接的画法

(三)双头螺柱连接

双头螺柱的两端都有螺纹，一端为旋入端，全部旋入螺孔中，保证连接的可靠性；另一端为紧固端，穿过被连接件的光孔(光孔直径ϕ=1.1d)后，用垫圈、螺母进行紧固。双头螺柱连接多用于被连接的两个零件中有一个零件太厚，不便使用螺栓连接，或因拆卸频繁不宜使用螺钉的地方。如图 9-17 所示。

在装配图中，双头螺柱连接常采用近似画法或简化画法画出(如图 9-18(a)、(b))。画图时，应按螺柱的大径和螺孔件的材料确定旋入端的长度 b_m(见表 9-3)。

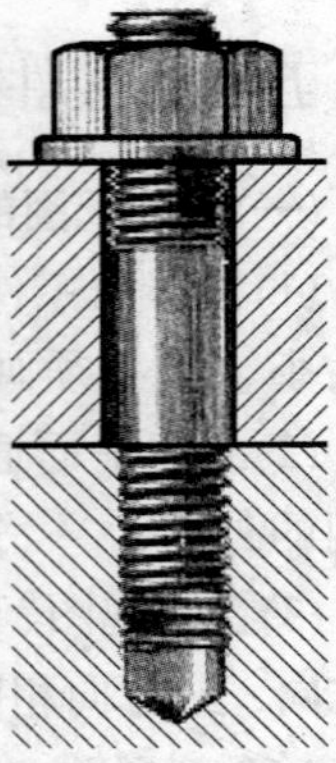

图 9-17　双头螺柱连接

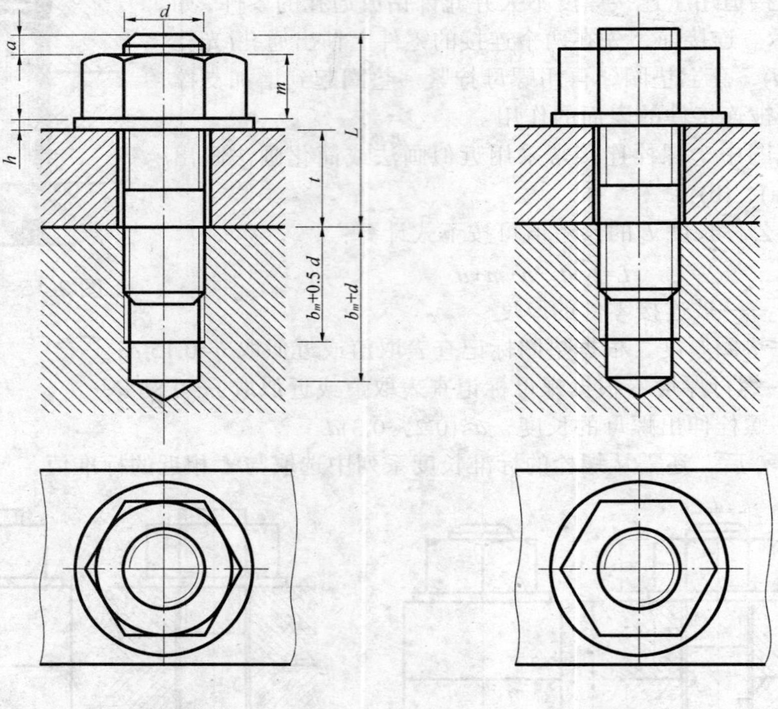

(a)近似画法　　(b)简化画法

图 9-18　双头螺柱连接的画法

表 9-3　旋入端长度

被旋入零件的材料	旋入端长度 b_m	国标代号
钢、青铜	$b_m=d$	GB/T 897—1998
铸铁	$b_m=1.25d$ 或 $b_m=1.5d$	GB/T 898—1998 GB/T 899—1998
铝等轻金属	$b_m=2d$	GB/T 900—1998

螺柱的公称长度参考值 L 可按下式计算：

$$L=t+h+m+a$$

式中 t——通孔零件的厚度；

h——垫圈厚度，根据垫圈标记查表取值或近似取 $h=0.15d$(采用弹簧垫圈时，$h=0.2d$)；

m——螺母厚度，根据螺母标记查表取值或近似取 $m=0.85d$；

a——螺栓伸出螺母的长度，$a\approx(0.2\sim0.3)d$。

计算出 L 后，还需从螺栓的标准长度系列中选取与 L 相近的标准值。较厚零件上不通孔的螺纹深度应大于旋入端螺纹长度 b_m，一般取螺纹深度为 $b_m+0.5d$，钻孔深度为 b_m+d。在连接图中，螺柱旋入端的螺纹终止线应与两零件的结合面平齐，表示旋入端已全部拧入，足够拧紧。

(四)螺钉连接

螺钉适用于受力不大的地方。螺钉按用途可分为连接螺钉和紧定螺钉两类。

1. 连接螺钉

连接螺钉主要用于当被连接的两零件中有一个较厚，而装配后连接件受轴向力又不大时，将螺钉穿过薄零件的通孔(通孔直径 $\phi=1.1d$)而旋入厚零件的螺孔，螺钉头部压紧被连接件即可将两被连接件固紧。

螺钉各部分比例尺寸参看图 9-19。

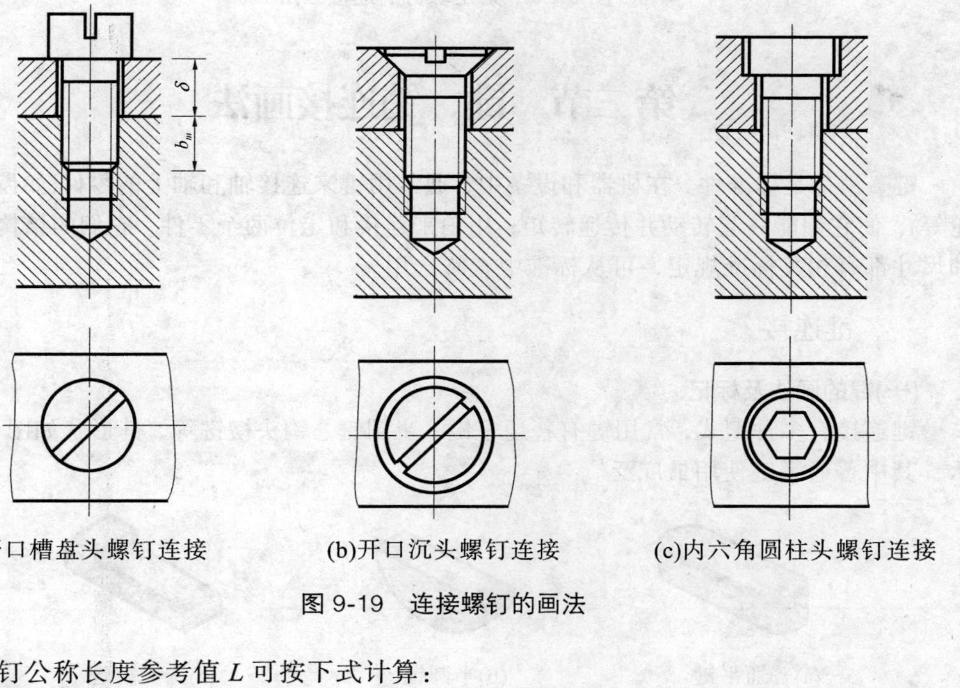

(a)开口槽盘头螺钉连接　(b)开口沉头螺钉连接　(c)内六角圆柱头螺钉连接

图 9-19　连接螺钉的画法

螺钉公称长度参考值 L 可按下式计算：

$$L=\delta+b_m$$

式中 δ——光孔零件的厚度；

b_m——螺钉的旋入深度，取值与被旋入零件的材料有关，可参照表 9-3 确定；

计算出 L 后，还需从螺钉的标准长度系列中选取与 L 相近的标准值。

在作图时还要注意：在投影为圆的视图中，头部起子槽一般按 45° 倾角绘制，当槽宽小于 2 mm 时，可以采用涂黑方式表达。

2. 紧定螺钉

紧定螺钉主要用于固定两零件的相对位置，使它们不产生相对运动，如图 9-20 所示。先在轮毂的适当部位加工出螺孔，然后将轮、轴装配在一起，以螺孔导向，在轴上钻出锥坑，最后拧入螺钉，即可限定轮、轴的相对位置，使其不产生轴向相对移动和径向相对转动。

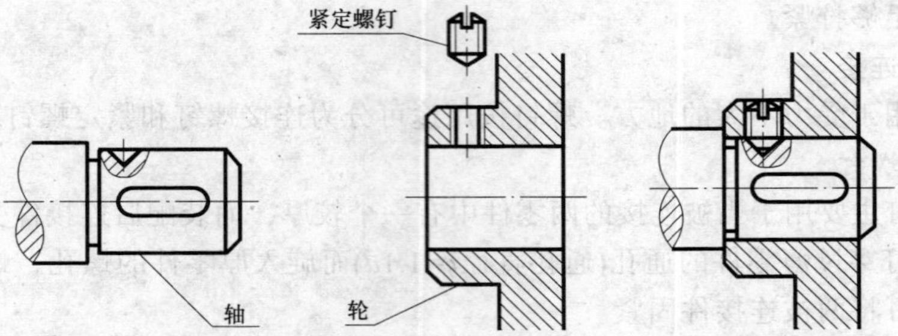

(a)连接前　　(b)连接后

图 9-20　紧定螺钉的连接画法

第二节　键、销连接画法

键、销都是标准件。在机器和设备中，通常用键来连接轴和轴上的零件(如齿轮，带轮等)，使它们能一起转动并传递转矩；用销来连接和定位两个零件。它们的结构、型式和尺寸都有相关标准规定，可从标准中查阅选用。

一、键连接

(一)键的画法及标记

键连接有多种型式，常用键有普通平键、半圆键、钩头楔键等，其形状如图 9-21 所示，其中普通平键使用最广泛。

(a)普通平键　　(b)半圆键　　(c)钩头楔键

图 9-21　键

表 9-4 列出了这几种键的标准编号、画法及其标记示例。

表 9-4　常用键的图例和标记

名称及标准编号	图　例	标记示例	说明
普通平键 GB/T 1096—2003	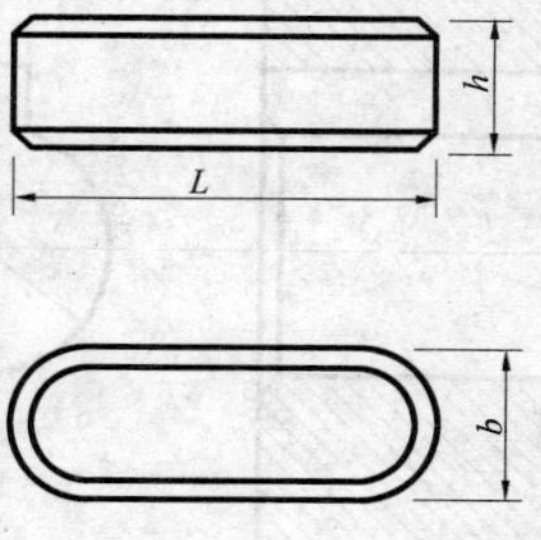	GB/T 1096—2003 键 10 × 8×25	圆头普通平键 键宽 b=10，h=8， 键长 L=25
半圆键 GB/T 1099.1—2003	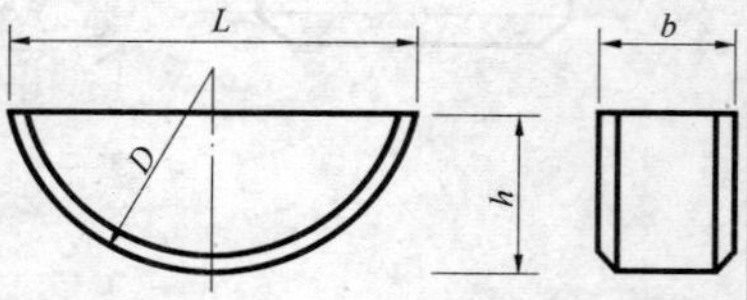	GB/T 1099.1—2003 键 6 × 10×25	半圆键 键宽 b=6，高 h=10 直径 D=25
钩头型 楔键 GB/T 1565—2003	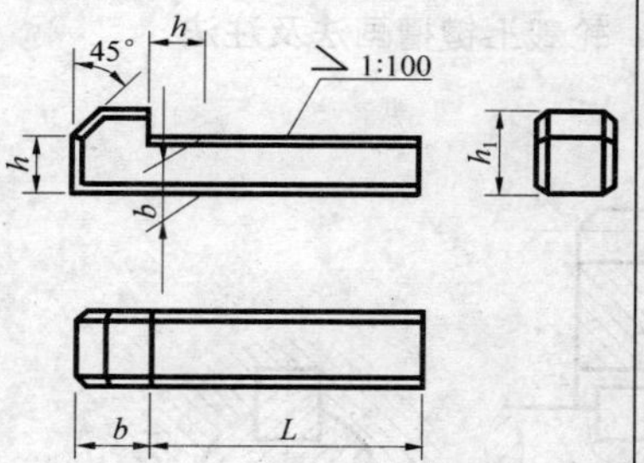	GB/T 1565—2003 键 16×100	钩头型 楔键 键宽 b=16，h=10， 键长 L=100

(二)键的连接画法

设计时，首先应确定轴的直径、键的型式、键的长度，然后根据轴的直径 d 查阅标准选择键，确定键槽相关尺寸。图 9-22 为轴上键槽和轮毂上键槽的画法及标注示例，标注时注意槽深尺寸的标注数值，在轴上为：$d-t_1$(其中 d 为轴的直径，t_1 为轴上键槽深度，查表确定)；在轮毂上为：$d+t_2$(其中 d 为轮毂的直径，t_2 为毂上键槽深度，查表确定)。

图 9-23 为普通平键的连接画法，根据国家标准规定，轴和键在主视图上均按不剖绘制，为了表示键在轴上的连接情况，轴采用了局部剖视，键的两侧面为工作面，键与键槽两侧面相接触，应画一条线，而键与轮毂槽的键槽顶面间应留有空隙，故画成两条线。

二、销及其连接

销主要用于连接和定位，常用的销有圆柱销、圆锥销、开口销等，其形状如图 9-24 所示。圆柱销、圆锥销通常用于两零件间的连接或定位；开口销常用在螺纹连接的锁紧装置中，以防止螺母的松脱。

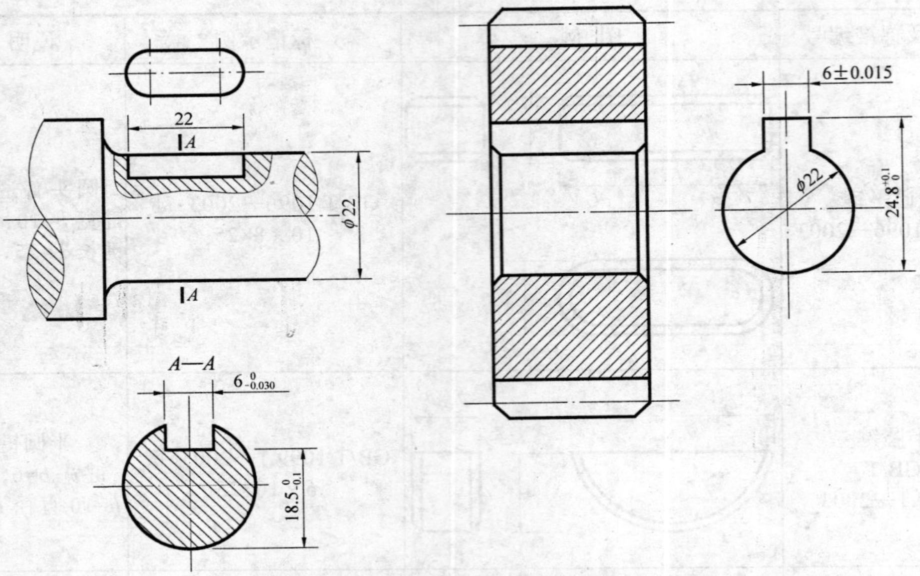

图 9-22　轴、轮毂上键槽画法及注法

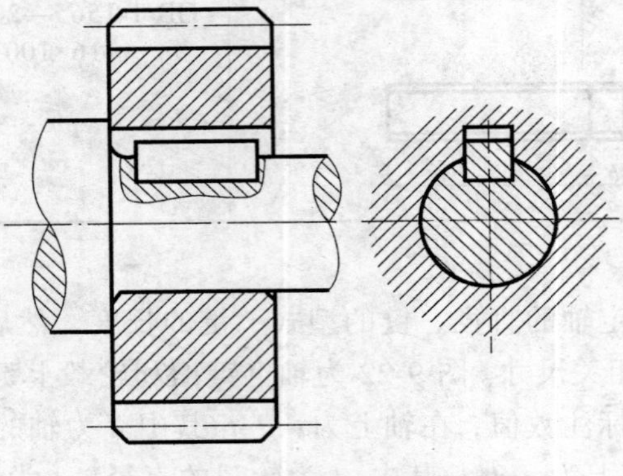

图 9-23　普通平键连接画法

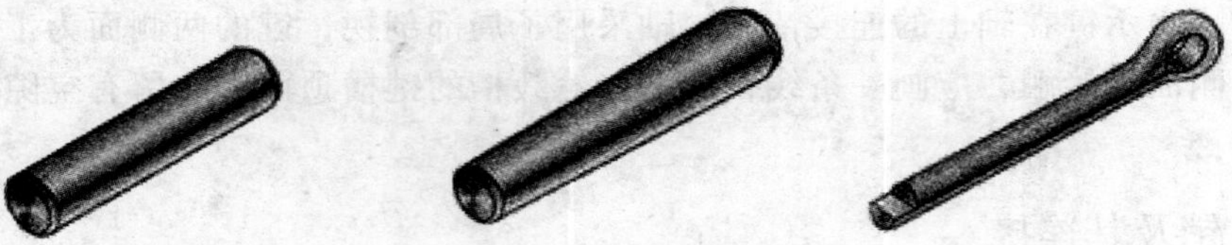

(a)圆柱销　(b)圆锥销　(c)开口销

图 9-24　销

表 9-5 列出了常用的几种销的标准代号、形式和标记示例。

表 9-5　销的画法和标记示例

名称及标准编号	图　例	标记示例	说明
圆柱销 GB/T 119.2—2000	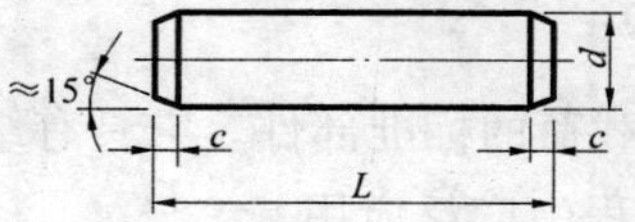	销 GB/T　119.2　5×20	公称直径 d=5 mm，长度 L=20 mm 的圆柱销
圆锥销 GB/T 117—2000	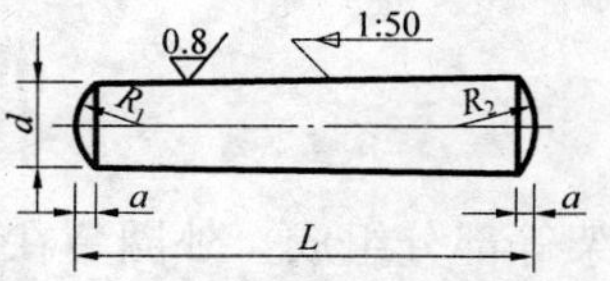	销 GB/T 117　6×24	公称直径 d=6 mm(圆锥销的公称尺寸指小端直径)，长度 L=24 mm 的圆锥销，$R_1 \approx d$　$R_2 \approx d+(L-2a)/50$
开口销 GB/T 91—2000		销 GB/T 91　5×30	公称直径 d=5 mm(指销孔直径)，长度 L=30 mm 的开口销

用销连接或定位时，被连接件上的销孔通常须同时加工，并在图上注写“配作”，图 9-25 为常用三种销的连接画法，注意当剖切平面通过销的轴线时，销作不剖处理。

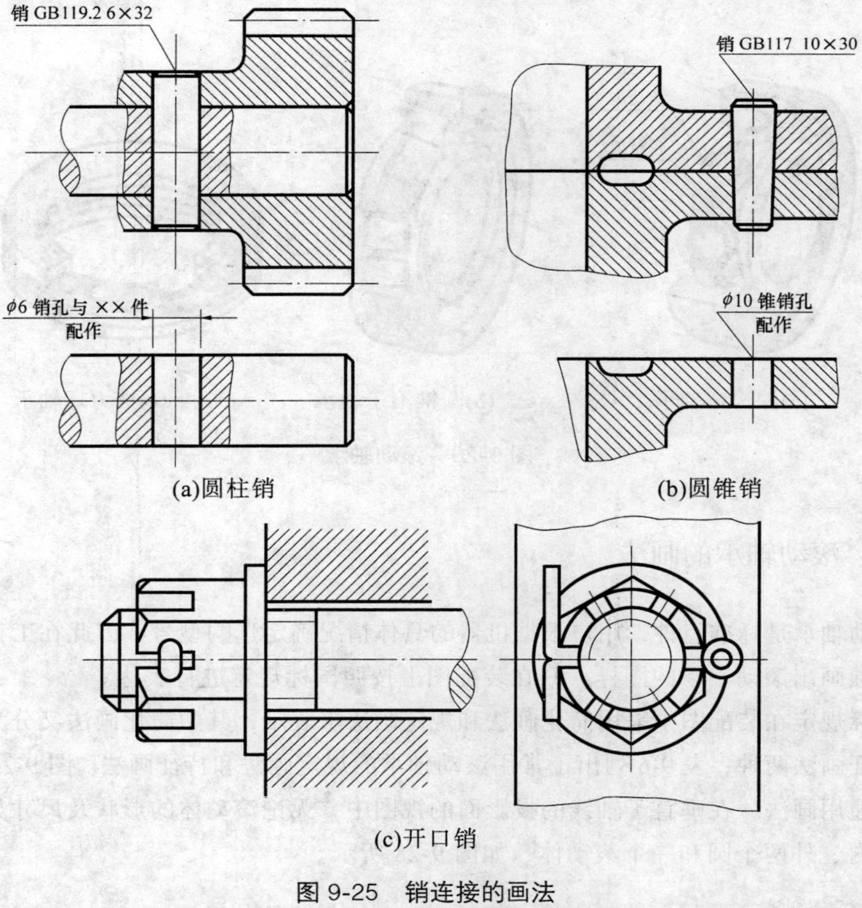

(a)圆柱销　(b)圆锥销

(c)开口销

图 9-25　销连接的画法

第三节　滚动轴承画法

滚动轴承是用做支承旋转轴和承受轴上载荷的标准部件。它具有结构紧凑、摩擦阻力小，动能损耗少，旋转精度高等优点，工程中广泛应用。

一、滚动轴承的结构和分类

滚动轴承由内圈、外圈、滚动体和保持架等部分组成。外圈装在机座的轴孔上，一般固定不动，内圈则套在轴上，跟随轴一起旋转。常用的滚动轴承按承受载荷力方向可分为以下三种类型：

向心轴承——主要承受径向载荷，如图 9-26(a)所示深沟球轴承。

向心推力轴承——同时承受径向和轴向载荷，如图 9-26(b)所示圆锥滚子轴承。

推力轴承——只承受轴向载荷，如图 9-26(c)所示推力球轴承。

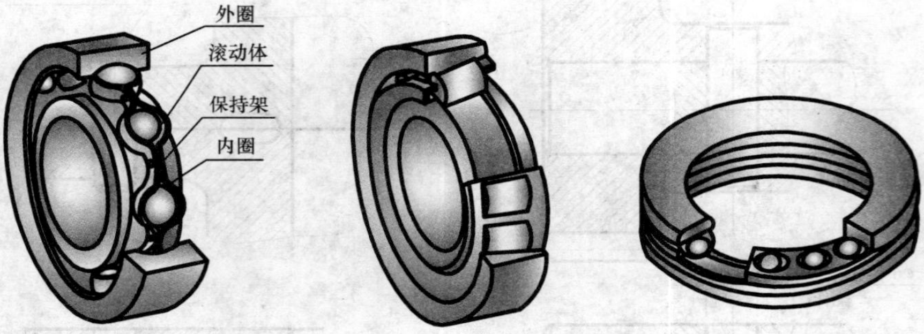

(a)深沟球轴承　(b)圆锥滚子轴承　(c)推力球轴承

图 9-26　滚动轴承

二、滚动轴承的画法

滚动轴承是标准组件，用户根据机器的具体情况确定选购型号，因此在工程设计中无需单独画出滚动轴承的图样，只在装配图上按照国标规定进行表达。

国标规定在装配图中采用简化画法和规定画法来表示，其中简化画法又分为通用画法和特征画法两种，表 9-6 列出了常用滚动轴承的规定画法和特征画法。图 9-27 为滚动轴承的通用画法。在垂直于轴线的投影面的视图中，无论滚动体的形状及尺寸如何，均只画出内、外两个圆和一个滚动体，如图 9-28 所示。

表 9-6　常用滚动轴承的画法　(摘自 GB/T 4459.7—1998)

名称、标准号和代号	主要尺寸数据	规定画法	特征画法	装配示意图
深沟球轴承 GB/T 276—1994 60000	*D* *d* *B*	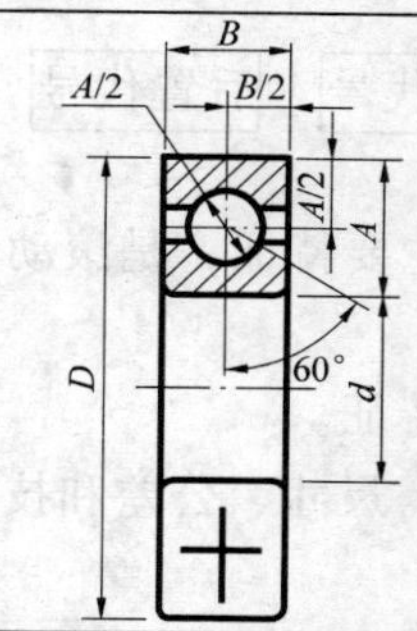	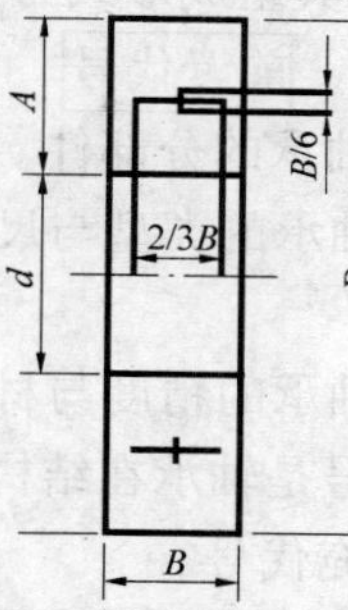	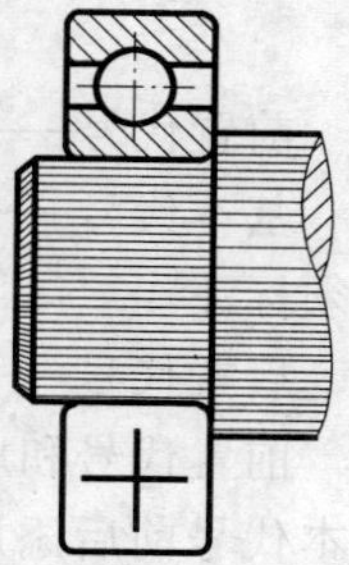
圆锥滚子轴承 GB/T 297—1994 30000	*D* *d* *B* *T* *C*	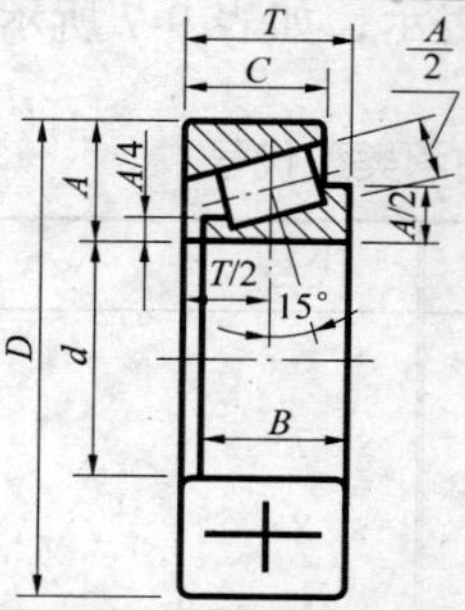	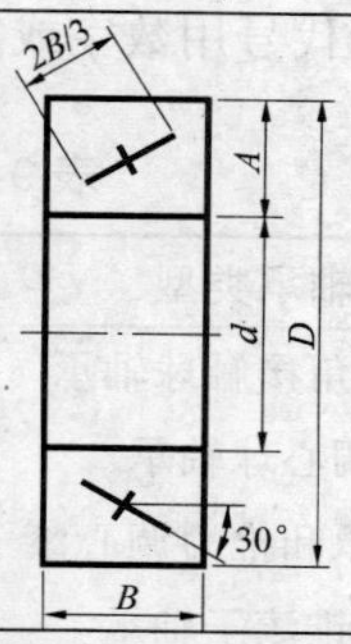	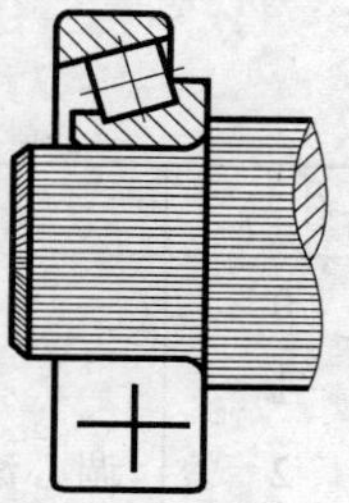
推力球轴承 GB/T 301—1995 50000	*D* *d* *T*	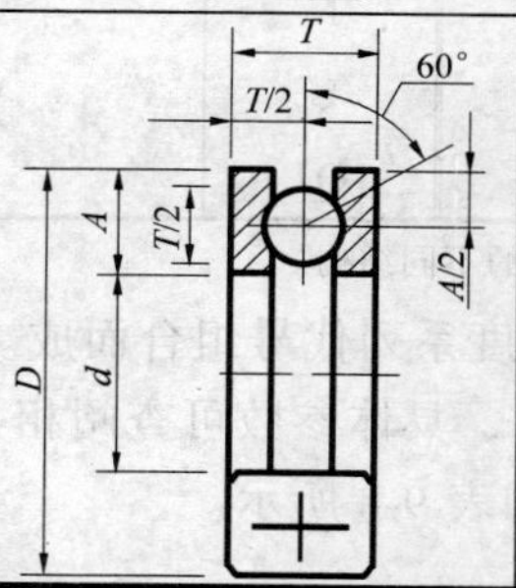	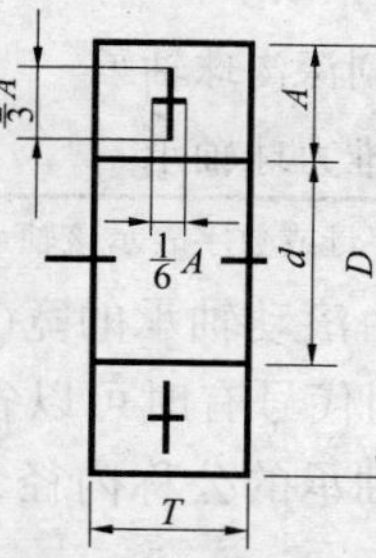	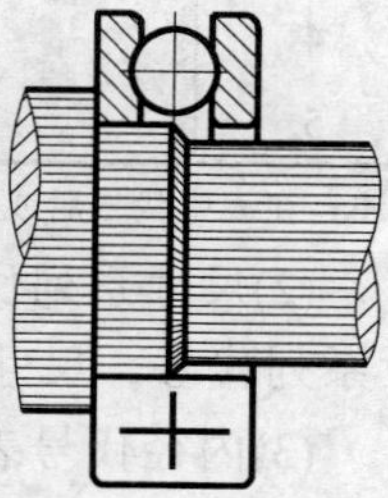

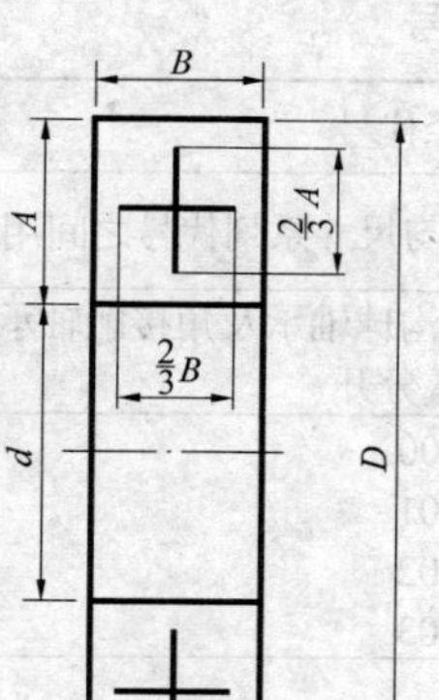

图 9-27　深沟球轴承的通用画法

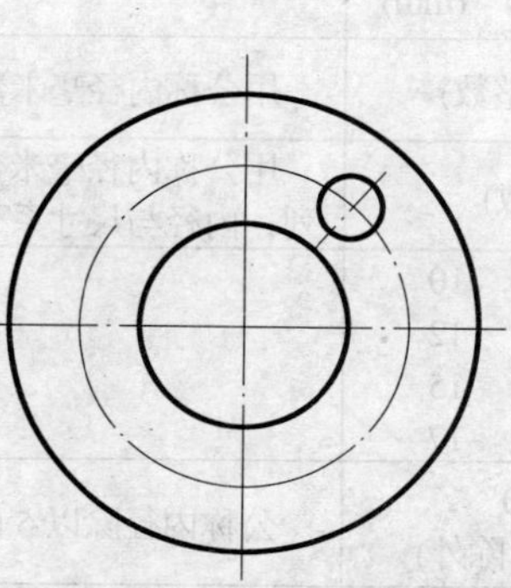

图 9-28　滚动轴承端视图的特征画法

三、滚动轴承的代号

滚动轴承的代号包含了滚动轴承的结构、尺寸、类型、精度等信息，代号由国家标准 GB/T 272—93 规定。其组成形式为：

前置代号　基本代号　后置代号

前置代号——表示轴承的分部件。

基本代号——表示轴承的类型与尺寸等主要特征，是滚动轴承代号的基础，使用时必须标注。

后置代号——表示轴承的精度与材料的特征。

前置代号和后置代号是轴承在结构形式、尺寸、公差和技术要求等有改变时，在其基本代号前后添加的补充代号。

(1)类型代号。类型代号用数字或字母表示，如表 9-7 所示。

表 9-7　轴承类型代号

代号	轴承类型	代号	轴承类型
0	双列角接触球轴承	6	深沟球轴承
1	调心球轴承	7	角接触球轴承
2	调心滚子轴承和推力调心滚子轴承	8	推力轴承
3	圆锥滚子轴承	N	圆柱滚子轴承
4	双列深沟球轴承	U	外球面球轴承
5	推力球轴承	QJ	四点接触球轴承

注：在表中代号后或前加字母或数字表示该轴承中的不同结构。

(2)尺寸系列代号由滚动轴承的宽(高)度系列代号组合而成。向心轴承、推力轴承尺寸系列代号，尺寸系列代号有时可以省略，具体参数可查阅相关标准获取。

(3)内径代号表示轴承的公称内径，如表 9-8 所示。

表 9-8　滚动轴承内径代号

轴承公称内径 *d*　(mm)		内径代号
0.6～10(非整数)		用公称内径毫米数直接表示，在其与尺寸系列代号之间用“/”分开
1～9(整数)		用公称内径毫米数直接表示，对深沟球轴承及角接触轴承 7、8、9 直径系列，内径与尺寸系列代号之间用“/”分开
10～17	10	00
	12	01
	15	02
	17	03
20～480 (22、28、32 除外)		公称内径除以 5 的商数，商数为个位数，需要在商数左边加“0”，如 08
≥500 以及 22、28、32		用尺寸内径毫米数直接表示，但在尺寸系列代号之间用“/”分开

(4)基本代号示例

轴承 6 2 09

- 09——内径代号(d=9 × 5 mm=45 mm)
- 2——尺寸系列代号(02)
- 6——类型代号(深沟球轴承)

轴承 3 03 14

- 14——内径代号(d=14 × 5 mm=70 mm)
- 03——尺寸系列代号(03) (**注正常宽度，0不省略**)
- 3——类型代号(圆锥滚子轴承)

第四节　齿轮及其啮合画法

齿轮是工程中应用广泛的传动件，可用于传递动力，变速和转向，但必须成对使用。根据两啮合齿轮轴线在空间的相对位置不同，常见的齿轮传动可分为下列三种形式：

(1)圆柱齿轮。用于两平行轴之间的传动，如图 9-29(a)所示。

(2)圆锥齿轮。用于垂直相交两轴之间的传动，如图 9-29(b)所示。

(3)蜗杆蜗轮。用于交叉两轴之间的传动，如图 9-29(c)所示。

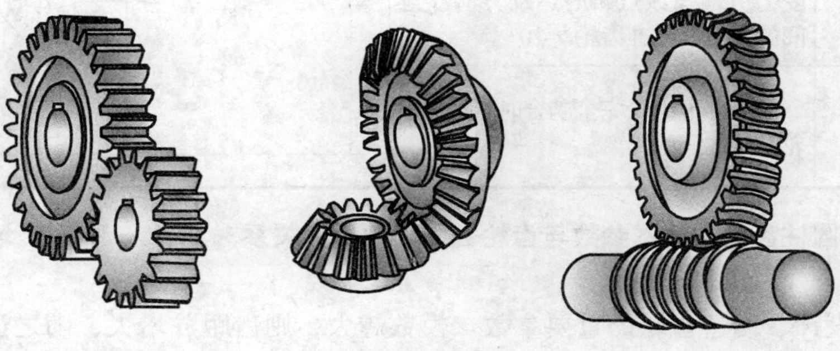

(a)圆柱齿轮　　(b)圆锥齿轮　　(c)蜗杆蜗轮

图 9-29　常见齿轮的传动形式

一、圆柱齿轮

圆柱齿轮有直齿、斜齿和人字齿三种。齿轮的轮齿有标准可循，凡轮齿符合标准中规定的为标准齿轮，这里只介绍标准齿轮的基本知识及画法。

(一)直齿圆柱齿轮各部分的名称和代号

直齿圆柱齿轮各部分的名称和主要参数，如表 9-9 所示。

表 9-9　齿轮各部分的名称和主要参数

名称	符号	说　明	示意图
齿顶圆直径	d_a	通过齿轮的顶部的圆周直径	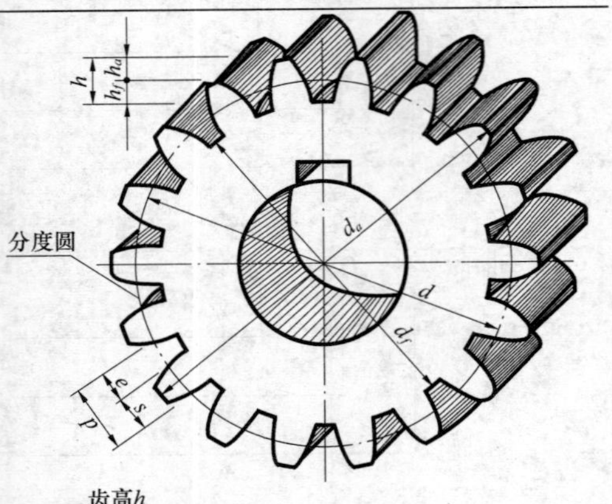
齿根圆直径	d_f	通过齿轮的根部的圆周直径	
分度圆直径	d	对标准齿轮来说，齿轮齿厚等于槽宽的圆周直径 在一对标准齿轮互相啮合时，两齿轮的分度圆应相切	
齿顶高	h_a	分度圆到齿顶圆的径向距离	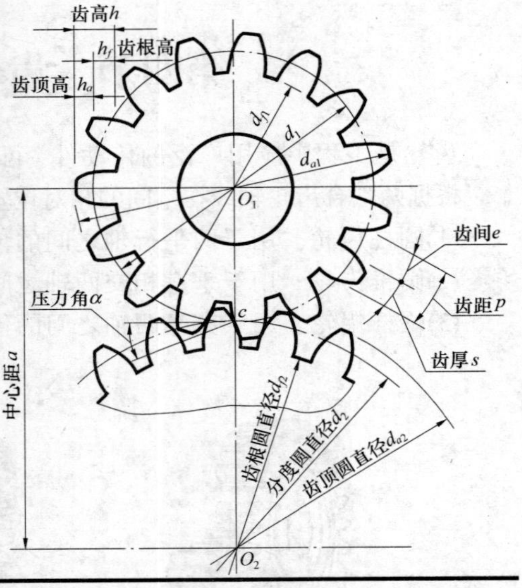
齿根高	h_f	分度圆到齿根圆的径向距离	
齿高	h	齿顶高 h_a 与齿根高 h_f 之和	
齿距	p	分度圆上相邻两齿对应点(同侧齿廓间)的弧长	
齿厚	s	一个轮齿在分度圆上的弧长	
槽宽	e	一个齿槽在分度圆上的弧长	
模数	m	设计、制造齿轮的一个重要参数 $m=p/\pi$，$d=mz$	
齿数	z		
压力角	α	轮齿在分度圆的啮合点上 C 处的受力方向与该点瞬时运动方向线之间的夹角，标准齿轮α=20°	
中心距	a	两个标准齿轮完全啮合时，两个齿轮轴线之间的距离	

(二)直齿圆柱齿轮的基本参数与齿轮各部分的尺寸关系

1. 模数

模数是设计、制造齿轮的重要参数。模数越大，则齿距 p 增大，随之齿厚 s 增大，齿轮的承载能力也增大。不同模数的齿轮要用不同模数的刀具来制造。因为一对啮合齿轮的齿距 p 必须相等，所以它们的模数也必须相等。为了便于设计和加工，模数已经标准化，我国规定的标准模数数值见表 9-10。

表 9-10　渐开线圆柱齿轮标准模数系列(摘自 GB/T 1357—1987)

第一系列	1，1.25，1.5，2，2.5，3，4，5，6，8，10，12，16，20，25，32，40，50
第二系列	1.75，2.25，2.75，(3.25)，3.5，(3.75)，4.5，5.5，(6.5)，7，9，(11)，14，18，22，28，(30)，36，45

注：选用时，优先采用第一系列，括号内的模数尽可能不用。

2. 齿轮各部分的尺寸关系

当齿轮的模数 m 确定后，按照与 m 的比例关系，可计算出齿轮其他部分的基本尺寸，见表 9-11。

表 9-11　标准直齿圆柱齿轮各部分尺寸关系　（单位：mm）

基本参数：模数 m，齿数 z 和压力角 α		
名称	代号	公式
分度圆直径	d	$d=mz$
齿顶圆直径	d_a	$d_a=m(z+2)$
齿根圆直径	d_f	$d_f=m(z-2.5)$
齿距	p	$p=\pi m$
齿顶高	h_a	$h_a=m$
齿根高	h_f	$h_f=1.25m$
齿高	h	$h=h_a+h_f=2.25m$
齿厚	s	$s=p/2=\pi m/2$
齿宽	e	$e=p/2=\pi m/2$
中心距	a	$a=(d_1+d_2)/2=m(Z_1+Z_2)/2$

(三)圆柱齿轮的规定画法

1. 单个圆柱齿轮的画法

齿轮是在齿轮加工机床上用齿轮刀具加工出来的，一般不需要画出它的真实投影。按国标《机械制图齿轮表示法》(GB/T 4459.2—2003)规定的画法进行绘制，如图 9-30 所示。

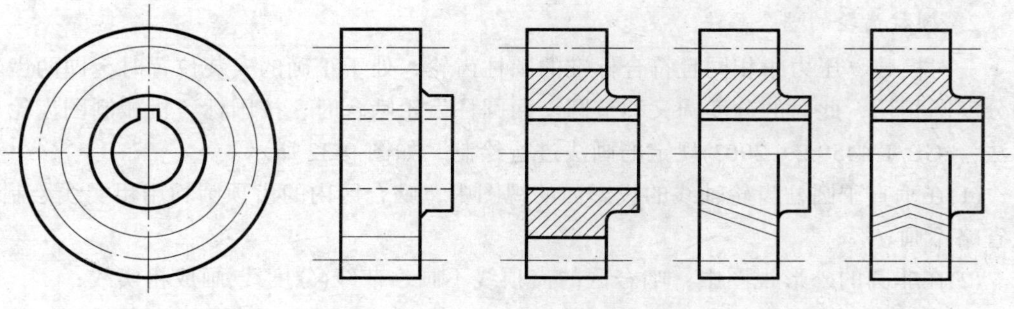

(a)直齿　(b)斜齿　(c)人字齿

图 9-30　单个直齿圆柱齿轮的画法

(1)齿顶圆和齿顶线用粗实线绘制；

(2)分度圆和分度线用细点画线绘制；

(3)齿根圆和齿根线用细实线绘制，也可以省略不画；在剖视图中，齿根线用粗实线绘制；

(4)在剖视图中，当剖切平面通过齿轮的轴线时，轮齿一律按不剖处理；

(5)当需要表示齿线的特征时(如斜齿轮和人字齿轮)，可用三条与齿线方向一致的细实线表示，直齿则不需表示。

图 9-31 是圆柱齿轮零件图，仅供画图时参考。

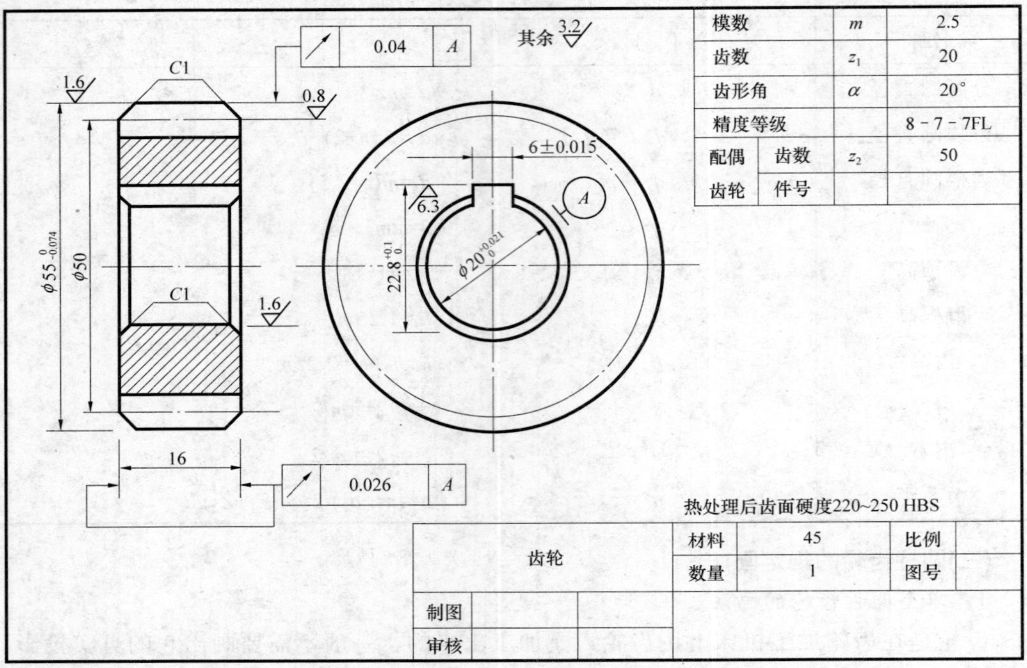

图 9-31　直齿圆柱齿轮的零件图

2. 圆柱齿轮的啮合画法

一对模数、压力角相同且符合标准的圆柱齿轮，处于正确的安装位置时，即两齿轮的分度圆相切，此时的分度圆又称节圆。两圆柱齿轮啮合时，按国标《机械制图齿轮表示法》(GB/T 4459.2—2003)规定的画法进行绘制，如图 9-32 所示。

(1)在垂直于圆柱齿轮轴线的投影面的视图中，啮合区内的齿顶圆均用粗实线绘制，或省略不画；

(2)在非圆的外形视图中，啮合区的齿顶线不画，节线(分度线)画成粗实线；

(3)当剖切平面通过两啮合齿轮的轴线时，两齿轮的节线重合，用点画线绘制，其中一个齿轮的轮齿用粗实线绘制，另一个齿轮的轮齿被遮挡的部分用虚线绘制，也可以省略不画。一个齿轮的齿顶与另一个齿轮的齿根之间应有 0.25m(m 为模数)的间隙，如图 9-33 所示。

(4)在剖视图中，当剖切平面不通过啮合齿轮的轴线时，齿轮一律按不剖绘制。

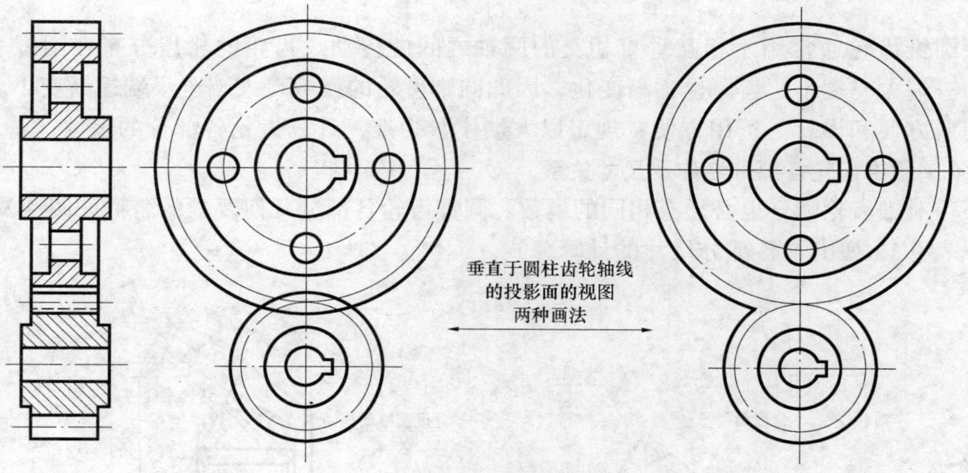

(a)两圆柱齿轮啮合画法

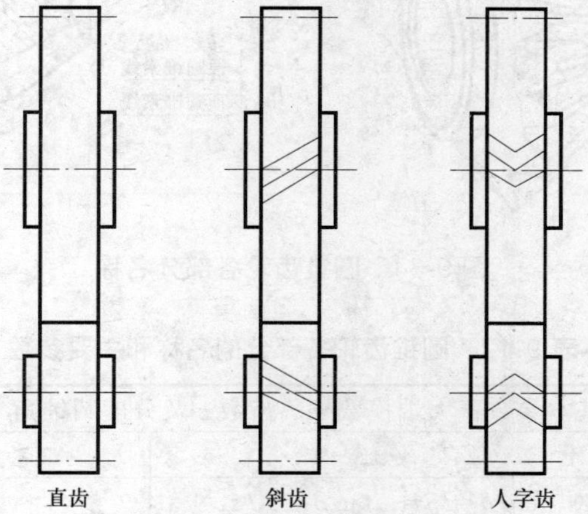

(b)外形视图画法

图 9-32　圆柱齿轮的啮合画法

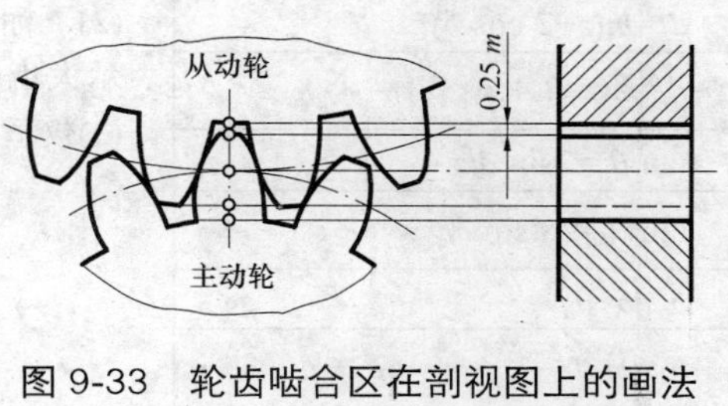

图 9-33　轮齿啮合区在剖视图上的画法

二、圆锥齿轮

圆锥齿轮通常用于相互垂直相交的两轴之间的传动。齿轮的轮齿分布在圆锥表面上，一端大一端小，齿厚也逐渐变化，因此圆锥齿轮的模数自大端至小端逐渐变小。为了制造方便和设计、选用方便，规定以大端模数为准，计算齿轮各部分的尺寸。

(一)圆锥齿轮各部分名称及尺寸关系

一对锥齿轮啮合也必须有相同的模数。圆锥齿轮各部分几何要素的名称如图 9-34 所示，表 9-12 列出了各部分尺寸的计算公式。

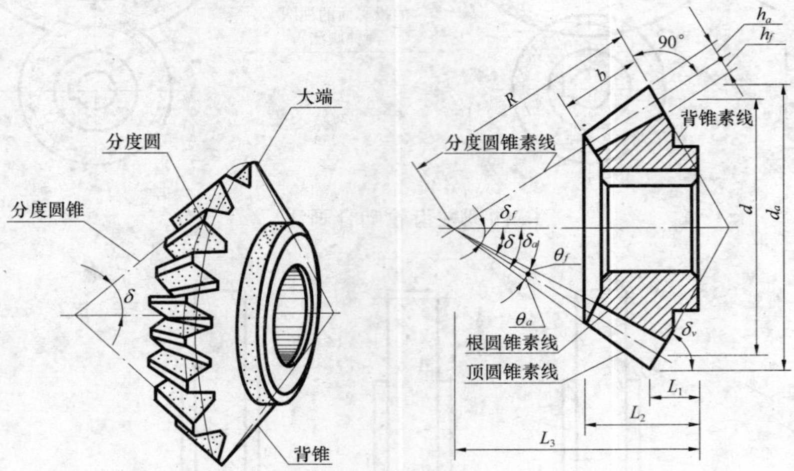

图 9-34　圆锥齿轮各部分名称

表 9-12　圆锥齿轮各部分的名称和主要参数

基本参数：大端模数 m、齿数 z 及分度圆锥角 δ			
名称	符号	公式	说明
分锥角	δ	$\tan\delta_1=z_1/z_2$，$\tan\delta_2=z_2/z_1$	
分度圆直径	d	$d=mz$	
齿顶高	h_a	$h_a=m$	
齿根高	h_f	$h_f=1.2m$	(1)均用于大端
齿顶圆直径	d_a	$d_a=m(z+2\cos\delta)$	(2)下标中“1”表示小齿轮，“2”表示大齿轮
齿根圆直径	d_f	$d_f=m(z-2.4\cos\delta)$	(3)仅适用于 $\delta_1+\delta_2=90°$
齿顶角	θ_a	$\tan\theta_a=2\sin\delta/z$	
齿根角	θ_f	$\tan\theta_f=2.4\sin\delta/z$	
顶锥角	δ_a	$\delta_a=\delta+\theta_a$	
根锥角	δ_f	$\delta_f=\delta-\theta_f$	
外锥距	R	$R=mz/2\sin\delta$	
齿宽	b	$b=(0.2\sim0.35)R$	

(二)单个圆锥齿轮的画法

单个圆锥齿轮的画法规则同标准圆柱齿轮一样，在投影为非圆的视图中常用剖视图表示，轮齿按不剖处理，用粗实线画出齿顶线、齿根线，用点画线画出分度线。在投影为非圆的视图中，只用粗实线画出大端和小端的齿顶圆，用点画线画出大端的分度圆，齿根圆和小圆分度圆规定不画，如图 9-35 所示。

注意：圆锥齿轮计算的模数为大端的模数，所有计算的数据都是大端的参数，根据大端的分度圆直径、分锥角画出分度线细点画线，量出齿顶高、齿根高，即可画出齿顶和齿根线，根据齿宽，画出齿形部分，其余部分根据需要进行设计。

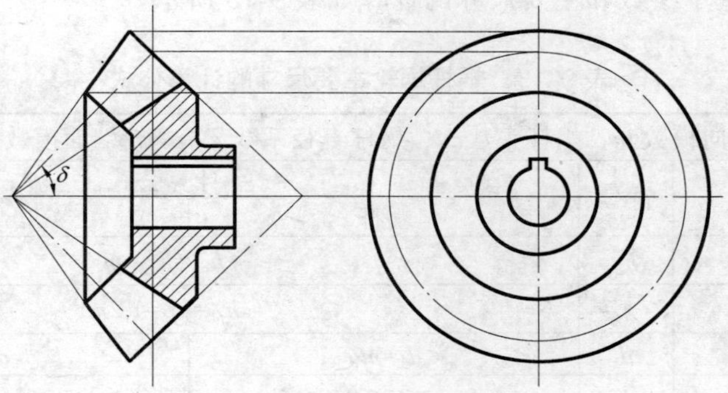

图 9-35　圆锥齿轮的画法

(三)圆锥齿轮啮合画法

圆锥齿轮啮合时，画法如图 9-36 所示，主视图一般画成全剖视图，由于两齿轮的节圆锥面相切，因此其节线重合，画成点画线；在啮合区内，应将其中一个齿轮的齿顶线画成粗实线，而将另一个齿轮的齿顶线画成虚线或省略不画，左视图画成外形视图，对标准齿轮来说，节圆锥面和分度圆锥面，节圆和分度圆是一致的。

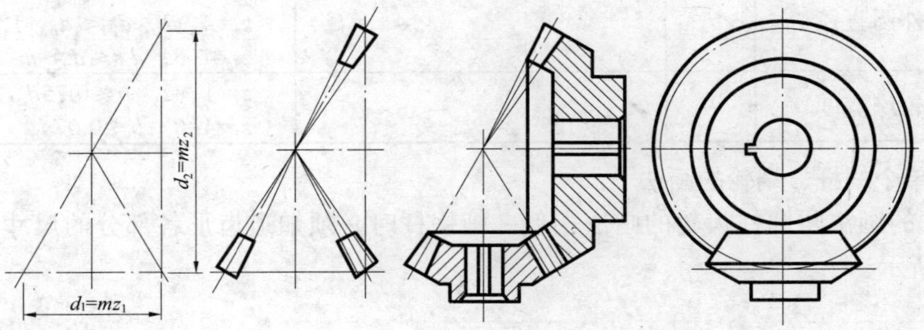

图 9-36　圆锥齿轮啮合的画法

三、蜗轮、蜗杆

蜗轮、蜗杆用来传递交叉两根轴之间的运动和动力，可以获得较大的传动比，一般蜗杆为主动件，传动效率比圆柱齿轮低。

常用蜗杆的轴向剖面和梯形螺纹相似，也有单线蜗杆和多线蜗杆，蜗杆的线数也称为头数，相当于齿轮的齿数。蜗轮则可看成圆柱斜齿轮，齿顶加工成凹弧形(内环面)，借以增加与蜗杆的接触面，延长使用寿命。

(一)蜗杆蜗轮各部分名称和尺寸

蜗杆、蜗轮各部分的名称、尺寸关系和基本参数与圆柱齿轮基本相同，但多了个蜗杆的直径系数 q，其值为：

$$q=\frac{\text{蜗杆分度圆直径}d_1}{m}$$

蜗杆蜗轮的基本参数和主要尺寸的计算如表 9-13 所示。

表 9-13　蜗杆蜗轮主要尺寸的计算公式

基本参数：蜗杆轴向模数 m、蜗杆头数 z_1、蜗杆直径系数 q，蜗轮端面模数 m、蜗轮齿数 z_2

名称	符号	计算公式	
		蜗杆	蜗轮
齿顶高	h_a	$h_{a1}=h_{a2}=m$	
齿根高	h_f	$h_{f1}=h_{f2}=1.2m$	
分度圆直径	d	$d_1=mq$	$d_2=mz_2$
齿顶圆直径	d_a	$d_{a1}=m(q+2)$	$d_{a2}=m(z_2+2)$
齿根圆直径	d_f	$d_{f1}=m(q-2.4)$	$d_{f2}=m(z_2-2.4)$
蜗杆轴向齿距 蜗轮端面齿距	p_a p_t	$p_{a1}=p_{t2}=\pi m$	
蜗杆分度圆导程角 蜗轮分度圆螺旋角	γ β	$\gamma=\arctan(z_1/q)$	$\beta=\gamma$
蜗杆螺纹部分长度 蜗轮齿顶圆弧半径	L r	$z_1=1$、2，$L\geqslant(11+0.06z_2)m$ $z_1=3$、4，$L\geqslant(12.5+0.09z_2)m$	$r_{a2}=a-\frac{1}{2}d_{a2}$
蜗轮外圆直径	d_e		$z_1=1$，$d_{e2}\leqslant d_{a2}+2m$ $z_1=2$、3，$d_{e2}\leqslant d_{a2}+1.5m$ $z_1=4\sim6$，$d_{e2}\leqslant d_{a2}+m$
蜗轮轮缘宽度	b		$z_1=1$、2　$b\leqslant0.75d_{a1}$ $z_1=4\sim6$　$b\leqslant0.67d_{a1}$

(二)单个蜗杆、蜗轮的画法

蜗杆的画法与圆柱齿轮的画法相似，画蜗杆时必须知道齿形各部分的尺寸，画法如图 9-37 所示。

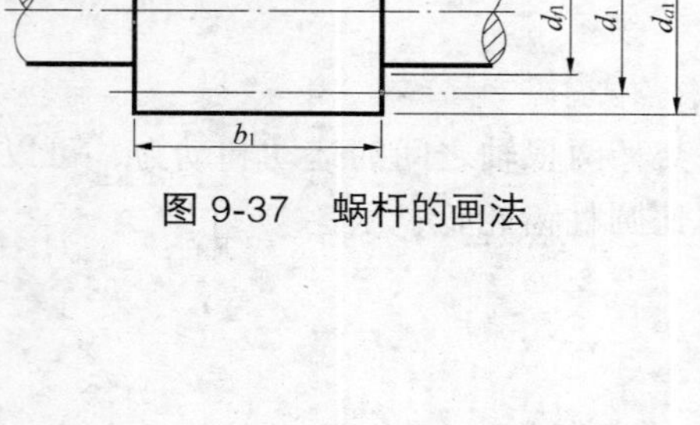

图 9-37　蜗杆的画法

蜗轮的画法如图 9-38 所示，在投影为圆的视图上只画出分度圆和外圆，齿顶圆和齿根圆可以省略不画。

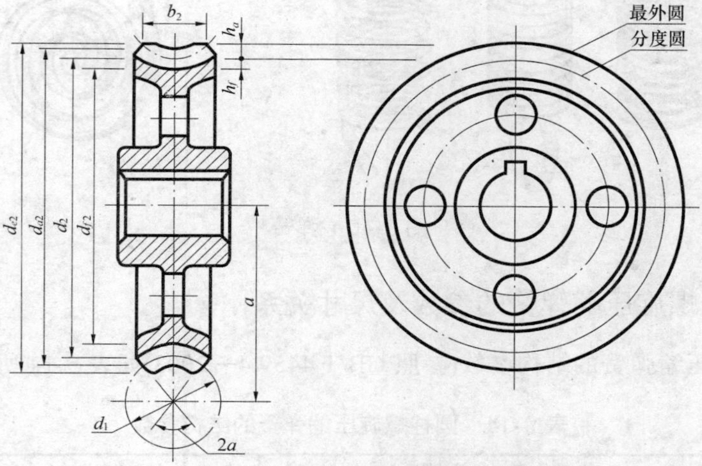

图 9-38　蜗轮的画法

(三)蜗杆、蜗轮啮合画法

蜗轮、蜗杆的啮合画法如图 9-39 所示，在蜗轮投影为圆的视图中，蜗轮与蜗杆的分度圆相切；在蜗杆投影为圆的视图中，蜗轮被蜗杆遮住的部分可以不画，其他部分按投影画出。在剖视图中，当剖切平面通过蜗轮轴线并垂直于蜗杆轴线时，在啮合区内将蜗杆的轮齿用粗实线画出，蜗轮的轮齿被遮住的部分不画。当剖切平面通过蜗杆轴线并垂直于蜗轮轴线时，在啮合区内，蜗轮的外圆、齿顶圆和蜗杆的齿顶线可以省略不画。

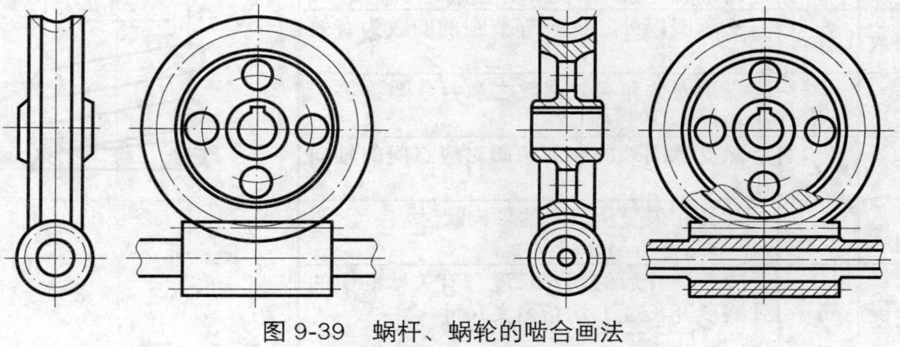
图 9-39　蜗杆、蜗轮的啮合画法

第五节　弹簧的画法

弹簧是一种常用的标准件，具有储能、减振、夹紧和测力的作用。常用的弹簧如图 9-40 所示。本节主要介绍圆柱螺旋压缩弹簧各部分的名称、尺寸关系及其画法。其他种类的弹簧画法可查阅《机械制图齿轮表示法》(GB/T 4459.4—2003)。

图 9-40　弹簧

一、圆柱螺旋压缩弹簧的参数及尺寸关系

圆柱螺旋压缩弹簧的结构参数(参照 GB/T 4459.4—2003)如表 9-14 所示。

表 9-14　圆柱螺旋压缩弹簧的结构参数

名称	符号	说明	示意图
线径	d	制造弹簧的簧丝材料直径	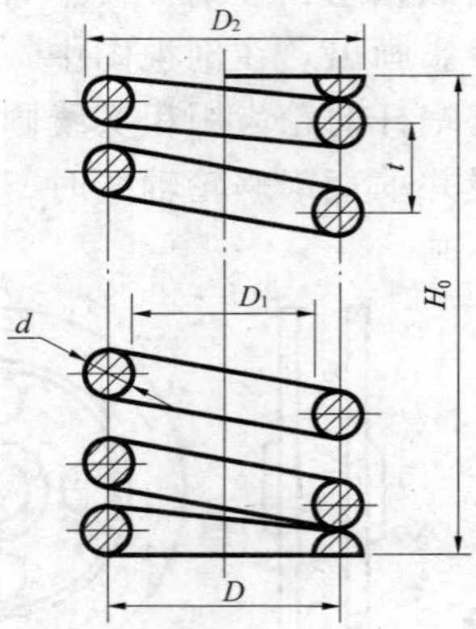
弹簧外径	D_2	弹簧的最大直径	
弹簧内径	D_1	弹簧的最小直径 $D_1=D_2-2d$	
弹簧中径	D	弹簧外径和内径的平均值 $D=(D_2+D_1)/2=D_2-d=D_1+d$	
支承圈数	Nz	为使弹簧工作时受力均匀，弹簧两端并紧磨平而起支承作用的部分称为支承圈，两端支承部分加在一起的圈数称为支承圈数。支承圈数为 1.5～2.5 圈，2.5 圈的最多，即两端各并紧 1/2 圈，并且磨平 3/4 圈	
有效圈数	n	支承圈以外，保持等节距的圈数为有效圈数	
总圈数	n_1	支承圈数和有效圈数之和为总圈数 $n_1=n+Nz$	
节距	t	除支承圈外的相邻两圈对应点间的轴向距离	
自由高度	H_0	弹簧在未受负荷时的轴向尺寸 $H_0=nt+(Nz-0.5)d$	
展开长度	L	弹簧展开后的钢丝长度。有关标准中的弹簧展开长度 L 均指名义尺寸 $L=n_1\sqrt{(\pi D)^2+t^2}$	

二、圆柱螺旋压缩弹簧的规定画法

在绘制弹簧时可采用视图形式，也可以采用剖视图的形式进行表达。如图 9-41 所示，在非圆的视图上，各圈的外轮廓线画成直线，当弹簧的有效圈数大于 4 圈时，可只画两端的 1～2 圈，中间的可以省略不画。左旋弹簧可以画成右旋也可以画成左旋，但不论是画成左旋还是右旋，都须标注“左”字样。

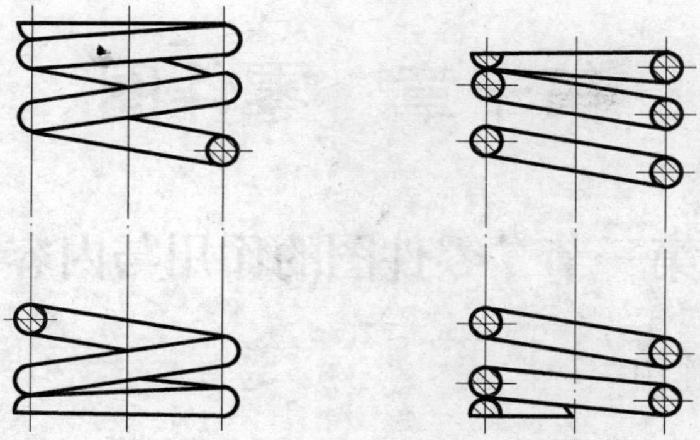
(a)视图画法　　　　　　　　(b)剖视图画法

图 9-41　圆柱螺旋压缩弹簧的一般画法

在装配图中，弹簧中间各圈节省后，原被弹簧挡住的结构一般不画出，可见部分应从弹簧的外轮廓线或从弹簧钢丝剖面的中心线画起，如图 9-42(a)所示；当型材尺寸较小(直径或厚度在图形上等于或小于 2 mm)的螺旋弹簧允许用示意图表示，如图 9-42(b)所示。当弹簧被剖切时，也可用涂黑表示，如图 9-42(c)。

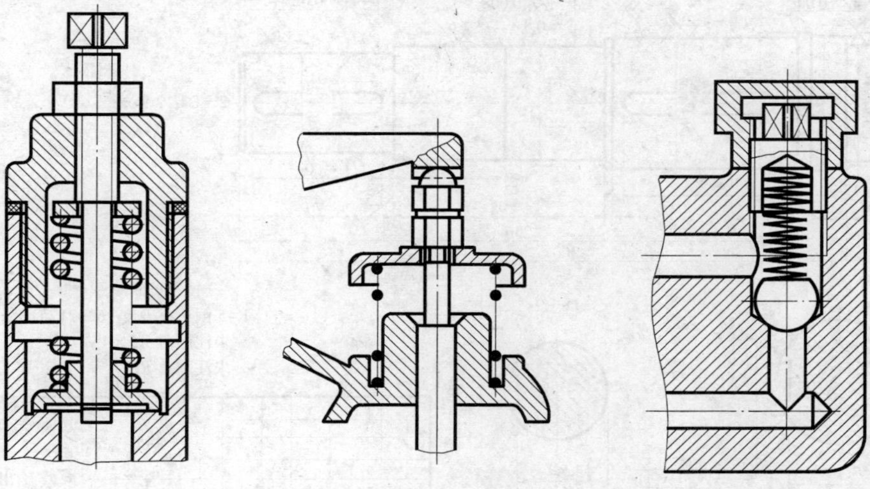
(a)　　　　　　(b)　　　　　　(c)

图 9-42　弹簧在装配图中的画法

第十章　零件图

第一节　零件图的作用与内容

一、零件图的作用

机器或部件都是由许多零件装配而成，制造机器或部件必须首先制造零件。

零件图是表达单个零件结构形状、尺寸和技术要求的图样，是用于直接指导制造和检验零件的重要技术文件。

零件图是生产中指导制造和检验该零件的主要图样，它不仅仅是把零件的内、外结构形状和大小表达清楚，还需要对零件的材料、加工、检验、测量提出必要的技术要求。零件图必须包含制造和检验零件的全部技术资料，如图 10-1 所示。

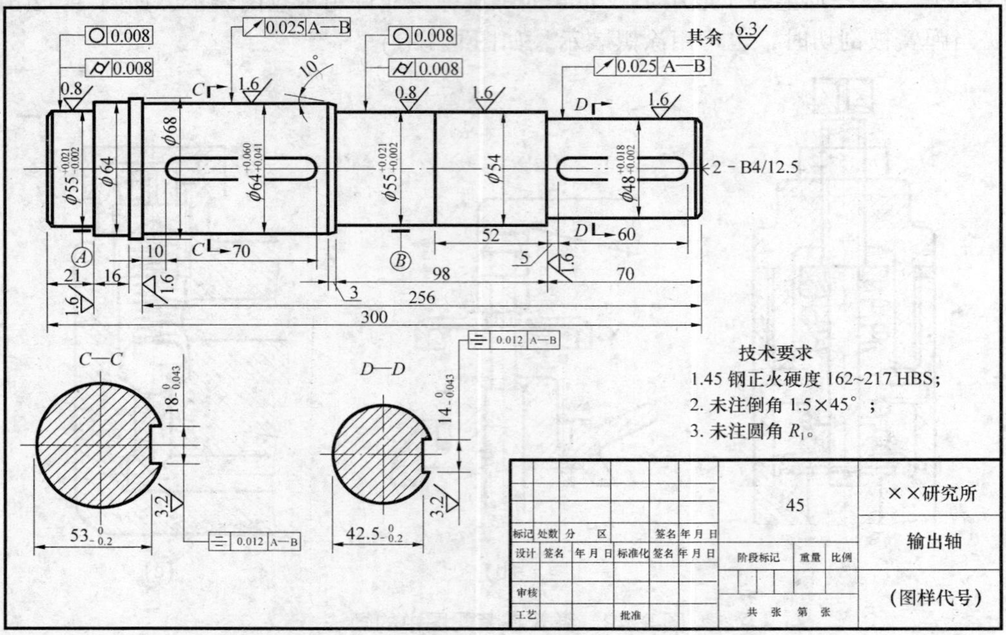

图 10-1　零件图

二、零件图的内容

一张完整的零件图，一般应具有下列内容：

(1)一组视图。完整、清晰地表达零件的结构和形状。

(2)尺寸标注。正确、完整、清晰、合理地表达零件各部分的大小和各部分之间的相对位置关系。

(3)技术要求。表示或说明零件在加工、检验过程中的要求，如尺寸公差、形状和位置公差、表面粗糙度、材料、热处理、硬度及其他要求。

(4)标题栏。标准的标题栏由更改区、签字区、其他区、名称及代号区组成。一般填写零件的名称、材料牌号、阶段标记、重量、比例、图样代号、单位名称以及设计、制图、审核、工艺、标准化、更改、批准等人员的签名和日期等内容。学校一般用简易标题栏，见第一章中所示。

第二节　典型零件的视图表达

一、零件图的视图选择

零件图视图选择的原则是：正确、完整、清晰地表达零件的全部结构形状，在便于看图的基础上，力求作图简便。要达到这些要求，关键在于综合运用前面所学的知识。由于零件的结构形状是多种多样的，所以在画图前，应对零件进行结构形状分析，结合零件的工作位置和加工位置，了解其用途及主要加工方法，选择最能反映零件形状特征的视图作为主视图，并选好其他视图，以确定一组最佳的表达方案。

(一)主视图的选择

主视图是表达零件形状最重要的视图，主视图在表达零件结构形状、画图和看图中起主导作用，其选择是否合理将直接影响其他视图的选择和看图是否方便，因此应把选择主视图放在首位，一般来说，零件主视图的选择应满足“合理安放”和“形状特征”两个基本原则。

1. 零件安放位置的选择——合理安放原则

(1)加工位置原则。加工位置是零件在加工时所处的位置。主视图应尽量表示零件在机床上加工时所处的位置。这样在加工时可以直接进行图物对照，既便于看图和测量尺寸，又可减少差错。如轴套类、盘类等回转零件的加工，大部分工序是在车床或磨床上进行，因此通常要按加工位置(即轴线水平放置)画其主视图，如图 10-2 所示。

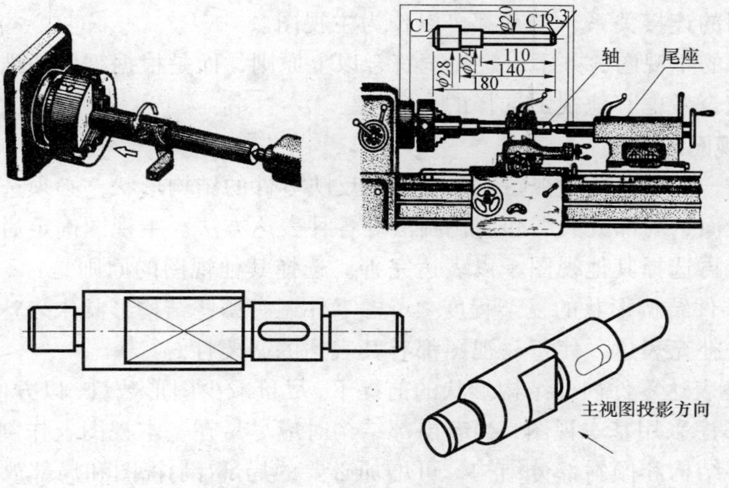

图 10-2　轴的视图选择

(2)工作位置原则。工作位置是零件在装配体中所处的位置。例如，叉架、箱体类零件各工序的加工位置往往不同，其零件主视图的放置，应尽量与零件在机器或部件中的工作位置一致。这样便于根据装配关系来考虑零件的形状及有关尺寸，便于校对，也便于分析零件在部件中的位置和作用。如图 10-3 所示轴承座的安放位置。

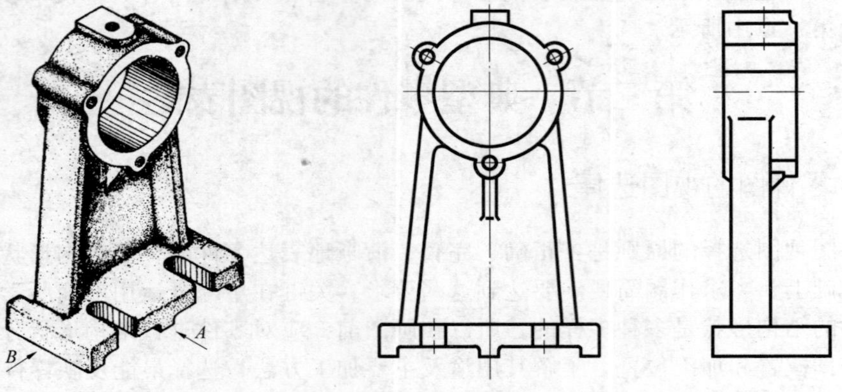

图 10-3　轴承座的视图选择

如果零件的工作位置是斜的，不便于按工作位置放置，而加工位置较多，也不便于按加工位置放置，以及运动的零件，习惯上将这些零件放正后再画图。

2. 主视图投影方向的选择——形状特征原则

确定零件的安放位置后，还要确定主视图的投影方向。形状特征原则就是将最能反映零件形状特征的方向作为主视图的投影方向，即主视图要较多地反映零件各部分的形状及它们之间的相对位置，以满足表达零件清晰的要求。如图 10-2 所示，轴的主视图投影方向,能反映轴的组成、轴上键槽的形状和位置。如图 10-3 所示轴承座的视图选择图 10-3(a)做为主视图，能较好地表现轴承座的形体特征和基本结构，图 10-3(b)能较好地反映各结构间的连接关系，二者都可以作为主视图。

一个零件的主视图，并不一定完全符合以上原则，而是根据零件的结构特征，各有侧重，还要综合考虑其他视图选择的合理性。

(二)其他视图的选择

一般来讲，仅用一个主视图还不能完全反映零件的结构形状，必须选择其他视图，包括剖视、断面、局部放大图和简化画法等各种表达方法。主视图确定后，对其表达未清楚的部分，再选择其他视图予以表达完善。选择其他视图的原则是：

(1)根据零件结构形状的复杂程度、考虑零件还有哪些结构形状未表达清楚，采用适当的表达方法补充表达，使每一视图都有其表达的必要性。

(2)在清楚表达零件内外结构形状的前提下，尽量减少图形数量，以方便画图和看图。

(3)优先考虑采用基本视图，当有内部结构时应尽量在基本视图上作剖视；对尚未表达清楚的局部结构和倾斜部分结构，可增加必要的局部(剖)视图和局部放大图；有关的视图应尽量保持直接投影关系，配置在相关视图附近。

总的来说选择视图表达机械零件时，要求做到：位置妥安放、主视表特征、视图少而精、表达活又清。

二、典型零件的视图表达

(一)轴套类零件

1. 结构分析

轴套类零件的基本形状是同轴回转体。在轴上通常有键槽、销孔、螺纹退刀槽、倒圆等结构。此类零件主要是在车床或磨床上加工。如图 10-1 所示的输出轴即属于轴套类零件。

2. 主视图选择

这类零件的主视图按其加工位置选择，一般按水平位置放置。这样既可把各段形体的相对位置表示清楚，同时又能反映出轴上轴肩、退刀槽等结构。

3. 其他视图的选择

轴套类零件主要结构形状是回转体，一般只画一个主视图。确定了主视图后，由于轴上各段形体的直径尺寸在其数字前加注符号“ϕ”表示，因此不必画出其左(或右)视图。对于零件上的键槽、孔等结构，一般可采用局部视图、局部剖视图、移出断面和局部放大图。

(二)盘盖类零件

1. 结构分析

盘盖类零件包括端盖、阀盖、齿轮等，这类零件的基本形体一般为回转体或其他几何形状的扁平的盘状体，通常还带有各种形状的凸缘、均布的圆孔和肋板等局部结构。盘盖类零件的作用主要是轴向定位、防尘和密封，如图 10-4 所示的轴承盖。

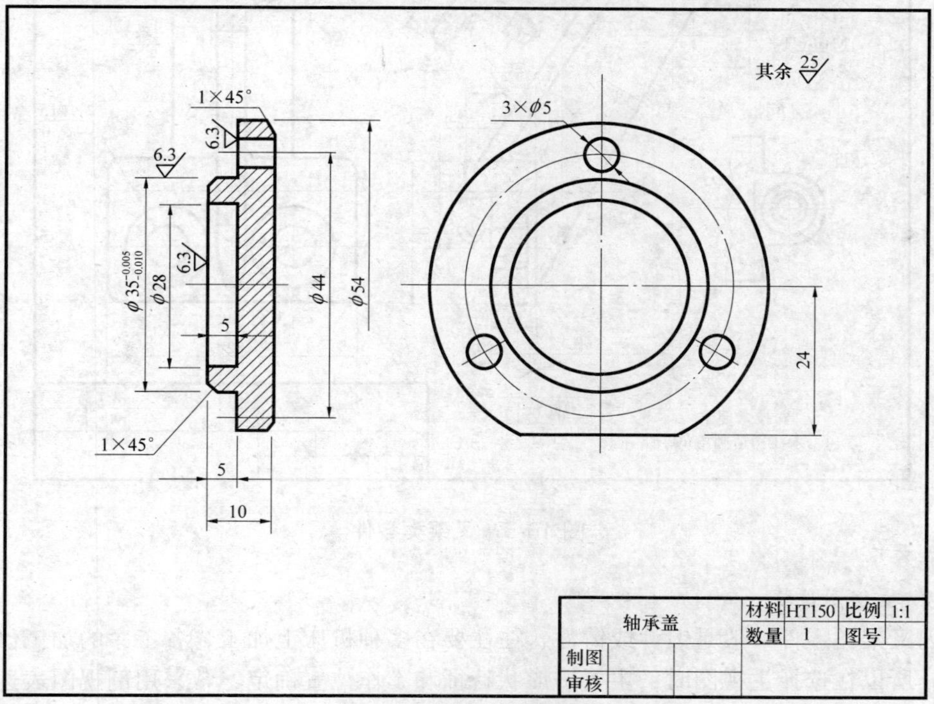

图 10-4　盘盖类零件

2. 主视图选择

盘盖类零件的毛坯有铸件或锻件，机械加工以车削为主，主视图一般按加工位置水平放置，但有些较复杂的盘盖，因加工工序较多，主视图也可按工作位置画出。为了表达零件内部结构，主视图常取全剖视图。

3. 其他视图的选择

盘盖类零件一般需要两个以上基本视图表达，除主视图外，为了表示零件上均布的孔、槽、肋、轮辐等结构，还需选用一个端面视图(左视图或右视图)，如图 10-4 所示增加一个左视图，以表达凸缘和三个均布的通孔。此外，为了表达细小结构，有时还常采用局部放大图。

(三)叉架类零件

1. 结构分析

叉架类零件一般有拨叉、连杆、支座等。此类零件常用倾斜或弯曲的结构连接零件的工作部分与安装部分。叉架类零件多为铸件或锻件，具有铸造圆角、凸台、凹坑等常见结构，图 10-5 所示支架属于叉架类零件，其特点是由一些实心杆件、肋板将圆筒和底板连接而成，局部结构常有油槽、螺孔、沉孔等，外形复杂，形状不规则。

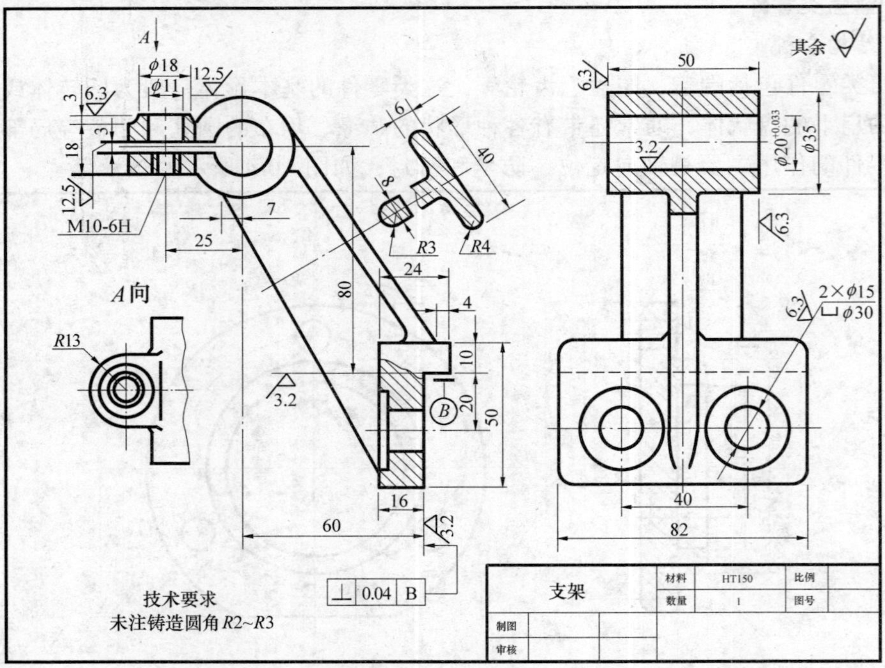

图 10-5 叉架类零件

2. 主视图选择

因叉架类零件一般是锻件或铸件，往往要在多种机床上加工，各工序的加工位置不相同。所以在选择主视图时，主要按形状特征和工作位置确定，常采用剖视图表达内外形状。当工作位置是倾斜的或不固定时，可将其放正画主视图。

3. 其他视图的选择

这类零件的结构形状较为复杂且不太规则，一般都需要两个以上视图，恰当表达其结构形状。某些不平行于投影面的结构形状，常采用斜视图、局部视图、剖视图和断面图表达；也可采用局部放大图表达其较小结构。

(四)箱体类零件

1. 结构分析

箱体类零件主要有阀体、泵体、减速器箱体等零件，起着支承、容纳、定位、密封和保护其他零件的作用，因此多为中空的壳体，并有轴承孔、凸台、肋板、底板以及连接螺孔等，其结构形状复杂，尤其是内腔，表面过渡线较多。图 10-6 所示泵体属于箱体类零件。

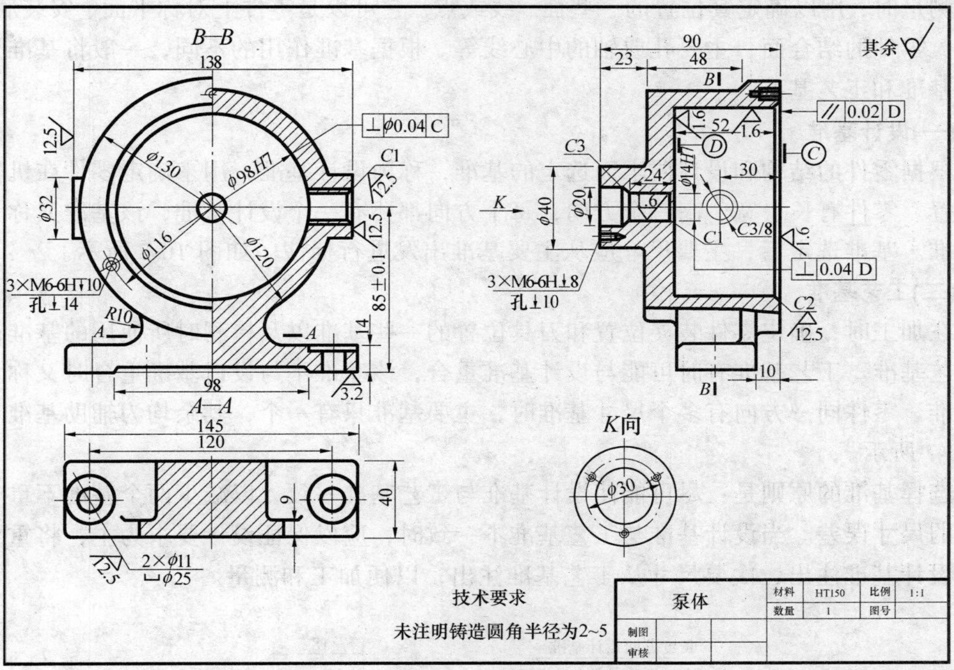

图 10-6 箱体类零件

2. 主视图选择

由于箱体类零件加工工序较多，加工位置多变，各工序装夹位置又不固定，所以在选择主视图时，主要根据工作位置原则和形状特征原则来考虑，并采用剖视图反映其内部结构。毛坯多为铸件，箱体零件上常常会出现一些截交线和相贯线、过渡线，应认真分析，正确画出。

3. 其他视图的选择

为了表达箱体类零件的内外结构，一般要用三个或三个以上的基本视图，并根据结构特点在基本视图上进行剖切，还可采用局部视图、斜视图及规定画法等表达外形。

第三节　零件图的尺寸标注

零件图的尺寸是加工和检验零件的重要依据。标注零件图的尺寸，除满足正确、完整、清晰的要求外，还必须使标注的尺寸合理，所谓合理的标注尺寸是指既符合设计、检验和装配的要求也便于加工、测量。本节将重点介绍标注尺寸的合理性问题。

一、尺寸基准的选择

零件图尺寸标注既要保证设计要求、工艺要求，又要满足合理标注尺寸的要求，首先要正确选择基准。所谓尺寸基准，即标注尺寸的起点，就是指零件装配到机器上或在加工测量时，用以确定其位置的一些面、线或点。它可以是零件上对称平面、安装底面、端面、零件的结合面、主要孔或轴的中心线等。根据基准作用的不同，一般将基准分为设计基准和工艺基准。

(一)设计基准

根据零件的结构和设计要求而选定的基准，称为设计基准，用来确定零件在机器中的位置。零件有长、宽、高三个方向，每个方向都要有一个设计基准，该基准又称为主要基准。基准选定后，主要尺寸应从主要基准出发进行标注。如图 10-7 所示。

(二)工艺基准

在加工时，确定零件装夹位置和刀具位置的一些基准以及检测时所使用的基准，称为工艺基准。工艺基准有时可能与设计基准重合，该基准不与设计基准重合时又称为辅助基准。零件同一方向有多个尺寸基准时，主要基准只有一个，其余均为辅助基准。如图 10-7 所示。

选择基准的原则是：尽可能使设计基准与工艺基准一致，以减少两个基准不重合而引起的尺寸误差。当设计基准与工艺基准不一致时，应以保证设计要求为主，将重要尺寸从设计基准注出，次要尺寸从工艺基准注出，以便加工和测量。

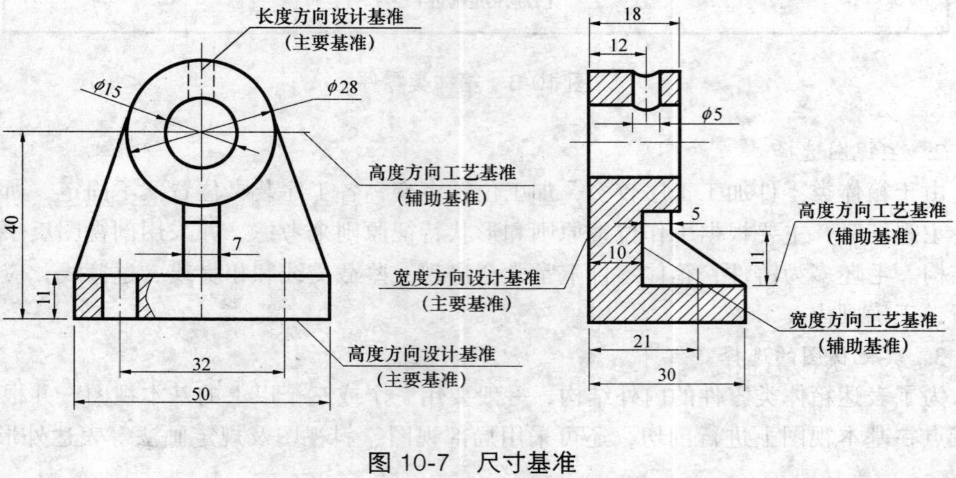

图 10-7　尺寸基准

二、尺寸标注的形式

由于零件的设计要求、工艺要求不同，尺寸基准的选择也不相同，尺寸注法也各不相同，常见的尺寸标注形式有以下三种。

(一)链状式

如图 10-8(a)所示。零件同一个方向的尺寸首尾相接，每一尺寸相对独立，可保证各尺寸的精度要求，但由于随后的尺寸用前一个尺寸的终点为起点，使各段尺寸的误差积累而影响总长尺寸，即总长尺寸的误差是各段尺寸误差的总和。

(二)坐标式

如图 10-8(b)所示。零件同一方向的尺寸从同一基准出发，各尺寸的精度取决于本尺寸的加工误差，各尺寸的误差互不影响。但如果中间段长度尺寸需要保证时，应该采用综合式。

(三)综合式

如图 10-8(c)所示。零件同一方向的尺寸既有链状式又有坐标式，综合了链状式和坐标式的优点，有效地减少零件在加工中出现的累积误差，是尺寸标注中最常用的方法。

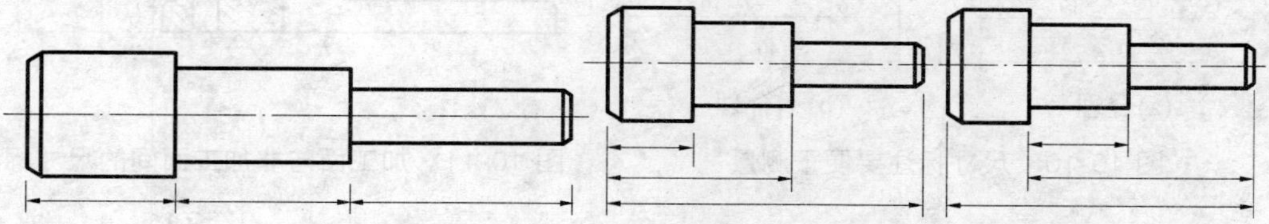

(a) (b) (c)

图 10-8 尺寸标注的形式

三、尺寸标注的基本原则

(1)零件的重要尺寸必须从基准直接注出。为使零件的重要尺寸不受其他尺寸的影响，应在零件图中把重要尺寸直接注出以保证精度要求(如图 10-7 中轴承座孔的中心高)。

(2)避免注成封闭尺寸链。如图 10-9(a)所示，同一方向的尺寸串联，并头尾相接组成

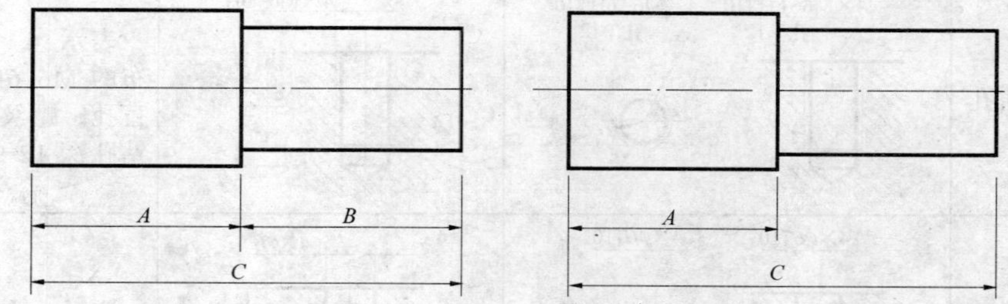

(a) (b)

图 10-9 封闭尺寸链

封闭的图形，称为封闭尺寸链。理论上有 $C=A+B$，但由于加工误差在所难免，故实际上 $C\neq A+B$，所以不能注成封闭尺寸链。应注成图 10-9(b)的形式，选择不太重要的尺寸(如 B)不标注，称为开环，A、C 尺寸得到了保证，尺寸 A 就不受尺寸 C 的影响，A、C 尺寸的误差都可积累到不注尺寸(该尺寸称为开环尺寸)的部位上。若出于某种需要也要标注出开环尺寸时，必须加括号，称为参考尺寸，加工时不作测量和检验。

(3)标注尺寸要便于加工、便于测量，并尽量使用通用量具。尺寸若标注不合理，就不便于加工和测量。图 10-10(a)中尺寸 15 便于加工时测量，图 10-10(b)中尺寸 6 不便于加工时测量。

(4)加工面和非加工面只能有一个尺寸相联系。如图 10-11 所示。因为非加工面在铸造或锻造毛坯时已经形成，其尺寸精度由毛坯生产时保证，如果同一个加工面与多个非加工面有尺寸联系，则加工时无法保证。

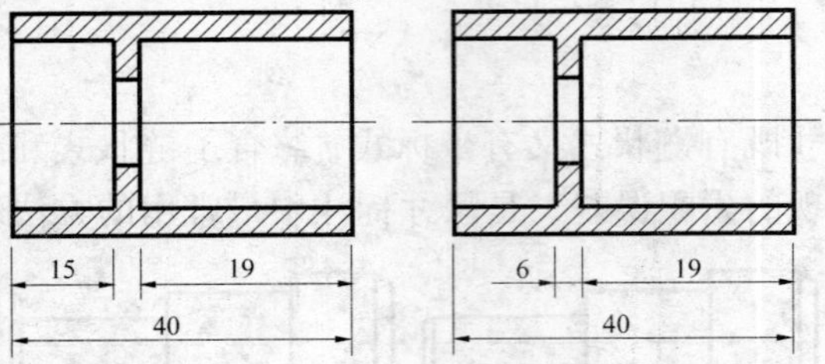

(a)合理　　(b)不合理

图 10-10　尺寸标注要便于测量

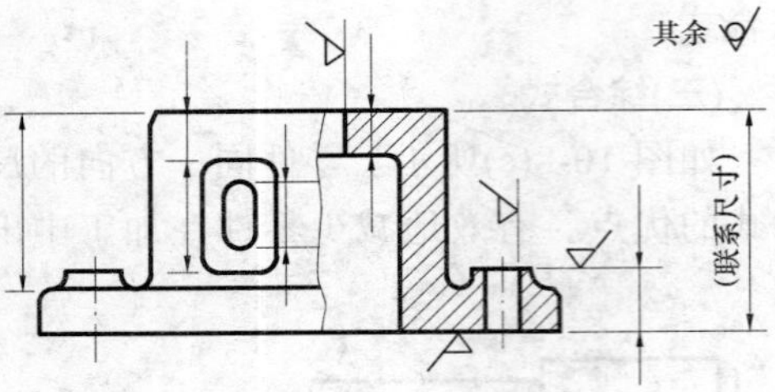

图 10-11　加工面与非加工面间的尺寸标注

(5)零件上各种常见孔的尺寸标注(见表 10-1)。

表 10-1　零件上各种孔的尺寸注法

结构类型		简化标注方法	简化前标注方法	说明
螺孔	通孔	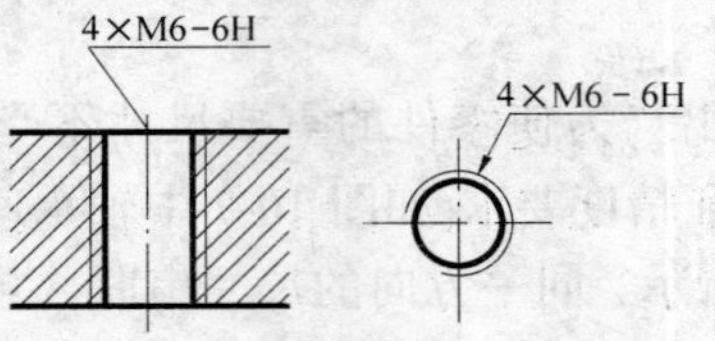	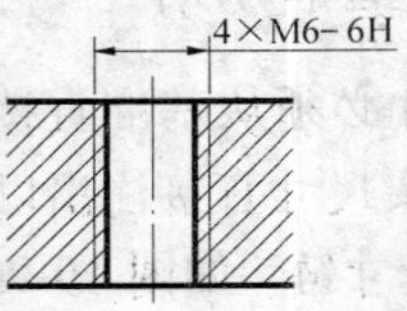	表示 4 个均匀分布的 M6-6H 的螺纹通孔
	不通孔	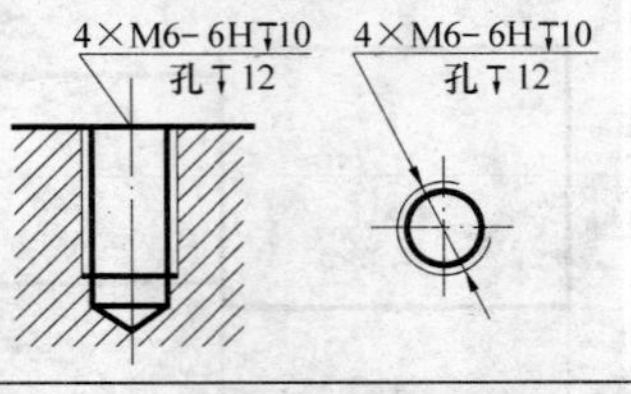	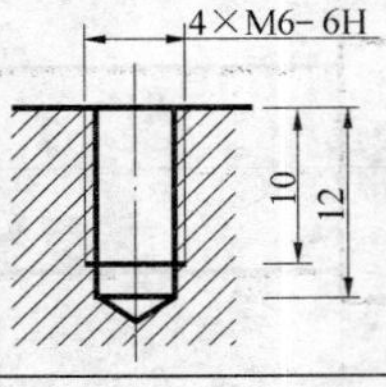	表示 4 个均匀分布的 M6-6H 的螺纹盲孔，螺纹孔深 10，钻孔深 12
光孔	一般孔	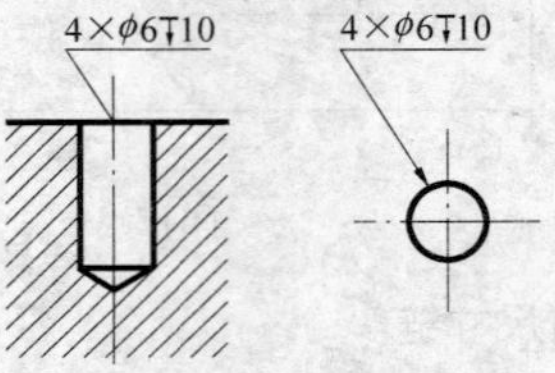	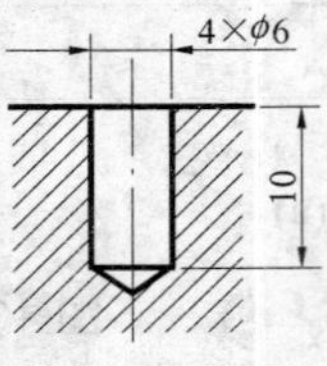	表示 4 个 $\phi 6$ 深 10 的盲孔

续表 10-1

结构类型		简化标注方法	简化前标注方法	说明
光孔	锥销孔	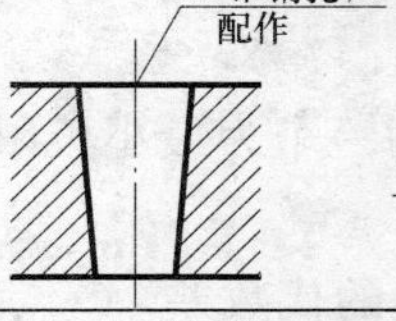	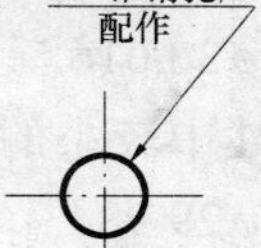	$\phi5$ 表示圆锥销的小头直径
沉孔	锥形沉孔	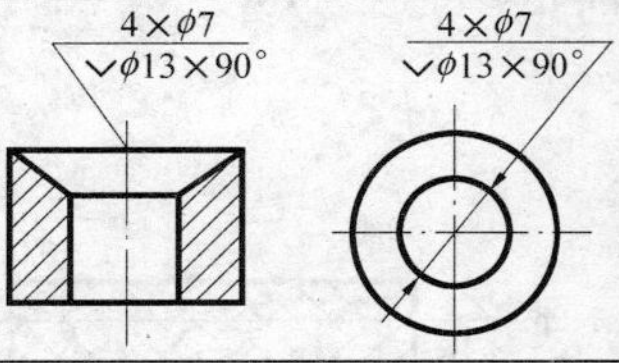	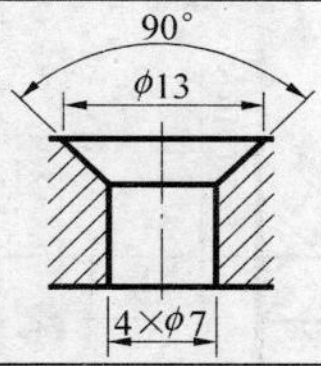	表示 4 个 $\phi7$ 带锥形埋头孔，锥孔口直径为 13，锥面顶角为 90°的孔
	圆柱形沉孔	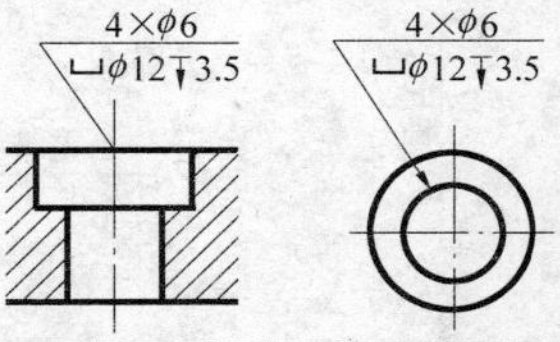	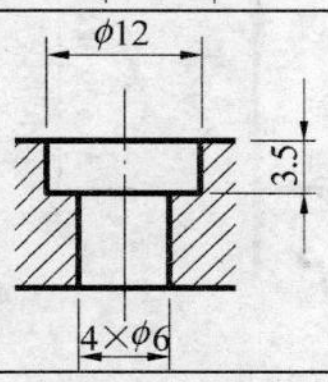	表示 4 个 $\phi6$ 带圆柱形沉头的孔，沉孔直径 12，深 3.5
	锪平面	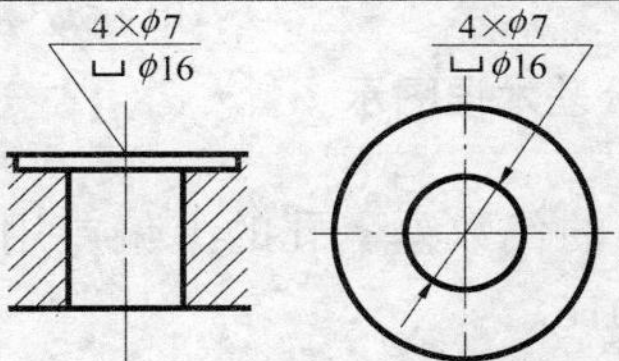	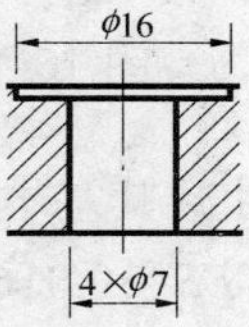	表示 4 个 $\phi7$ 带锪平的孔，锪平孔直径为 16，锪平孔不需标注深度，一般锪平到不见毛面为止

第四节　零件图的技术要求

一、尺寸公差与配合

(一)互换性

所谓零件的互换性，就是从一批相同的零件中任取一件，不经修配就能装配使用，并能保证使用性能要求的性质称为互换性。零、部件具有互换性，不但给装配、修理机器带来方便，还可用专用设备生产，提高生产率和质量，同时降低产品的成本。公差配合制度是实现互换性的重要基础。

(二)公差

零件的尺寸是保证零件互换性的重要几何参数，为了使零件具有互换性，并不要求零件的尺寸加工得绝对准确，由于设备、工夹具及测量误差等因素的影响，零件不可能制造得绝对准确。为了保证零件的互换性，就必须对零件的尺寸规定一个允许的变动范围(最大极限尺寸和最小极限尺寸)，这个变动范围就是通常所讲的尺寸公差。

(三)尺寸公差术语

基本尺寸：设计确定的尺寸，如图 10-12(b)中孔径ϕ30。

实际尺寸：实际测量所得的尺寸。

极限尺寸：允许实际加工尺寸变化的两个极限值，它以基本尺寸为基数来确定。

最大极限尺寸：两个极限尺寸中较大的一个为最大极限尺寸，最大极限尺寸 =基本尺寸+上偏差，如图 10-12(a)中的ϕ30.016。

最小极限尺寸：两个极限尺寸中较小的一个为最小极限尺寸，最小极限尺寸=基本尺寸+下偏差，如图 10-12(a)中的ϕ29.984。

尺寸偏差：某一尺寸减其基本尺寸所得的代数差。

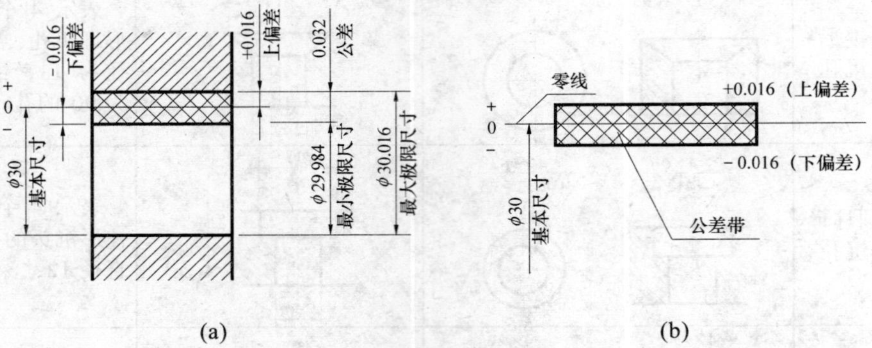

图 10-12　尺寸公差术语图示

上偏差：最大极限尺寸减其基本尺寸所得的代数差。孔的上偏差用 *ES* 表示，轴的上偏差用 *es* 表示。上偏差 *ES*=30.016–30=+0.016。

下偏差：最小极限尺寸减其基本尺寸所得的代数差。孔的下偏差用 EI 表示、轴下的偏差用 *ei* 表示。下偏差 *EI*=29.984–30=–0.016。

尺寸公差：允许尺寸的变动量，简称公差。公差=最大极限尺寸–最小极限尺寸=上偏差–下偏差。公差=30.016–29.984=0.016–(–0.016)=0.032。

公差带图：将尺寸公差与基本尺寸的关系，按放大比例画成简图，称为公差带图。在公差带图中，确定偏差的一条基准直线称零线，常表示基本尺寸，零线上方偏差为正；零线下方偏差为负。

尺寸公差带：在公差带图中，由代表上、下偏差的两条直线所限定的一个区域，简称公差带。

(四)标准公差和基本偏差

国家标准 GB/T 1800.3—1998 中规定，公差带由标准公差和基本偏差组成。用以确定公差带大小的任一公差称为标准公差。国家标准将公差等级分为 20 级：IT01、IT0、IT1~IT18。“IT”表示标准公差，公差等级的代号用阿拉伯数字表示。IT01~IT18 精度等级依次降低。标准公差等级数值可查有关技术标准。

公差代号由基本偏差与公差等级代号组成，并且要用同一号数的字体书写。ϕ50H7、ϕ50f6 的含义如图 10-14 所示：

(五)配合的概念

基本尺寸相同时，相互结合的孔和轴公差带之间的关系称为配合。由于孔和轴的实

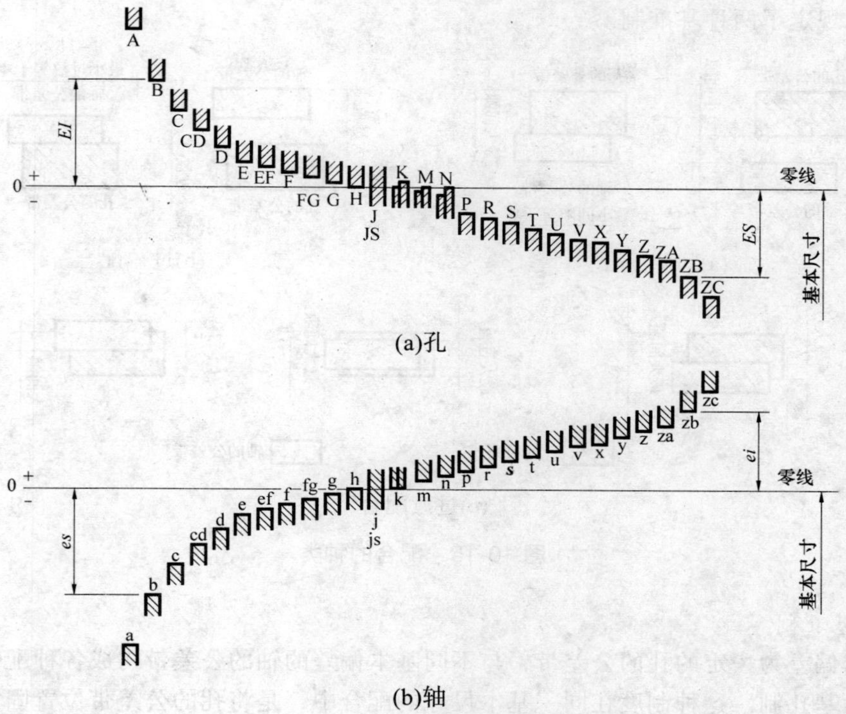

图 10-13　基本偏差

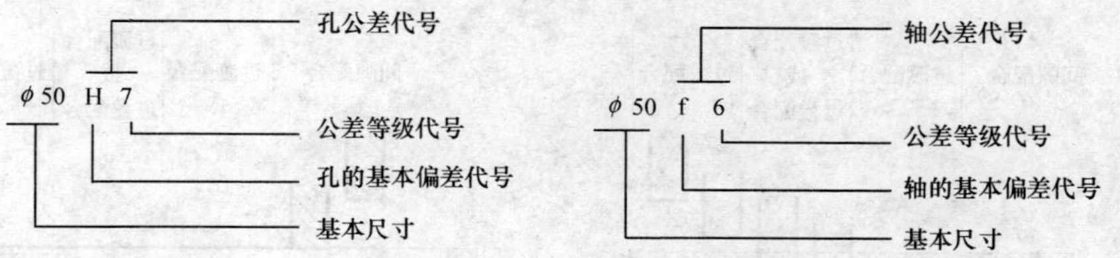

图 10-14　公差代号

际尺寸不同，装配后可能出现不同的松紧程度。当孔的实际尺寸减去轴的实际尺寸所得的代数差为正值时是间隙，为负时是过盈。

根据使用要求不同，国标规定配合分三类：即间隙配合、过盈配合、过渡配合。

(1)间隙配合。孔的公差带完全在轴的公差带之上，任取其中一对轴和孔相配都成为具有间隙的配合(包括最小间隙为零)，如图 10-15(a)。

(2)过盈配合。孔的公差带完全在轴的公差带之下，任取其中一对轴和孔相配都成为具有过盈的配合(包括最小过盈为零)，如图 10-15(b)。

(3)过渡配合。孔和轴的公差带相互交叠，任取其中一对孔和轴相配合，可能具有间隙，也可能具有过盈的配合，如图 10-15(c)。

(六)配合的基准制

当基本尺寸确定后，为了便于选择配合，减少零件加工的专用刀具和量具，国家标准对配合规定了两种基准制。

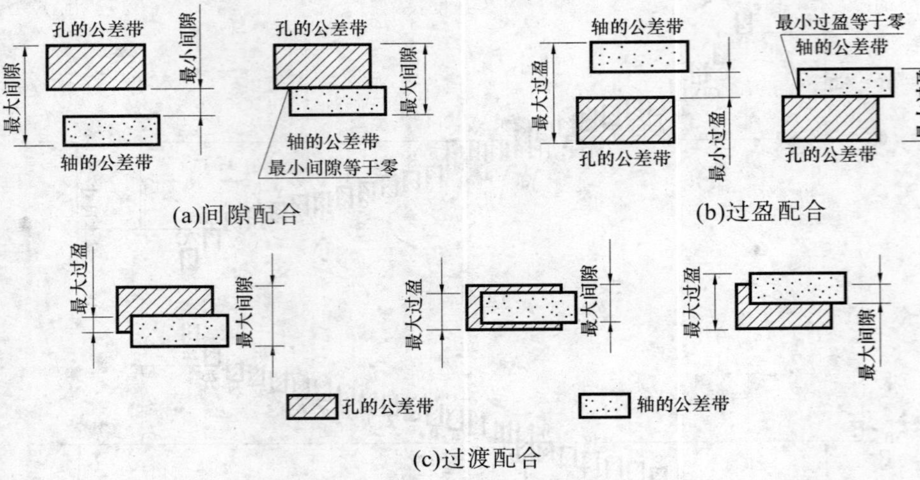

图 10-15　配合的种类

1. 基孔制

基本偏差为一定的孔的公差带，与不同基本偏差的轴的公差带构成各种配合的一种制度称为基孔制。这种制度在同一基本尺寸的配合中，是将孔的公差带位置固定，通过变动轴的公差带位置，得到各种不同的配合，如图 10-16(a)所示。

基孔制的孔称为基准孔。国标规定基准孔的下偏差为零，“H”为基准孔的基本偏差。

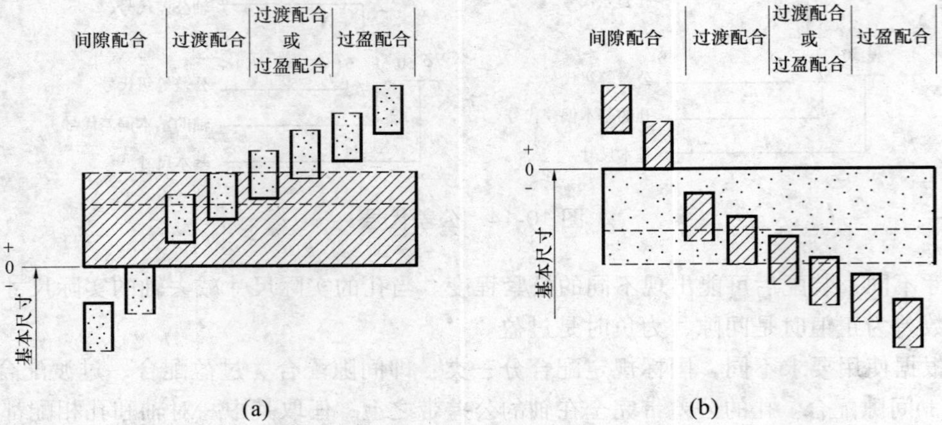

图 10-16　配合的基准制

2. 基轴制

基本偏差为一定的轴的公差带与不同基本偏差的孔的公差带构成各种配合的一种制度称为基轴制。这种制度在同一基本尺寸的配合中，是将轴的公差带位置固定，通过变动孔的公差带位置，得到各种不同的配合，如图 10-16(b)所示。

实际生产中选用基孔制还是基轴制，要从装配结构、工艺要求、经济性等因素考虑。

由于孔难加工，一般应优先采用基孔制配合。在非标准零件与标准件配合时，应按标准件所用的基准制来确定，如滚动轴承的内圈与轴的配合为基孔制；而外圈与机体孔的配合则为基轴制。

(七)公差与配合的标注

1. 在装配图中的标注方法

配合的代号由两个相互结合的孔和轴的公差带的代号组成，用分数形式表示，分子为孔的公差带代号，分母与轴的公差带代号，标注的通用形式如图 10-17(a)所示。

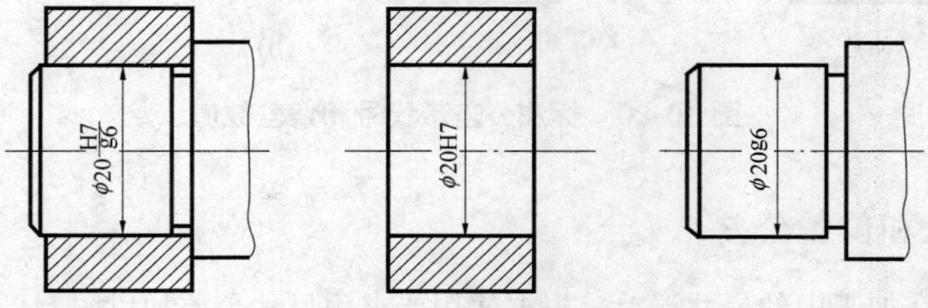

(a)　　　　(b)

图 10-17　标注公差带代号

2. 在零件图中的标注方法

标注公差带的代号，如图 10-17(b)所示，这种注法可和采用专用量具检验零件统一起来，以适应大批量生产的要求。它不需要标注偏差数值。

标注偏差数值，如图 10-18(b)所示。上(下)偏差注在基本尺寸的右上(下)方，偏差数字应比基本尺寸数字小 1 号。当上(下)偏差数值为零时，可简写为“0”，另一偏差仍标在原来的位置上，如图 10-18(b)所示。如果上、下偏差的数值相同，则在基本尺寸数字后标注“±”符号，再写上偏差数值。这时数值的字体与基本尺寸字体同高，如图 10-19 所示。这种注法主要用于小量或单件生产，以便加工和检验时减少辅助时间。

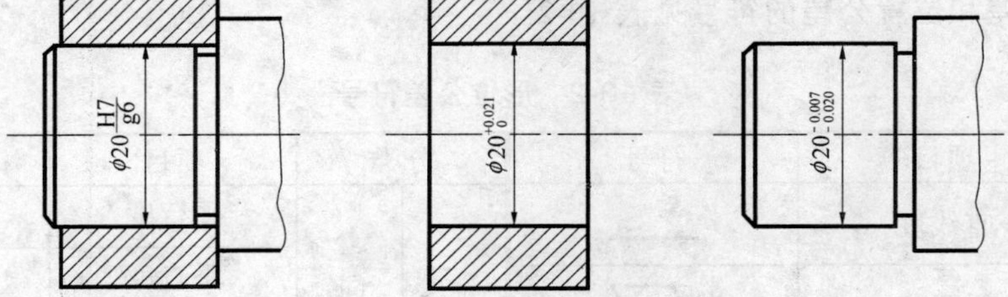

(a)　　　　(b)

图 10-18　标注偏差数值

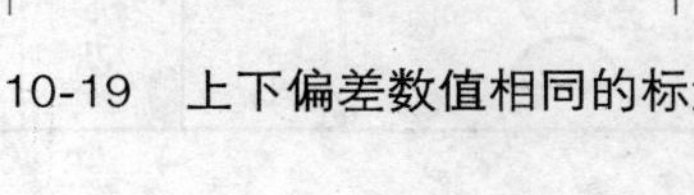

图 10-19　上下偏差数值相同的标注

公差带代号和偏差数值一起标注，如图 10-20 所示。

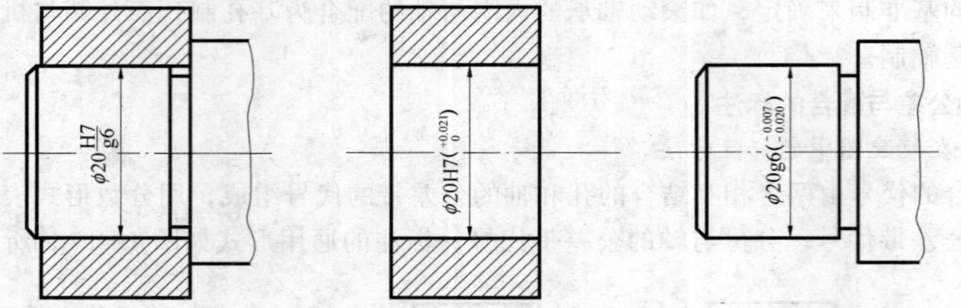

(a)　　　　(b)

图 10-20　标注公差带代号和偏差数值

二、形状和位置公差

机械零件在加工中的尺寸误差，根据使用要求用尺寸公差加以限制。而加工中对零件的几何形状和相对几何要素的位置误差则由形状和位置公差加以限制。因此，它和表面粗糙度、极限与配合共同成为评定产品质量的重要技术指标。

(一)表面形状和位置公差概念

1. *形状误差和公差*

形状误差是指实际形状对理想形状的变动量。测量时，理想形状相对于实际形状的位置，应按最小条件来确定。

形状公差是指实际要素的形状所允许的变动全量。

2. *位置误差和公差*

位置误差是指实际位置对理想位置的变动量。理想位置是指相对于基准的理想形状的位置而言的。测量时，确定基准的理想形状的位置应符合最小条件。

位置公差是指实际要素的位置对基准所允许的变动全量。

形状公差和位置公差的符号见表 10-2。

表 10-2　形位公差符号

<table>
<tr><th>分类</th><th>项目</th><th>符号</th><th colspan="2">分类</th><th>项目</th><th>符号</th></tr>
<tr><td rowspan="9">形状公差</td><td>直线度</td><td>—</td><td rowspan="9">位置公差</td><td rowspan="3">定向</td><td>平行度</td><td>∥</td></tr>
<tr><td>平面度</td><td>▱</td><td>垂直度</td><td>⊥</td></tr>
<tr><td>圆　度</td><td>○</td><td>度</td><td>∠</td></tr>
<tr><td>圆柱度</td><td>⌭</td><td rowspan="3">定位</td><td>同　度</td><td>◎</td></tr>
<tr><td>线轮廓度</td><td>⌒</td><td>位置度</td><td>⌖</td></tr>
<tr><td>面轮廓度</td><td>⌓</td><td>对　度</td><td>⌯</td></tr>
<tr><td></td><td></td><td rowspan="2">跳动</td><td>圆　动</td><td>↗</td></tr>
<tr><td></td><td></td><td>全　动</td><td>⌰</td></tr>
</table>

3. 公差带及其形状

公差带是由公差值确定的，它是限制实际形状或实际位置变动的区域。公差带的形状有两平行直线、两等距曲线、两同心圆、一个圆、一个球、一个圆柱、一个四棱柱、两同轴圆柱、两平行平面、两等距曲面等。

(二)标注形状公差和位置公差的方法

标注形状公差和位置公差时，标准中规定应用框格标注。

公差框格用细实线画出，可画成水平的或垂直的，框格高度是图样中尺寸数字高度的两倍，它的长度视需要而定。框格中的数字、字母、符号与图样中的数字等高。图 10-21 给出了形状公差和位置公差的框格形式。

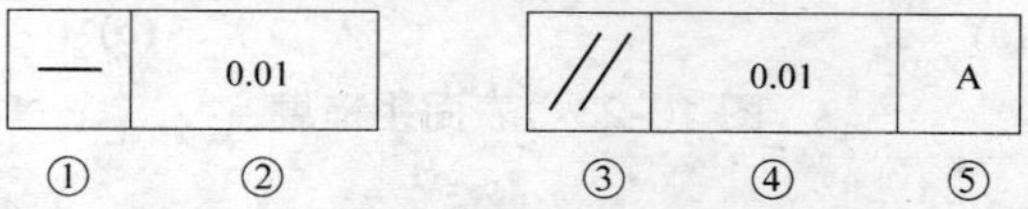

①—形状公差符号；②—公差值；③—位置公差符号；

④—位置公差带的形状及公差值；⑤—基准

图 10-21　公差框格

图 10-22 是在一张零件图上标注形状公差和位置公差的实例。

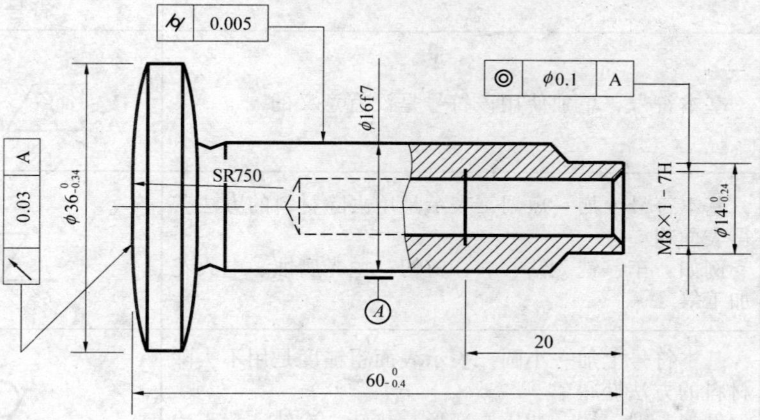

图 10-22　标注举例

三、表面粗糙度

(一)表面粗糙度的概念

零件的各个表面，不管加工得多么光滑，置于显微镜下观察，都可以看到峰谷不平的情况，如图 10-23(a)所示。加工表面上具有较小间距的峰谷所组成的微观几何形状特征称为表面粗糙度。一般来说，不同的表面粗糙度是由不同的加工方法形成的。

(二)表面粗糙的评定参数

表面粗糙度是衡量零件质量的标志之一，它对零件的配合、耐磨性、抗腐蚀性、接触刚度、抗疲劳强度、密封性和外观都有影响。目前在生产中评定零件表面质量的主要参数是轮廓算术平均偏差。它是在取样长度 l 内，轮廓偏距 y 绝对值的算术平均值，用 R_a 表示，如图 10-23(b)所示。

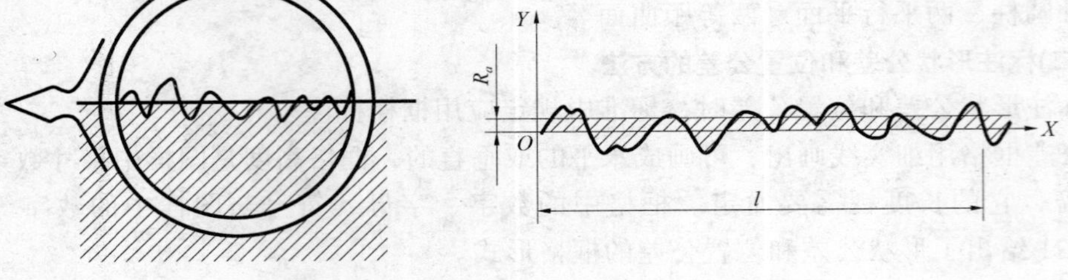

(a)　　　　　　　　(b)

图 10-23　表面粗糙度

(三)表面粗糙度符号及其参数值的标注方法

1. 表面粗糙度符号

表面粗糙度符号及其意义见表 10-3。

表 10-3　表面粗糙度符号及其意义

符号	意义	符号尺寸
	基本符号，单独使用该符号是没有意义的	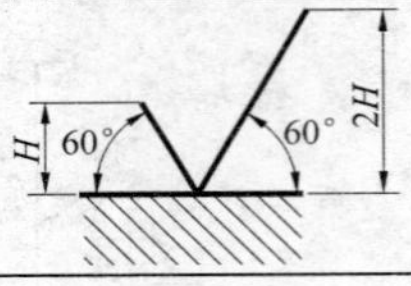
	基本符号上加一短划，表示是用去除材料的方法获得表面粗糙度 例如：车、铣、钻、磨、剪切、抛光腐蚀、电火花加工等	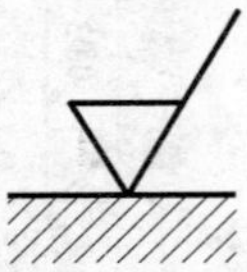
	基本符号上加一小圆，表示表面粗糙度是用不去除材料的方法获得 例如：锻、铸、冲压、变形、热轧、冷轧、粉末冶金等或是用于保持原供应状态的表面	

2. 表面粗糙度 R_a 值的标注

表面粗糙度参数值 R_a 的标注见表 10-4。

表 10-4　表面粗糙度 R_a 值的标注

序号	代号	意义
1	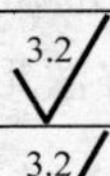	表示用任何方法获得的表面，R_a 的最大允许值为 3.2 μm
2		表示用去除材料方法获得的表面，R_a 的最大允许值为 3.2 μm
3	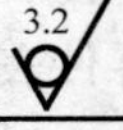	表示用不去除材料方法获得的表面，R_a 的最大允许值为 3.2 μm

第五节　零件上常见的工艺结构

零件的结构形状除了满足设计要求外，还要考虑到加工制造方便，满足工艺要求，否则将造成工艺复杂化，甚至无法制造或造成废品。表 10-5、表 10-6 分别列出了零件铸造工艺结构和零件机械加工工艺结构。

表 10-5　零件铸造工艺结构

<table>
<tr><th>内容</th><th>图例</th><th>说明</th></tr>
<tr><td>拔模斜度</td><td>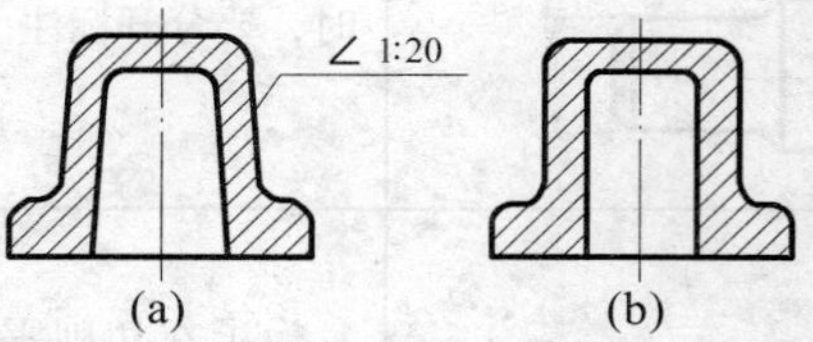
</td><td>铸造毛坯时，为了便于将木模从砂型中取出，一般沿木模拔模的方向作成约 1 : 20 的拔模斜度。因而铸件上也有相应的斜度，如图(a)所示。拔模斜度在图上可以不标注，也不必画出，如图(b)所示。必要时，可在技术要求中注明</td></tr>
<tr><td>铸造圆角与过渡线</td><td>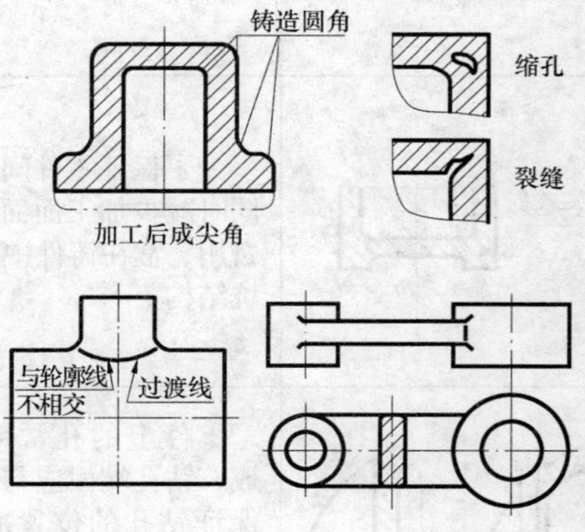
</td><td>在铸件毛坯各表面的相交处，都有铸造圆角。这样既便于起模，又能防止在浇铸时转角处的落沙现象，还可避免铸件在冷却时产生裂纹或缩孔。铸造圆角一般取 R=3 ~ 5 mm，可在技术要求中统一注明。
铸件表面由于圆角的存在，使铸件表面的交线变得不明显，这种不明显的交线称为过渡线。过渡线的画法与交线画法基本相同，只是过渡线的两端与圆角轮廓线之间应留有空隙</td></tr>
<tr><td>铸件壁厚</td><td>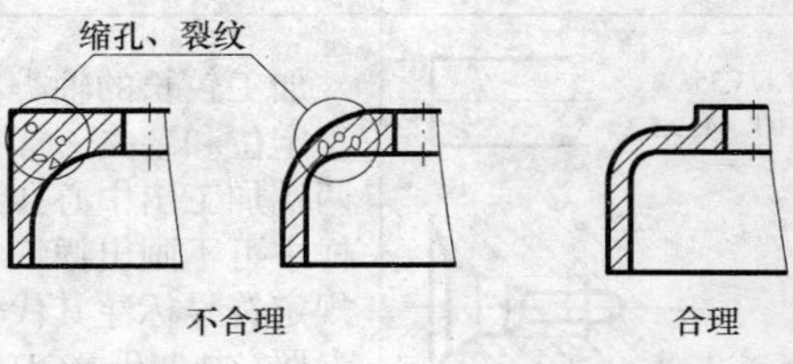
</td><td>在浇铸零件时，为了避免各部分因冷却速度不同而产生缩孔或裂纹，铸件的壁厚应保持大致均匀，或采用渐变的方法，并尽量保持壁厚均匀</td></tr>
</table>

表 10-6　零件机械加工工艺结构

类型	图例	说明
倒角与倒圆	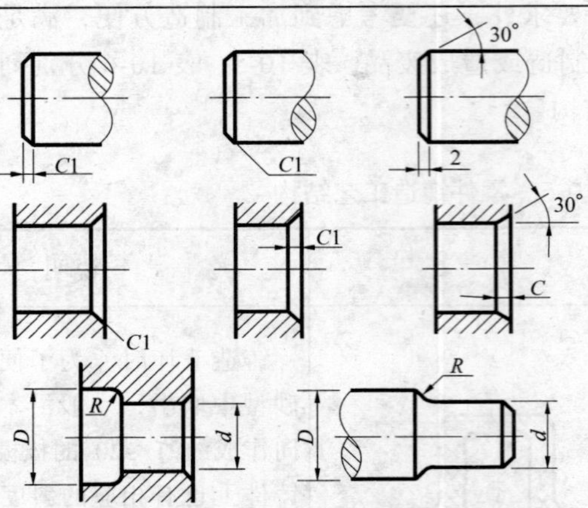	为了避免应力集中，轴肩、孔肩转角处常加工成环面过渡，称为倒圆(圆角)。为防止零件的毛刺、锐边划伤人手和便于装配，常在轴或孔的端部加工出 45º或 30º、60º的锥台，称为倒角。倒角为 45º时，可注成“CX”形式，X 为倒角的轴向尺寸，不是 45º时，要分开标注
退刀槽与越程槽	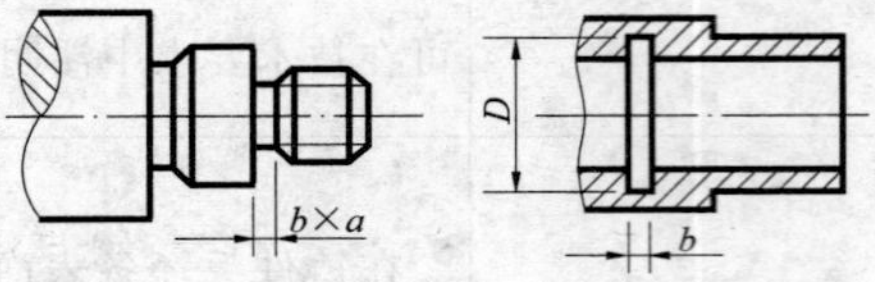	为了在切削零件时便于退出刀具、装配时保证与相邻零件靠紧，常在加工表面的终端预先加工出退刀槽或砂轮越程槽。退刀槽一般可按“槽宽×槽深”的形式标注
凸台与凹坑	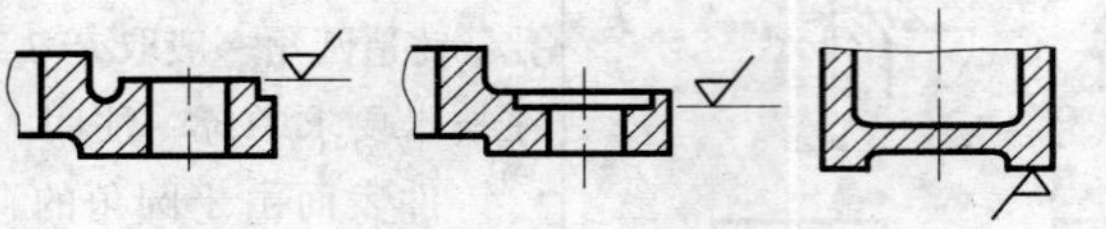	为了保证零件间的接触良好，同时减少加工面面积，降低加工费用，常在铸件中设计凸台或凹坑结构
钻孔结构	 不合理　　合理	零件上的孔常用钻头加工而成，钻孔端面应与钻头垂直，以保证钻孔的位置准确和避免钻头折断。为此，对于斜孔、曲面上的孔应预先做出与钻孔方向垂直的平面
中心孔	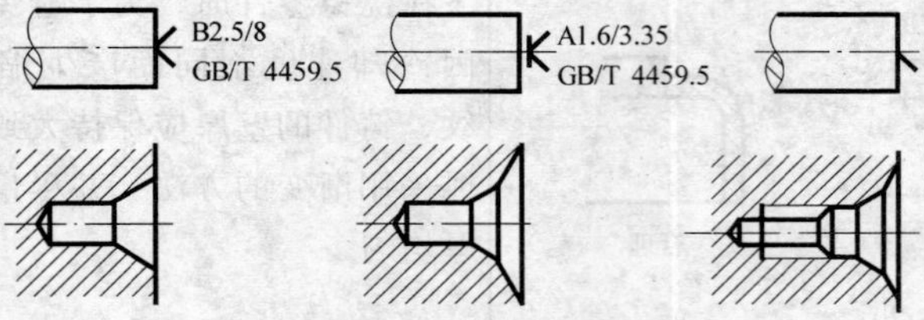	加工较长的轴类零件时，为便于定位和装夹，常在轴的一端或两端加工出中心孔。中心孔在图样中可不画出详细结构，只需用规定符号标注其代号。具体尺寸参照《中心孔》(GB/T 145—2001)

第六节 读零件图

一、看零件图的方法

(一)看零件图的要求

看零件图时，应达到如下要求：

(1)了解零件的名称、材料和用途；

(2)了解组成零件各部分结构形状的特点、功用，以及它们之间的相对位置；

(3)了解零件的制造方法和技术要求。

(二)看零件图的方法

现以图 10-24 为例来说明看零件图的方法和步骤。

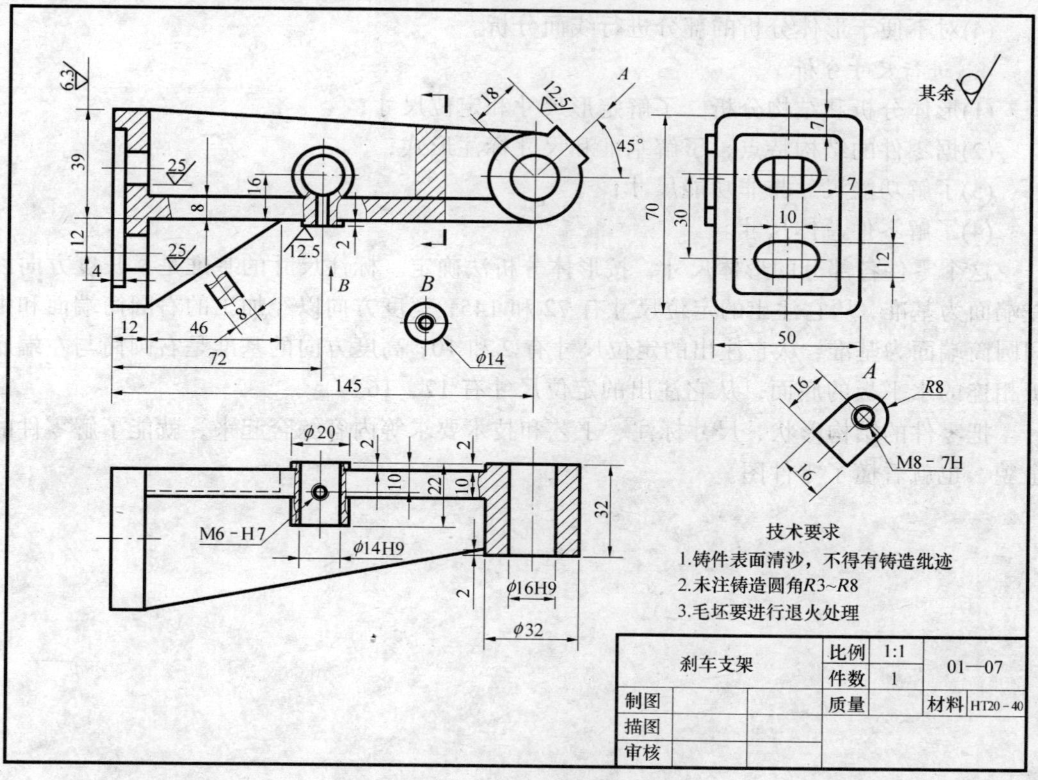

图 10-24 支架零件图

1. 看标题栏

从标题栏中了解零件的名称(刹车支架)、材料(HT20–40)等。

2. 表达方案分析

可按下列顺序进行分析：

(1)找出主视图；

(2)分析其余视图、剖视图、断面图等，找出它们的名称、相互位置和投影关系；

(3)凡有剖视、断面处要找到剖切平面位置；

(4)有局部视图和斜视图的地方必须找到表示投影部位的字母和表示投影方向的箭头；

(5)有无局部放大图及简化画法。

该支架零件图由主视图、俯视图、左视图、一个局部视图、一个斜视图、一个移出断面组成。主视图上用了两个局部剖视和一个重合断面，俯视图上也用了两个局部剖视，左视图只画外形图，用以补充表示某些形体的相关位置。

3. 进行形体分析和线面分析

(1)先看大致轮廓，再分几个较大的独立部分进行形体分析，逐一看懂；

(2)对外部结构逐个分析；

(3)对内部结构逐个分析；

(4)对不便于形体分析的部分进行线面分析。

4. 进行尺寸分析

(1)形体分析和结构分析，了解定形尺寸和定位尺寸；

(2)据零件的结构特点，了解基准和尺寸标注形式；

(3)了解功能尺寸与非功能尺寸；

(4)了解零件总体尺寸。

这个零件各部分的形体尺寸，按形体分析法确定。标注尺寸的基准是：长度方向以左端面为基准，从它注出的定位尺寸有 72 和 145；宽度方向以经加工的右圆筒端面和中间圆筒端面为基准，从它注出的定位尺寸有 2 和 10；高度方向的基准是右圆筒与左端底板相连的水平板的底面，从它注出的定位尺寸有 12、16。

把零件的结构形状、尺寸标注、工艺和技术要求等内容综合起来，就能了解零件的全貌，也就看懂了零件图。

第十一章　装配图

生产中表示产品及其组成部分的连接、装配关系的图样，称为装配图。表示一台完整机器的装配图称为总装配图，表示机器中某个部件(或组件)的装配图称为部件装配图。

本章主要介绍绘制和阅读装配图、测绘装配体的方法和步骤。

第一节　装配图的作用与内容

一、装配图的作用

装配图主要表达机器或部件的工作原理、零件之间的装配关系、各零件的主要结构形状及装配、检验、安装时所需的尺寸和技术要求。在产品设计中，一般先画装配图，然后根据装配图画出零件图。在产品制造中，是根据装配图表达的装配要求将各零部件按一定的顺序进行装配的。在管理和维修机器中，是通过装配图来了解机器的结构、性能和工作原理的。因此，装配图是设计和绘制零件图的主要依据，是装配生产过程、调试、安装、维修的主要技术文件。

二、装配图的内容

图 11-1是滑动轴承的分解轴测图,它是由八种零件组成的用来支撑轴的部件。图 11-2是该部件的装配图。一张完整的装配图主要包括以下四方面的内容。

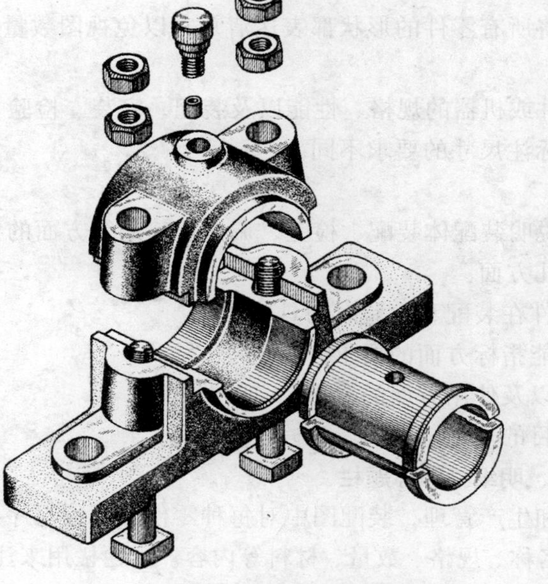

图 11-1　滑动轴承的分解轴测图

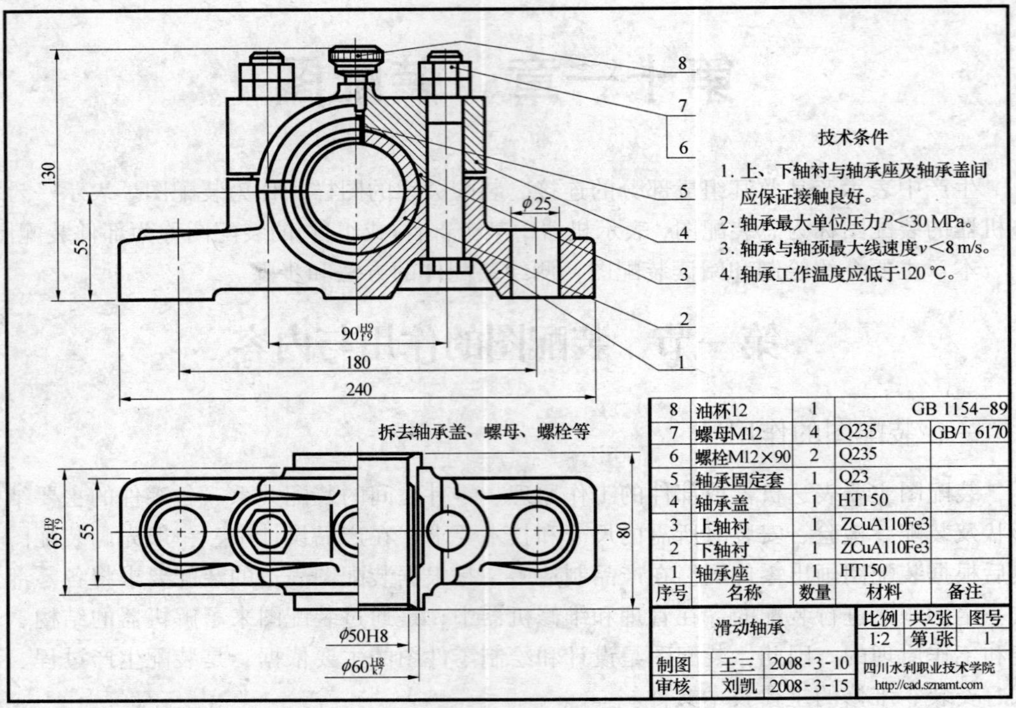

图 11-2　滑动轴承的装配图

(一)一组视图

用一组视图来表达机器或部件的工作原理、装配关系、连接及安装方式和主要零件的结构形状。应注意的是，装配图只是装配机器和部件的依据，不是加工零件的依据。所以装配图不需要将所有零件的形状都表达清楚，以免视图数量过多。

(二)必要的尺寸

只标注表示部件或机器的规格、性能以及装配、安装、检验、运输等方面所需要的尺寸。它与零件图标注尺寸的要求不同。

(三)技术要求

用文字或符号说明装配体装配、检验、调试及使用等方面的要求。装配图上的技术要求一般包括以下几方面：

(1)对机器或部件在装配和检验时的具体要求。

(2)关于机器性能指标方面的要求。

(3)安装、运输以及使用方面的要求。

(4)有关试验项目的规定。

(四)零件的序号、明细栏和标题栏

为了便于看图和生产管理，装配图中对每种零件都要编写序号，并编制明细栏，注写出零件的序号、名称、规格、数量、材料等内容。标题栏用来注明机器或部件的名称、规格、比例、图号及设计者、设计单位等。

第二节　装配图的视图表达方法

装配图的基本表达方法与零件图一样。但是，零件图所表达的是单个零件，而装配图表达的是多个零件所组成的机器或部件，所以根据装配图的特点，国家标准针对装配图颁布有一系列规定画法和特殊表达方法。

一、装配图的规定画法

(一)关于接触面(或配合面)和非接触面的画法

两个相邻零件的接触面或基本尺寸相同的轴孔配合面，规定只画一条线，但当相邻两零件不接触或孔和轴基本尺寸不同时，即使间隙很小，也必须画两条线，如图 11-3 所示。同一零件在所有剖视图和断面图中的剖面线方向、间隔必须一致。

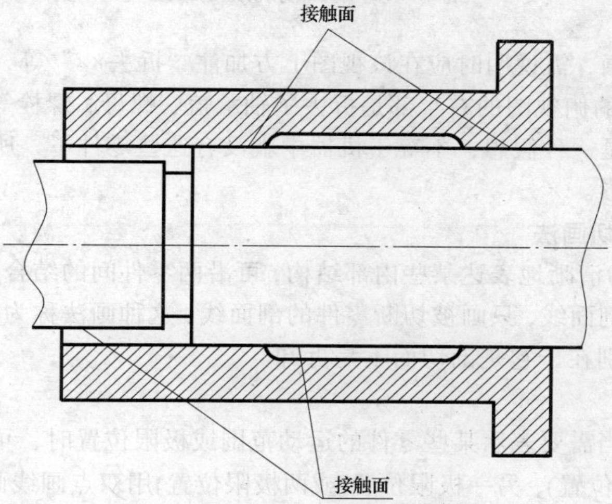

图 11-3　接触面(或配合面)的规定画法

(二)关于剖面线的画法

在装配图中，相邻零件剖面线的方向应相反或方向一致而间距不相等，如图 11-4 所示。当零件的厚度在 2 mm 以下时，允许用涂黑代替剖面符号(如图 11-6 中垫圈)。

(三)关于标准件和实心件纵向剖切时的画法

在装配图中，对于一些标准件(如螺栓、螺母、垫圈、键、销、油杯等)及实心的轴、手柄、连杆等零件，当剖切平面通过其基本轴线或轴线纵剖时，这些零件均按不剖绘制。如图 11-2 中的螺栓、螺母和图 11-4 中的圆锥销。如需要特别表明零件的构造，如凹槽、键槽、销孔等则可采用局部剖表示，如图 11-4 所示。

二、装配体的特殊表达方法

(一)拆卸画法

在装配图中，当某些零件的图形遮住了需要表达的其他结构和装配关系时，可假想

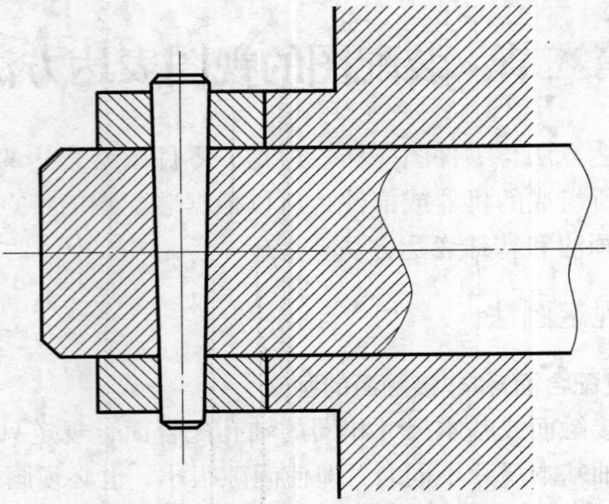

图 11-4　剖面线的规定画法

把这些零件拆掉再画，需说明时应在该视图上方加注“拆去××”等，这种画法称为拆卸画法。如图 11-2 中的俯视图的右半部是拆去了轴承盖、螺母、螺栓等零件后画出的。但应注意，拆卸画法是一种假想，不等于机器中就没有这些零件了，所以在其他视图上，仍应画出它们的投影。

(二)沿结合面剖切画法

在装配图中，为清晰地表达某些内部结构，可沿两零件间的结合面剖切后进行投影，该投影结合面不画剖面线，只画被切断零件的剖面线，这种画法称为沿结合面剖切画法。它与拆卸画法的区别在于它是剖切而不是拆卸。

(三)假想画法

在装配图中，当需要表示某些零件的运动范围或极限位置时，可将运动件画在一个极限位置上(或中间位置)，另一极限位置(或两极限位置)用双点画线画出其外形轮廓。如图 11-5 中运动杆件的画法。再者，当需要表达不属于本部件但与之相邻的零件或部件的装配情况时，可用双点画线画出相邻零件或部件的外形轮廓。

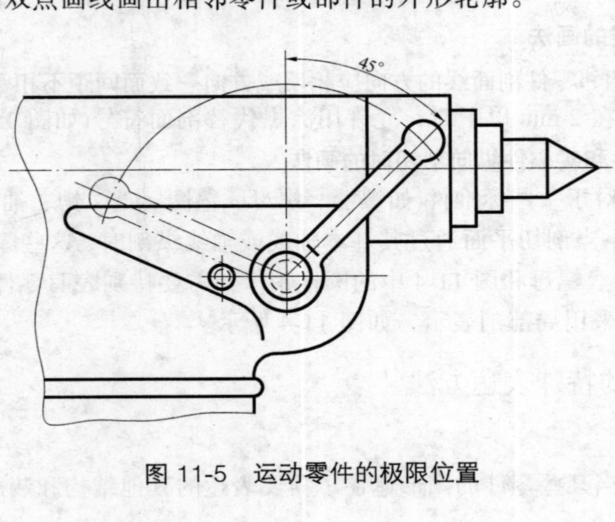

图 11-5　运动零件的极限位置

(四)单独画出某零件向视图的画法

在装配图中，为表示某零件的形状，可单独画出该零件的某一向视图，在该视图上方应注写“零件××”，并在相应视图上用箭头和字母指明投影方向。

(五)夸大画法

在装配图中，直径或厚度≤2 mm 的孔或薄片、较小的斜度与锥度以及较小的间隙等，允许将该部分不按原绘图比例绘制，而适当夸大画出，以使图形清晰(如图 11-6 中垫片)。

(六)简化画法

(1)在装配图中，同一视图中重复出现的某些相同的零件组(如螺栓连接等)，允许只在一处详细地画出，其余各处只需用点画线表示装配位置。

(2)在装配图中，零件的某些工艺结构如圆角、倒角、退刀槽等允许不画。

(3)装配图中的滚动轴承，按需要可采用简化画法或示意画法。如图 11-6 所示。

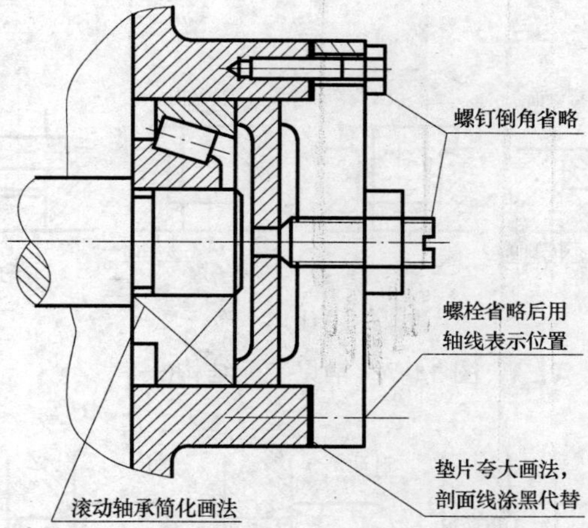

图 11-6　特殊表达方法综合举例

三、装配图的视图选择步骤和原则

(一)分析装配体，明确表达内容

一般从实物和有关资料了解装配体的用途、性能和工作原理入手，仔细分析各零件的结构特点及装配关系，从而明确所要表达的具体内容。

(二)主视图选择

画主视图时，一般将装配体按工作位置放置；投影方向通常选择最能反映该装配体的工作原理、传动系统、零件间主要的装配关系和主要结构特征的方向作为主视图的投影方向。

(三)选择其他视图

选定主视图后，对于那些装配关系、工作原理及主要零件的主要结构还没有表达清楚的部分，应选择适当的其他视图来补充表达。一般情况下机器或部件中的每一种零件至少应在视图中出现一次。

如果部件比较复杂，还可以同时考虑几种表达方案进行比较，最后选定一个较好的表达方案。

第三节　常见装配结构

在绘制装配图时，应考虑装配结构的合理性，以保证机器和部件的性能，使连接可靠，便于零件装拆。

一、接触面与配合面结构的合理性

(1)两个零件在同一方向上只能有一个接触面和配合面，如图 11-7 所示。

(2)为保证轴肩端面与孔端面接触，可在轴肩处加工出退刀槽，或在孔的端面加工出倒角，如图 11-8 所示。

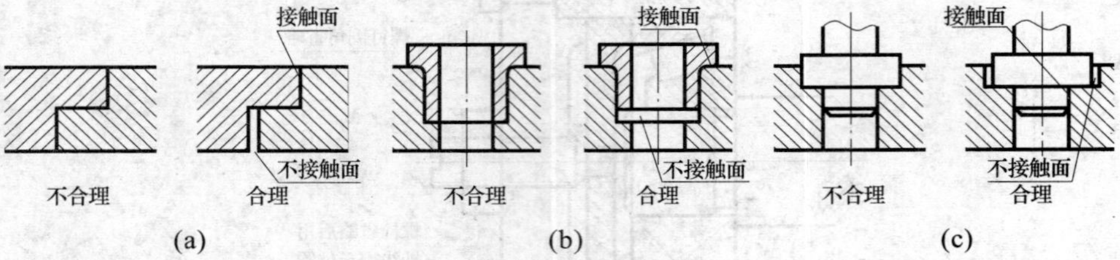

图 11-7　常见装配结构(一)

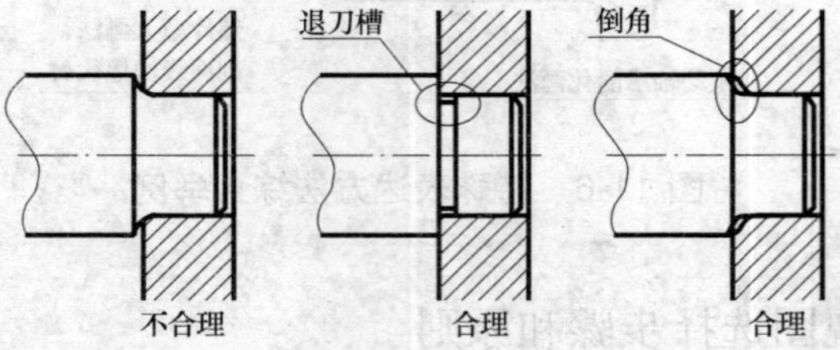

图 11-8　常见装配结构(二)

二、密封装置

为防止机器或部件内部的液体或气体向外渗漏，同时也避免外部的灰尘、杂质等侵入，必须采用密封装置。图 11-9 为典型的密封装置，通过压盖或螺母将填料压紧而起防漏作用。

三、防松装置

机器或部件在工作时，由于受到冲击或振动，一些紧固件可能产生松动现象。因此，在某些装置中需采用防松结构，如图 11-10 为几种常用的防松结构。

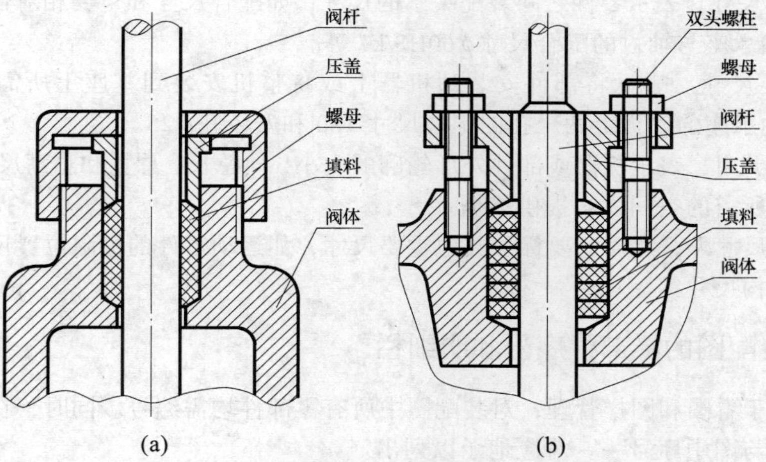

图 11-9　密封装置

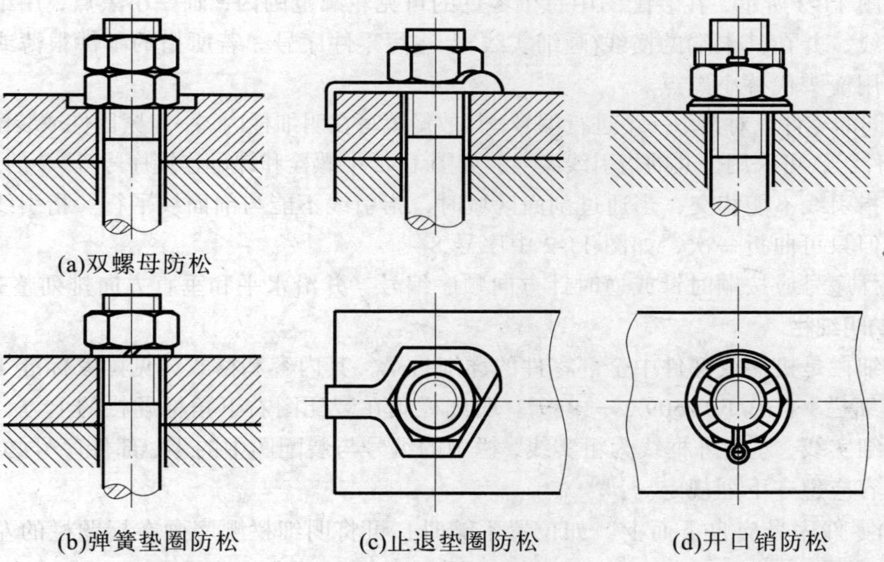

图 11-10　防松装置

第四节　装配图的尺寸标注

一、装配图的尺寸标注

装配图上标注尺寸与零件图标注尺寸的目的不同，因为装配图不是制造零件的直接依据，所以在装配图中不需标注零件的全部尺寸，而只需注出下列几种必要的尺寸。

(1)规格(性能)尺寸。表示机器、部件规格或性能的尺寸，是设计和选用部件的主要依据。如图 11-2 中滑动轴承轴线的高度尺寸 55。

(2)装配尺寸。表示零件之间装配关系的尺寸，如配合尺寸和重要相对位置尺寸。如图 11-2 中轴承座与轴衬的配合尺寸ϕ60H8/k7 等。

(3)安装尺寸。表示将部件安装到机器上或将整机安装到基座上所需的尺寸。如图 11-2 中轴承座的底板上两个孔的定位尺寸 180 和安装孔ϕ25。

(4)外形尺寸。表示机器或部件外形轮廓的大小，即总长、总宽和总高尺寸。为包装、运输、安装所需的空间大小提供依据。

除上述尺寸外，有时还要标注其他重要尺寸，如运动零件的极限位置尺寸、主要零件的重要结构尺寸等。

二、装配图的零部件序号和明细栏

为了便于看图和图样管理，对装配图中所有零部件均需编号。同时，在标题栏上方的明细栏中与图中序号一一对应地予以列出。

(一)零部件序号及其编排方法

如图 11-2 所示，在装配图中每个零件的可见轮廓范围内，画一小黑点，用细实线引出指引线，并在其末端的横线(画细实线)上注写零件序号。若所指的零件很薄或为涂黑者，可用箭头代替小黑点。

相同的零件只对其中一个进行编号，其数量填写在明细栏内。一组紧固件或装配关系清楚的零件组，可采用公共的指引线编号，如图 11-2 中螺栓和螺母连接序号 6、7 的形式。

各指引线不能相交，当通过剖面区域时，指引线不能与剖面线平行。指引线可画成折线，但只可曲折一次，如图 11-2 中序号 8。

零件序号应按顺时针或逆时针方向顺序编号，并沿水平和垂直方向排列整齐。

(二)明细栏

明细栏是机器或部件中全部零件的详细目录，其内容和格式详见国家标准《技术制图　明细栏》(GB/T 10609.2—1989)。明细栏画在装配图右下角标题栏的上方，栏内分格线为细实线，左边外框线为粗实线，栏中的编号与装配图中的零、部件序号必须一致。填写内容应遵守下列规定。

(1)零件序号应自下而上。如位置不够时，可将明细栏顺序画在标题栏的左方，如图 11-2 所示。

(2)“名称”栏内，注出每种零件的名称，若为标准件应注出规定标记中除标准号以外的其余内容，如螺钉 M12×90。对齿轮、弹簧等具有重要参数的零件，还应注出参数。

(3)“数量”栏内，写出装配部件中该零件的数量。

(4)“材料”栏内，填写制造该零件所用的材料标记，如 HT150。

(5)“备注”栏内，可填写必要的附加说明或其他有关的重要内容，例如 GB/T 6170 等。

第五节　由零件图画装配图

设计机器或部件需要画出装配图，测绘机器或部件时先画出零件草图，再依据零件草图拼画成装配图。画装配图与画零件图的方法步骤类似。画装配图之前，首先要了解装配体的工作原理和零件的种类、每个零件在装配体中的功能和零件间的装配关系等；然后看懂每个零件的零件图，想象出零件的结构形状。下面以图 11-11 所示千斤顶为例，说明由零件图拼画装配图的方法与步骤。

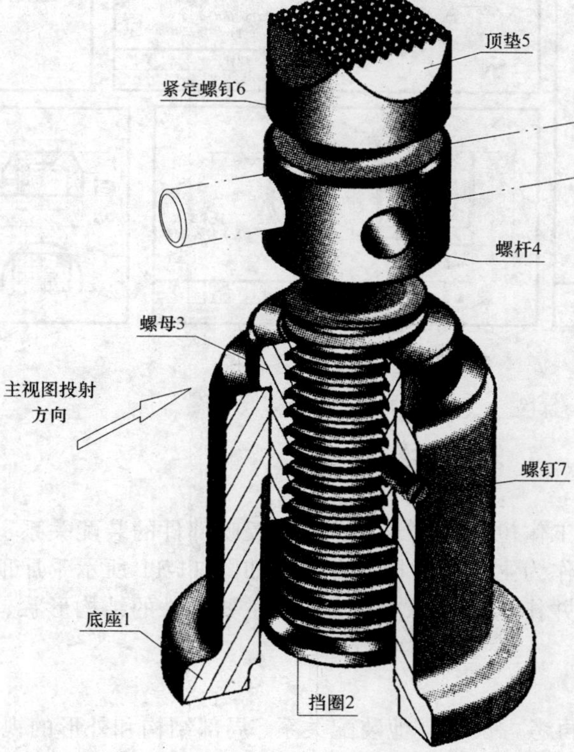

图 11-11　千斤顶轴测装配图

一、了解装配体，阅读零件图

图 11-11 所示千斤顶是机械安装或汽车修理时用来起重或顶压的工具，它利用螺旋传动顶举重物，由底座、螺杆和顶垫等八种零件组成，图 11-12 是千斤顶全部零件的零件图。工作时，绞杠(图中双点画线表示)穿入螺杆 4 上部的通孔中，拨动绞杠，使螺杆 4 转动，通过螺杆 4 与螺母 3 间的螺纹作用使螺杆 4 上升而顶起重物。螺母 3 镶在底座 1 的内孔中，并用螺钉 7 紧定。在螺杆 4 的球面形顶部套一个顶垫 5，顶垫的内凹面是与螺杆顶面半径相同的球面。为了防止顶垫随螺杆一起转动时脱落，在螺杆顶部加工一环形槽，将紧定螺钉 6 的圆柱形端部伸进环形槽锁定。从底座和螺母的零件图可看出，螺母外表面与底座内孔的尺寸分别是 ϕ65f7 和 ϕ65H8，查《基孔制优先、常用配合表》可知，两个零件的结合面是选用基孔制优先间隙配合。

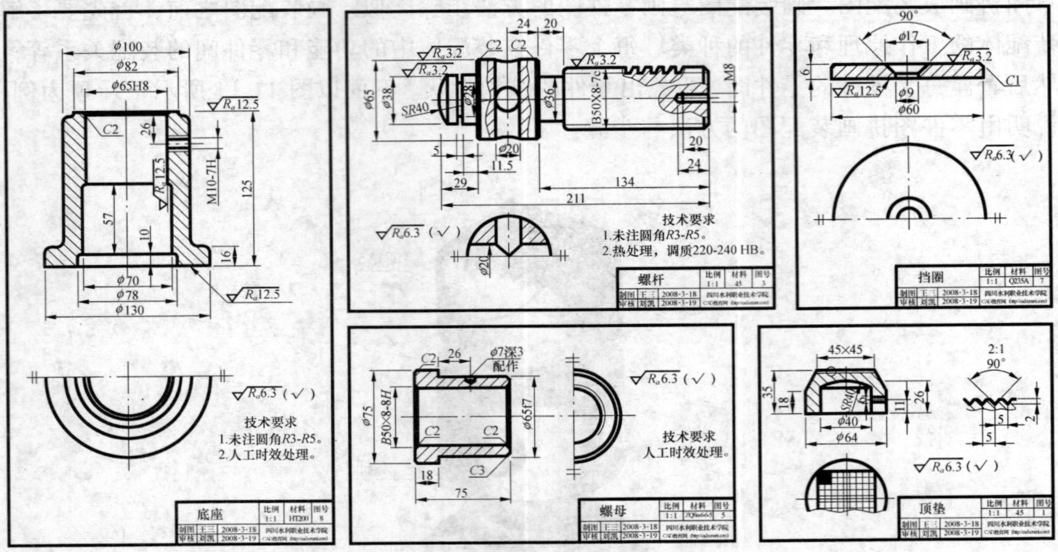

图 11-12　千斤顶零件图

二、确定表达方案

(一)选择主视图

部件的主视图通常按工作位置画出，并选择能反映部件的装配关系、工作原理和主要零件的结构特点的方向作为主视图的投射方向。如图 11-11 所示千斤顶，按箭头所示作为主视图的投射方向，并作剖视，可清楚表达各主要零件的结构形状、装配关系以及工作原理。

(二)选择其他视图

根据确定的主视图，再考虑反映其他装配关系、局部结构和外形的视图。如图 11-11 所示，以俯视方向沿螺母与螺杆的结合面剖切，表示螺母和底座的外形，再补充两个辅助视图，反映顶垫的顶面结构和螺杆上部用于穿绞杆的四个通孔的局部结构。

三、画装配图的步骤

千斤顶装配图画图步骤如图 11-13 所示。

(一)布置图面，画出作图基准线

根据部件大小、视图数量，定出比例和图纸幅面，然后画出各视图的作图基准线(如对称中心线、主要轴线和主要零件的基准面等)。千斤顶各视图的基准线如图 11-13(a)所示。

(二)画底稿

一般从主视图画起，几个视图配合进行。画每个视图时，应先画部件的主要零件及主要结构，再画出次要零件及局部结构，千斤顶的装配图可先画出底座、螺母的轮廓线，如图 11-13(b)所示；再画出螺杆、顶垫、挡圈以及两个辅助视图的轮廓线，如图 11-13(c)所示；然后画出螺钉、孔、槽、螺纹等局部结构，如图 11-13(d)所示。

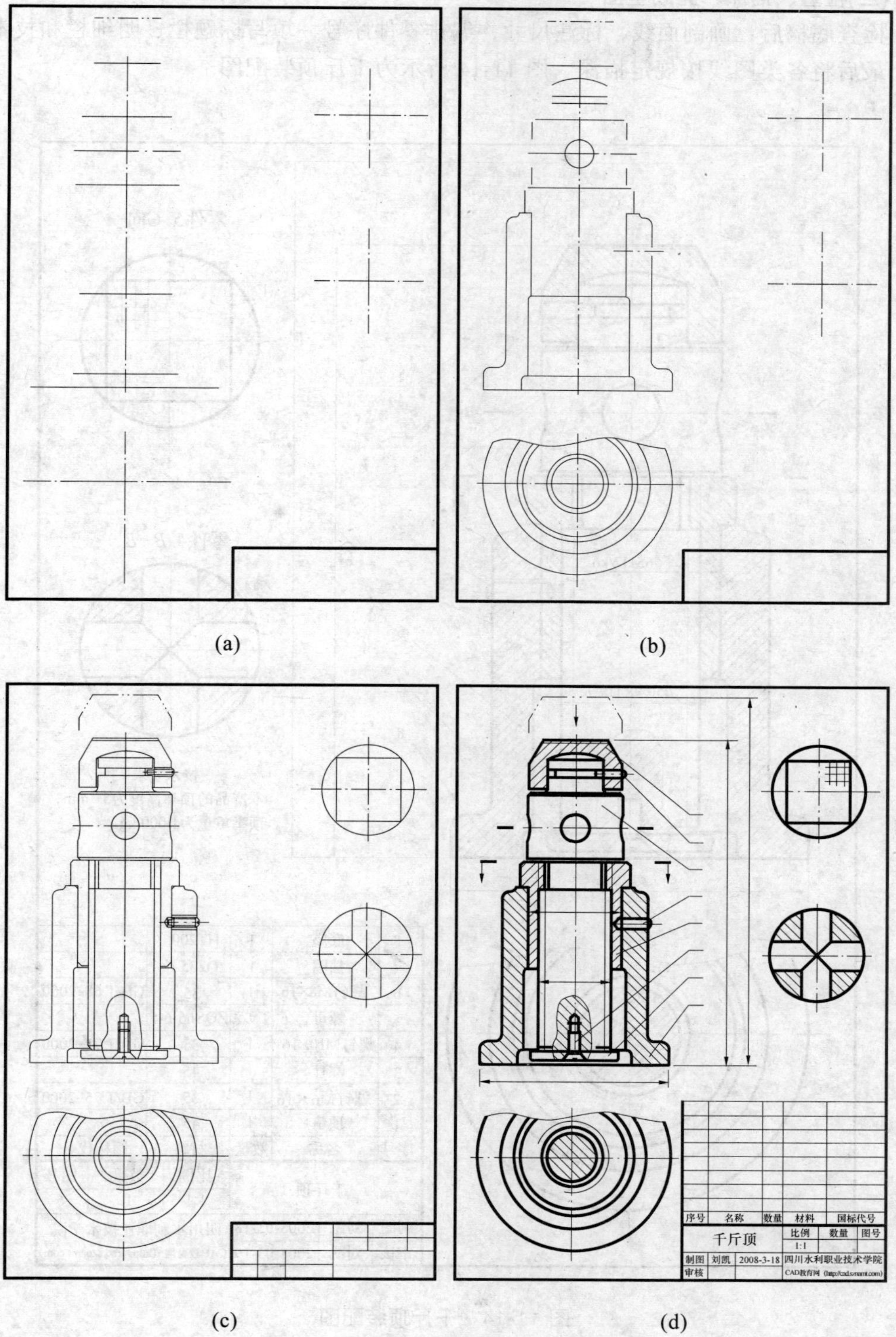

图 11-13 千斤顶装配图画图步骤

(三)检查、描深、完成全图

检查底稿后，画剖面线，标注尺寸，编排零件序号，填写标题栏、明细栏和技术要求。最后将各类图线按规定描深。图 11-14 所示为千斤顶装配图。

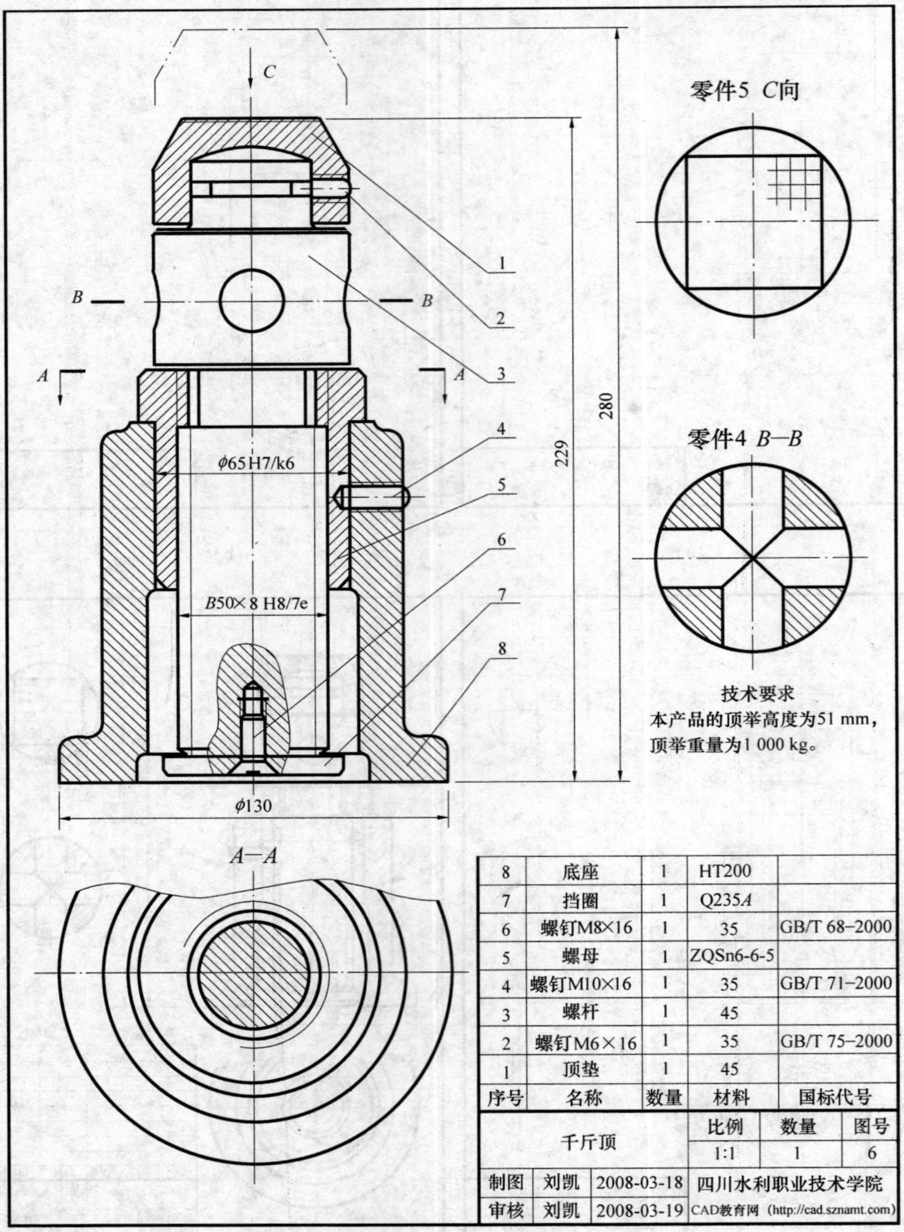

序号	名称	数量	材料	国标代号
8	底座	1	HT200	
7	挡圈	1	Q235A	
6	螺钉M8×16	1	35	GB/T 68–2000
5	螺母	1	ZQSn6-6-5	
4	螺钉M10×16	1	35	GB/T 71–2000
3	螺杆	1	45	
2	螺钉M6×16	1	35	GB/T 75–2000
1	顶垫	1	45	

千斤顶		比例	数量	图号
		1:1	1	6
制图	刘凯	2008-03-18	四川水利职业技术学院	
审核	刘凯	2008-03-19	CAD教育网 (http://cad.sznamt.com)	

图 11-14　千斤顶装配图

第六节　读装配图和拆画零件图

在产品的设计、安装、调试、维修及技术交流时，都需要识读装配图。不同工作岗位的技术人员，读装配图的目的和内容有不同的侧重和要求。有的仅需了解机器或部件的工作原理和用途，以便选用；有的为了维修而必须了解部件中各零件间的装配关系、连接方式、装拆顺序；有时对设备修复、革新改造还要拆画部件中某个零件，需要进一步分析并看懂该零件的结构形状以及有关技术要求等。

读装配图的基本要求是：

(1)了解部件的工作原理和使用性能。

(2)弄清各零件在部件中的功能、零件间的装配关系和连接方式。

(3)读懂部件中主要零件的结构形状。

(4)了解装配图中标注的尺寸以及技术要求。

一、由装配图拆画零件图

由装配图拆画零件图简称拆图，应在读懂装配图的基础上进行。现以图 11-15 齿轮油泵为例，说明拆画零件图的方法和步骤。

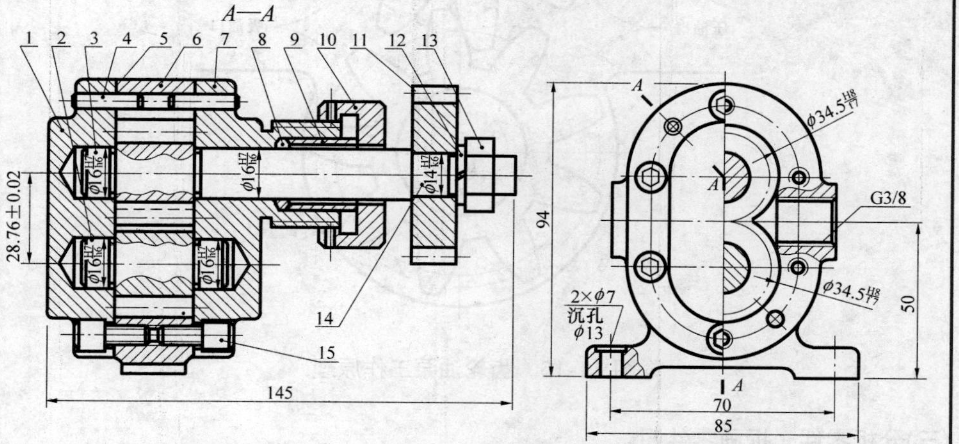

技术要求

1.齿轮安装后，应转动灵活；

2.两齿轮轮齿的接触面应占齿面的3/4以上。

序号	名称	数量	材料	国标代号或备注
15	螺钉M6×16	12	35	GB/T 70.1—2000
14	键4×4×10	1	45	GB/T 1096—2003
13	螺线M12×1.5	1	35	GB/T 6170-2000
12	垫圈12	1	65 Mn	GB/T 97.1-2002
11	传动齿轮	1	45	m=2.5，z=20
10	压紧螺母	1	35	
9	轴套	1	ZCuSn6-5-5	
8	密封圈	1	毛毡	
7	右端盖	1	HT200	
6	泵体	1	HT200	
5	垫片	2	纸	t=1
4	销5×18	4	45	GB/T 119.1-2000
3	传动齿轮轴	1	45	m=3，z=9
2	齿轮轴	1	45	m=3，z=9
1	左端盖	1	HT200	

齿轮油泵	比例	数量	图号
	1:1	1	1
制图			
审核			

图 11-15　齿轮油泵装配图

(一)概括了解

齿轮油泵是机器中用来输送润滑油的一个部件，由泵体，左、右端盖，传动齿轮轴和齿轮轴等 15 种零件装配而成。

齿轮油泵装配图用两个视图表达。主视图表达了零件间的装配关系，左视图沿左端盖与泵体结合面剖开，并局部剖出油孔，表示了部件吸、压油的工作原理及其外部特征。

(二)了解部件的装配关系和工作原理

泵体 6 的内腔容纳一对齿轮。将齿轮轴 2、传动齿轮轴 3 装入泵体后，由左端盖 1、右端盖 7 支承这一对齿轮轴的旋转运动。由销 4 将左、右端盖与泵体定位后，再用螺钉 15 连接。为防止泵体与泵盖结合面及齿轮轴伸出端漏油，分别用垫片 5 及密封圈 8、轴套 9、压紧螺母 10 密封。

左视图反映部件吸、压油的工作原理。如图 11-16 所示，当主动轮逆时针方向转动时，带动从动轮顺时针方向转动，两轮啮合区右边的油被轮齿带走，压力降低形成负压，油池中的油在大气压力作用下，进入油泵低压区内的吸油口，随着齿轮的转动，齿槽中的油不断沿箭头方向被带至左边的压油口把油压出，送至机器需要润滑的部分。

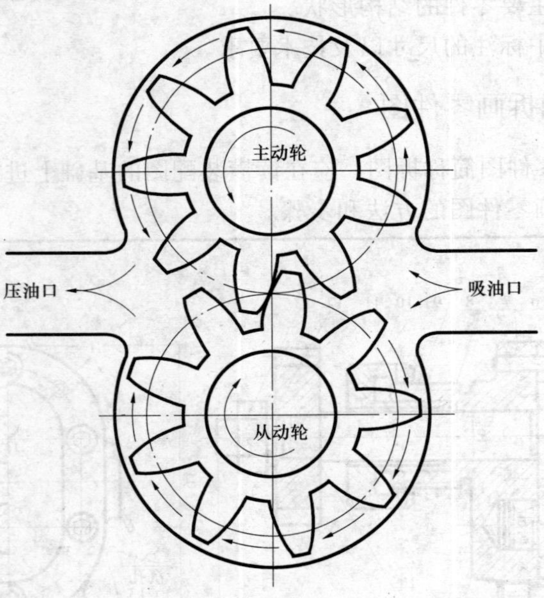

图 11-16　齿轮油泵工作原理

(三)分析零件，拆画零件图

对部件中主要零件的结构形状进一步分析，可对零件在装配体中的功能以及零件间的装配关系更加深入理解，也为拆画零件图打下基础。

根据明细栏与零件序号，在装配图中逐一对照各零件的投影轮廓进行分析，其中标准件和常用件都有规定画法。垫片、密封圈、压盖和压紧螺母等零件形状都比较简单，不难看懂。本例需要分析的零件是泵体和左、右端盖。

分析零件的关键是将零件从装配图中分离出来，再通过对投影、想形体，弄清该零件的结构形状。下面以齿轮油泵中的泵体为例，说明分析和拆画零件的过程。

1. 分离零件

根据方向、间隔相同的剖面线将泵体从装配图中分离出来，如图 11-17(a)所示。由于在装配图中泵体的可见轮廓线可能被其他零件(如螺钉、销)遮挡，所以分离出来的图形可能是不完整的，必须补全(如图中红色图线)。将主、左视图对照分析，想象出泵体的整体形状，如图 11-17(b)所示。

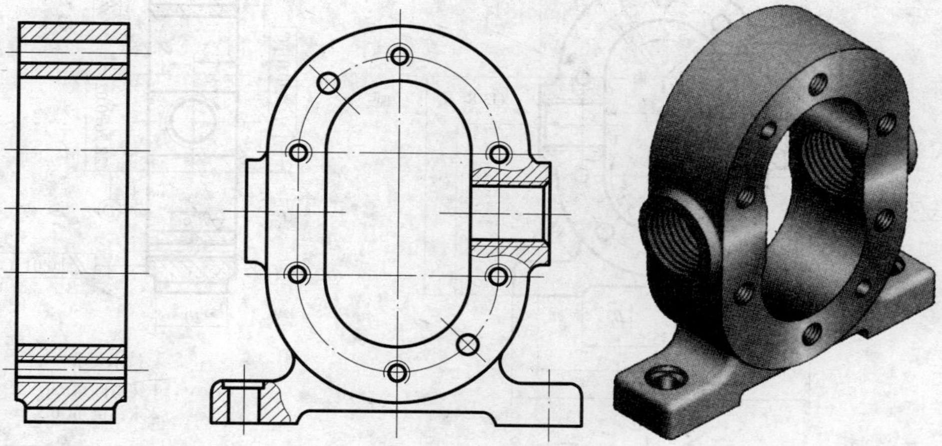

(a)分离出泵体　　(b)泵体轴测图

图 11-17　拆画泵体

2. 确定零件的表达方案

零件的视图表达应根据零件的结构形状确定，而不是从装配图中照抄。在装配图中，泵体的左视图反映了容纳一对齿轮的长圆形空腔以及与空腔相通的进、出油孔，同时也反映了销钉与螺钉孔的分布以及底座上沉孔的形状。因此，画零件图时按这一方向作为泵体主视图的投射方向比较合适。

装配图中省略未画出的工艺结构如倒角、退刀槽等，在拆画零件图时应按标准结构要素补全。

3. 零件图的尺寸标注

装配图中已经注出的尺寸，都是重要尺寸，如ϕ34.5 H8/f7 是一对啮合齿轮的齿顶圆与泵体空腔内壁的配合尺寸；28.76±0.02 是一对啮合齿轮的中心距尺寸；G3/8 是进、出油口的管螺纹尺寸。另外，还有油孔中心高尺寸 50，底板上安装孔定位尺寸 70 等。上述尺寸可直接抄注在零件图上。其中配合尺寸，应标注公差带代号，或查表注出上、下偏差数值。

装配图中未注的尺寸，可按比例从装配图中量取，并加以圆整。某些标准结构，如键槽的深度和宽度、沉孔、倒角、退刀槽等，应查阅有关标准注出。

4. 零件图的技术要求

零件的表面粗糙度、尺寸公差和形位公差等技术要求的确定，要根据该零件在装配体中的功能以及该零件与其他零件的关系来确定。零件的其他技术要求可用文字注写在标题栏附近。

图 11-18 是根据齿轮油泵装配图拆画的泵体零件图。

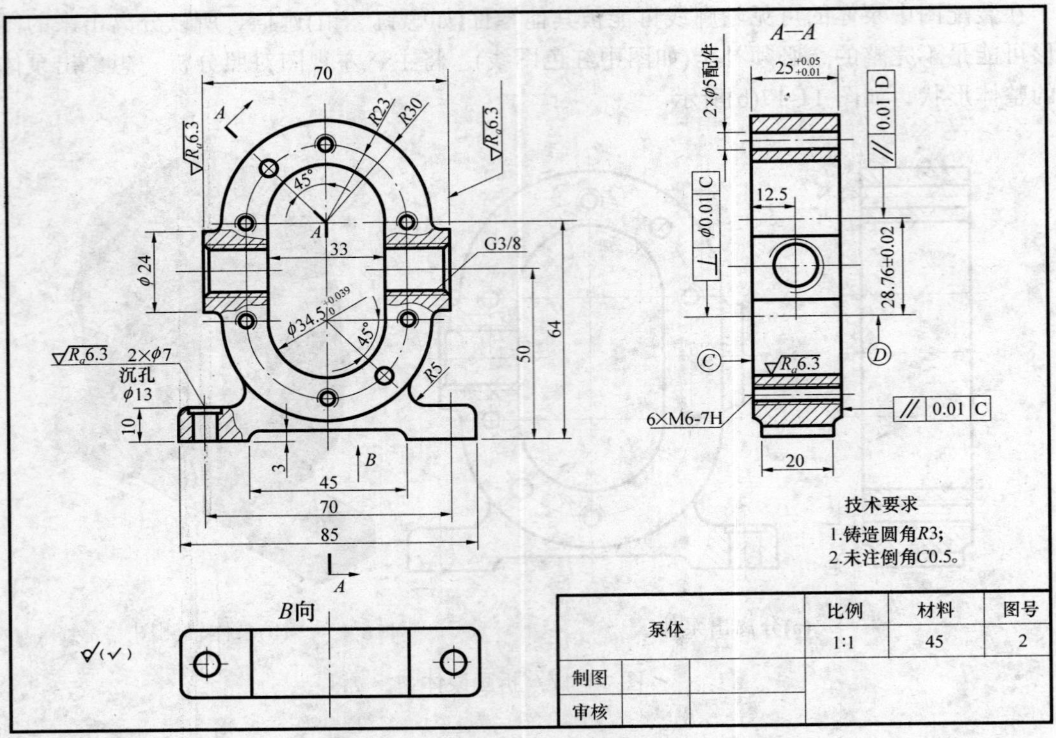
A—A
70
R23
R30
Ra6.3
45°
A
33
φ24
G3/8
φ34.5 +0.039 0
45°
64
50
R5
Ra6.3
2×φ7
沉孔
φ13
10
3
B
45
70
85
A
B向
2×φ5配件
25 +0.05 +0.01
0.01 D
φ0.01 C
12.5
28.76±0.02
C
D
Ra6.3
6×M6-7H
0.01 C
20
技术要求
1.铸造圆角R3;
2.未注倒角C0.5。
泵体
比例
材料
图号
1:1
45
2
制图
审核

图 11-18　泵体零件图

第十二章　电气工程制图简介

电气图是一类比较特殊的图。它通常是指用图形符号，带注释的图框、简化外形表示系统或设备中各组成部分之间相互关系及其连接的一种简图。

第一节　电气工程制图基础知识

一、电气工程图的内容

(一)目录和前言

图样目录包括序号、图样名称、编号、张数等；前言包括设计说明、图例、设备材料细表、工程经费概预算等。

其中，设计说明主要阐述电气工程设计的依据、基本指导思想与原则，图样中未能清楚表明的工程特点、安装方法、工艺要求、特殊设备的安装使用说明。图例即图形符号，通常只列出本套图例涉及到的一些特殊图例。

(二)电气系统图和框图

电气系统图主要表示整个工程或其中某一项目的供电方式和电能输送的关系，亦可表示某一装置各主要组成部分的关系。例如，为了表示某一电动机的供电关系，则可采用图 12-1 所示的电气系统图。

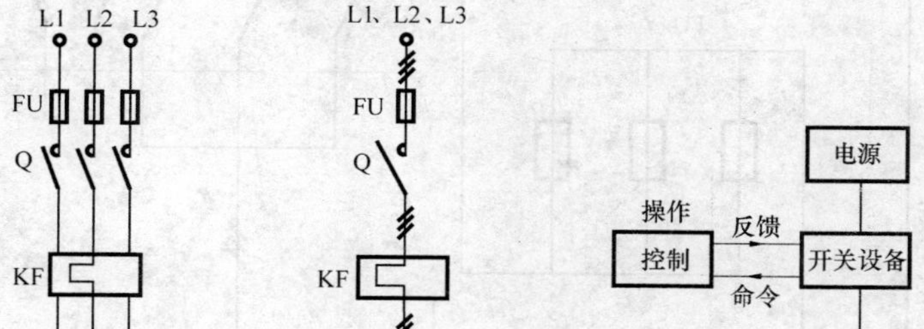

(a)三线图　(b)单线图　(c)框图

图 12-1　某电动机供电电气系统图

(三)电路图

电路图主要表示某一系统或装置的电气工作原理，又称为电气原理图。例如，为了描述图 12-1 的电动机的操作控制原理，还必须有图 12-2 所示的电路图，才能清楚地表示其工作原理。图中，按下启动按钮 S1，交流接触器 Q 的电磁线圈与电源接通，交流接触器点闭合，电机运转；按下停止按钮 S2 或热继电器 K 下动作，电机停转。

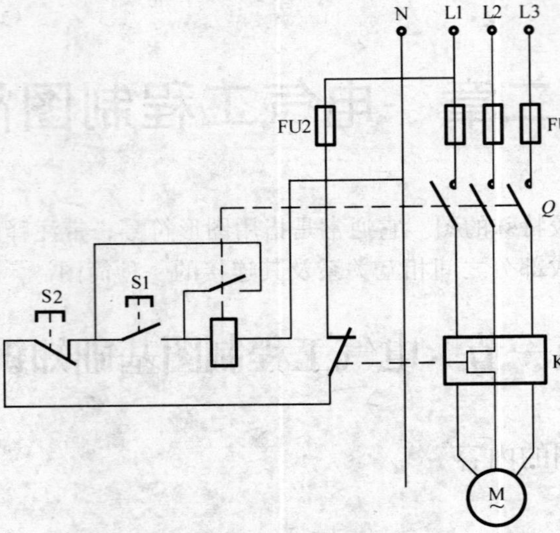

图 12-2　电动机控制电路图

(四)接线图

接线图主要用于表示电气装置内部元件之间及其与外部其他装置之间的连接关系，又可具体分为单元接线图、互连接线图、端子接线图、电线电缆配置图等。图 12-2 所示的电路图仅仅表示了各元件之间的功能关系，图 12-3 的接线图则能清楚地表示各元件之间的实际位置和连接关系。

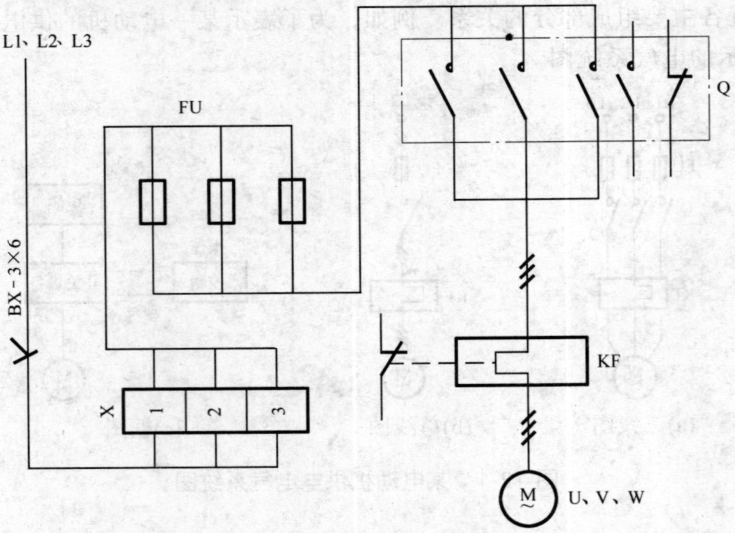

X—端子排；FU—熔断器；Q—接触器；K—热继电器；M—电动机

图 12-3　电动机控制接线图(示出一次元件和主电路)

(五)电气平面图

电气平面图主要表示某一电气工程中电气设备。装置和线路的平面布置。它一般是在建筑平面图的基础上绘制出来的。常见的电气工程平面图有线路平面图、变电所平面图、电力平面图、照明平面图、弱电系统平面图、防雷与接地平面图等。如图 12-4 所示是某建筑物电气平面布置图。

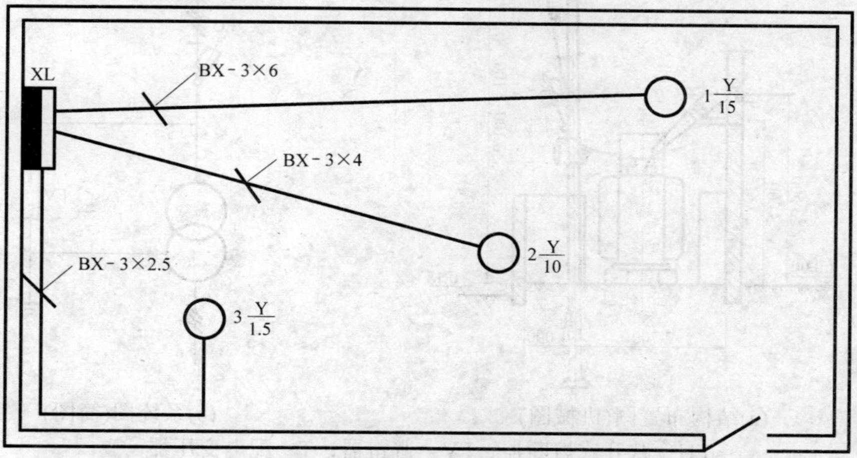

图 12-4 电气平面图示例

(六)设备元件和材料表

设备元件和材料表是把某一电气工程所需主要元件、材料和有关数据列成表格，表示其名称、符号、型号、规格、数量。这种表格是电气图的重要组成部分。它一般置于图的某一位置，也可单例成一页。

(七)设备布置图(结构图)

设备布置图主要表示各种电气设备和装置的布置形式、安装方式及相互间的尺寸关系，通常由平面图、立面图、断面图、剖面图等组成。这类图按三面视图投影原理绘制，与一般机械图样没有大的区别。

(八)大样图

大样图主要表示电气工程某一部件、构件的结构，用于指导加工与安装，其中一部分大样图为国家标准图样。

(九)产品使用说明书用电气图

电气工程中选用的设备和装置，其生产厂家往往随产品使用说明书附上电气图。这些图也是电气工程图的组成部分。

(十)其他电气图

在电气工程图中，电气系统图、电路图、接线图、平面图是最主要的图。在某些较复杂的电气工程中，为了补充和详细说明某一方面，还需要有一些特殊的电气图，如功能图、逻辑图、印制板电路图、曲线图、表格等。

二、电气工程图的特点

(1)电气工程图的主要表述形式是简图，如图 12-5 所示。

(2)元件和连接线是电气图描述的主要内容。因为对元件和连接线描述方法不同，而

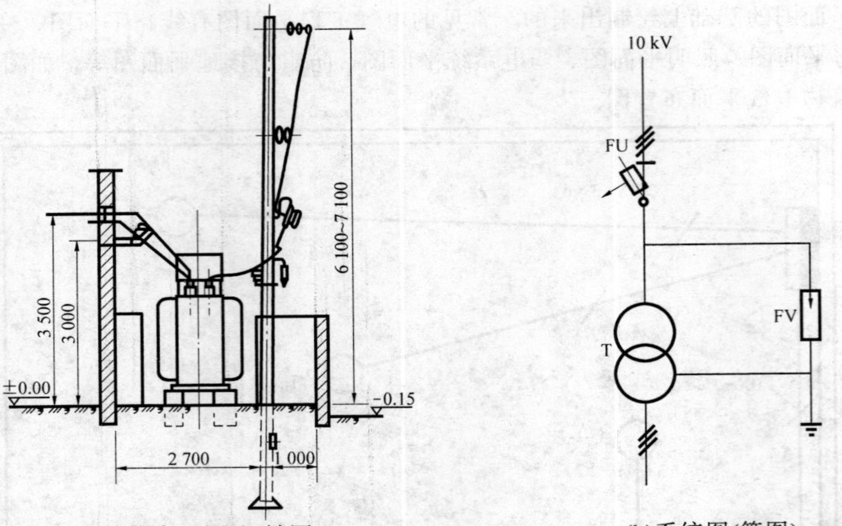

(a)结构布置图(机械图)　　　　(b)系统图(简图)

FU—跌开式熔断器；FV—避雷器；T—配电变压器

图 12-5　某 10 kV 变电所电气布置和电气系统图

构成了电气图的多样性。图 12-6 所示是 Y—△启动器的主电路图，图中分别采用多线、单线、混合三种表示方法。

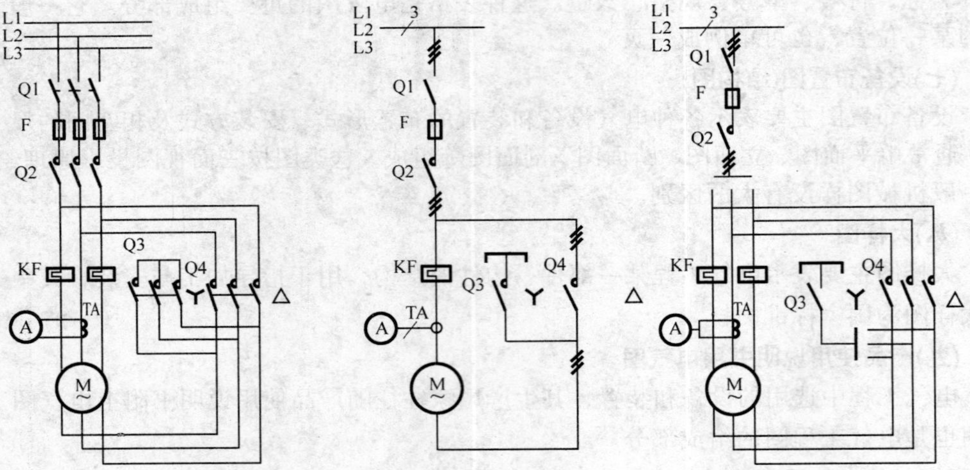

(a)多线表示法　　　　(b)单线表示法　　　　(c)混合表示法

Q—刀开关；F—熔断器；Q2、Q3、Q4—交流接触器；K—热继电器；

TA—电流互感器；A—电流表；M—异步电动机

图 12-6　在电路图中连接线的表示方法

(3)功能布局法和位置布局法是电气工程图两种基本的布局方法。功能布局法是指电气图中元件符号的布置，只考虑便于看出他们所表示的元件之间功能关系而不考虑实际位置的一种布局方法。例如图 12-1、图 12-2 都是按功能布局法绘制的图，而图 12-3、

图 12-4 均为按位置布局法绘制的图样。

(4)图形符号、文字符号和项目代号是构成电气图的基本要素。如图 12-7 所示。

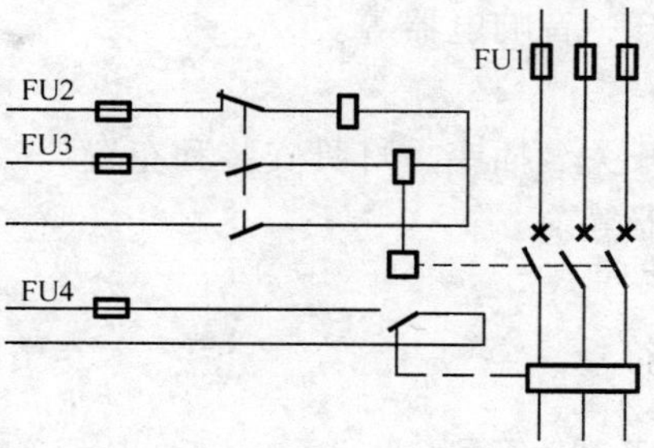

代号	名称	型号规格
FU1	垫料式熔断器	RT1–100/75A
FU2	螺旋式熔断器	RL–15/15A
FU3	螺旋式熔断器	RL–10/5A
FU4	瓷插式熔断器	RC–5/3A

图 12-7　图形符号、文字符号应用示例

(5)对能量流、信息流、逻辑流、功能流的不同描述方法构成了电气图的多样性。如图 12-8 所示。

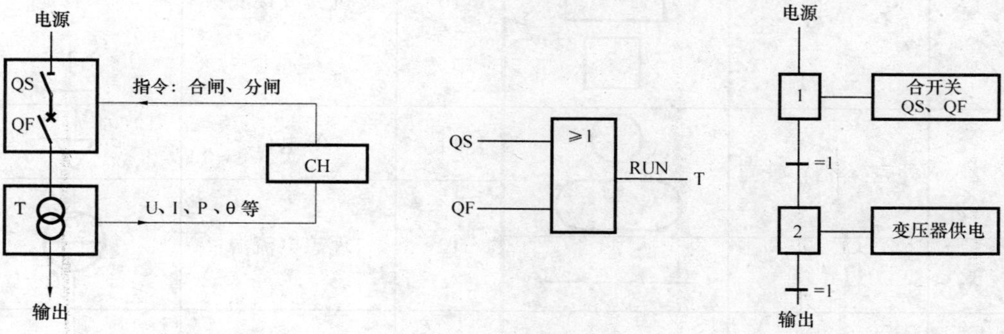

(a)系统构成　　(b)逻辑关系　　(c)功能关系

图 12-8　变压器供电系统各单元的关系

三、电气图形符号、文字符号和项目代号

(一)电气图用图形符号

1. 图形符号的构成

图形符号是用于电气图中表示一个设备(例如电动机、开关)或一个概念(例如接地、电磁效应)的图形、标记或字符。用于电气图的图形符号主要是一般符号和方框符号，在某些特殊情况下也用到电气设备用图形符号。

2. 图形符号的种类

20 世纪 80 年代，我国参照国际通用标准，颁布了一套新的电气图形符号，即《电气图用图形符号》(GB 4728)。这一标准将电气图形符号分类如下：

(1)导线和连接器件。如电线电缆、接线端子、导线的连接和连接件等。

(2)无源元件。如电阻器、电容器、电感器等。

(3)半导体和电子管。如二极管、三极管、晶闸管、电子管等。

(4)电能的发生和转换。如绕组、发电机、电动机、变压器、变流器等。
(5)开关控制和保护装置。如开关、启动器、继电器、熔断器、避雷器等。
(6)测量仪表、灯和信号器件。如仪表、传感器、灯、音响电器等。
(7)电信传输交换和外围设备。
(8)电力、照明和电信布置。如发电站、变电所、开关、插座、灯具安装和布置。
(9)二进制逻辑单元。如逻辑单元、计数器、存储器等。
(10)模拟单元。如放大器、函数器、电子开关等。

表 12-1 是常用的一些符号要素、限定符号及其他符号。

表 12-1　常用符号要素、限定符号及其他符号

序号	名称	符号	序号	名称	符号
1	元件、装置功能单元	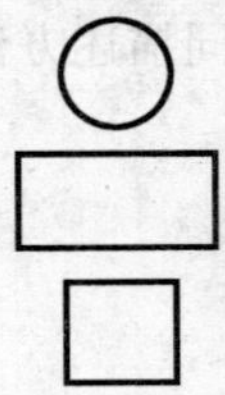	10	接机壳或接底板	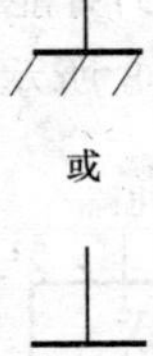
2	外壳(容器)、管壳	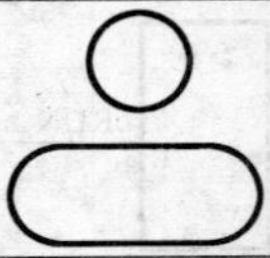	11	等电位	
3	边界线		12	理想电流源	
4	直流		13	理想电压源	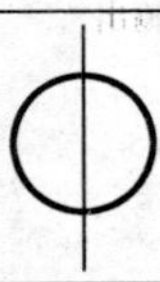
5	交流	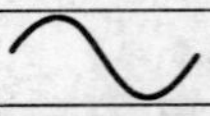	14	电阻器	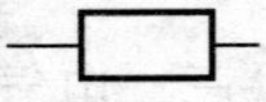
6	交直流		15	电容器	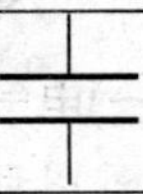
7	接地		16	电感	
8	无噪声接地		17	故障	
9	保护接地		18	绝缘击穿	

(二)电气技术中的文字符号

图形符号提供了一类设备或元件的共同符号，为了更好明确地区分不同的设备、元件，尤其是区分同类设备或元件中不同功能的设备或元件，还必须在图形符号旁标注相

应的文字符号。

文字符号通常由基本符号、辅助符号和数字组成。

1. 基本文字符号

基本文字符号用以表示电气设备、装置和元件以及线路的基本名称、特征。基本文字符号分为单字母和双字母符号。见表 12-2 和表 12-3。

表 12-2 单字母符号

字母代码	项目种类	举例
A	组件 部件	分离元件放大器、磁放大器、微波激射器、印制电路板，本表其他地方未提及的组件、部件
B	变换器 (从非电量到电量或相反)	热电传感器、热电池、光电池、测功计、晶体换能器、送话器、拾音器、扬声器、耳机、自整角机、旋转变压器
C	电容器	
D	二进制单元 延迟器件 存储器件	数字集成电路和器件、延迟线、双稳态元件、单稳态元件、磁芯存储器、寄存器、磁带记录机、盘式记录机
E	杂项	光器件、热器件，本表其他地方未提及的元件
F	保护器件	熔断器、过电压放电器件、避雷器
G	发电机电源	旋转发电机、旋转变频机、电池、振荡器、石英晶体振荡器
H	信号器件	光指示器、声指示器
K	继电器、接触器	
L	电感器 电抗器	感应线圈、线路陷波器 电抗器(并联和串联)
M	电动机	
N	模拟集成电路	运算放大器、模拟/数字混合器件
P	测量设备 试验设备	指示、记录、积算、测量设备 信号发生器、时钟
Q	电力电路的开关	断路器、隔离开关
R	电阻器	可变电阻器、电位器、变阻器、分流器、热敏电阻
S	控制电路的开关 选择器	控制开关、按钮、限制开关、选择开关、选择器、拨号接触器、连接级
T	变压器	电压互感器、电流互感器
U	调制器 变换器	鉴频器、解调器、变频器、编码器、逆变器、变流器、电报译码器
V	电真空器件 半导体器件	电子管、气体放电管、晶体管、晶闸管、二极管
W	传输通道、 波导、天线	导线、电缆、母线、波导、波导定向耦合器、偶极开线、抛物面天线
X	端子、插头、 插座	插头和插座、测试塞孔、端子板、焊接端子片、连接片、电缆封端和接头
Y	电气操作的 机械装置	制动器、离合器、气阀
Z	终端设备 混合变压器 滤波器 均衡器 限幅器	电缆平衡网络、 压缩扩展器、 晶体滤波器、 网络

表 12-3 常用双字母符号及新旧符号对照表

序号	名称	新符号		旧符号
		单字母	双字母	
1	发电机	G		G
	直流发电机	G	GD	ZF
	交流发电机	G	GA	JF
	同步发电机	G	GS	TF
	异步发电机	G	GA	YF
	永磁发电机	G	GM	YCF
	水轮发电机	G	GH	SLF
	汽轮发电机	G	GT	QLF
	励磁机	G	GE	L
2	电动机	M		D
	直流电动机	M	MD	ZD
	交流电动机	M	MA	JD
	同步电动机	M	MS	TD
	异步电动机	M	MA	YD
	笼型电动机	M	MC	LD
3	绕组	W		Q
	电枢绕组	W	WA	SQ
	定子绕组	W	WS	DQ
	转子绕组	W	WR	ZQ
	励磁电组	W	WE	LQ
	控制绕组	W	WC	KQ
4	变压器	T		B
	电力变压器	T	TM	LB
	控制变压器	T	TC	KB
	升压变压器	T	TU	SB
	降压变压器	T	TD	JB
	自耦变压器	T	TS	OB
	整流变压器	T	TR	ZB
	电炉变压器	T	TF	LB
	稳压器	T	TS	WY
	互感器	T		H
	电流互感器	T	TA	LH
	电压互感器	T	TV	YH
5	整流器	U		ZL
	变流器	U		BL
	逆变器	U		NB
	变频器	U		BP
6	断路器	Q	QF	DL
	隔离开关	Q	QS	GK
	自动开关	Q	QA	ZK
	转换开关	Q	QC	HK
	刀开关	Q	QK	DK
7	控制开关	S	SA	KK
	行程开关	S	ST	CK
	限位开关	S	SL	XK
	终点开关	S	SE	ZDK
	微动开关	S	SS	WK
	脚踏开关	S	SF	TK
	按钮开关	S	SB	AN
	接近开关	S	SP	JK
8	继电器	K		J
	电压继电器	K	KV	YJ
	电流继电器	K	KA	LJ
	时间继电器	K	KT	SJ
	频率继电器	K	KF	PJ
	压力继电器	K	KP	YLJ
	控制继电器	K	KC	KJ
	信号继电器	K	KS	XJ
	接地继电器	K	KE	JDJ
	接触器	K	KM	C
9	电磁铁	Y	YA	DT
	制动电磁铁	Y	YB	ZDT
	牵引电磁铁	Y	YT	QYT
	起重电磁铁	Y	YL	QZT
	电磁离合器	Y	YC	CLH
10	电阻器	R		R
	变阻器	R		R
	电位器	R	RP	W
	启动电阻器	R	RS	QR
	制动电阻器	R	RB	ZDR
	频敏电阻器	R	RF	PR
	附加电阻器	R	RA	FR
11	电容器	C		C
12	电感器	L		L
	电抗器	L		DK
	启动电抗器	L	LS	QK
	感应线圈	L		GQ
13	电线	W		DX
	电缆	W		DL
	母线	W		M
14	避雷器	F		BL
	熔断器	F	FU	RD
15	照明灯	E	EL	ZD
	指示灯	H	HL	SD

续表 12-3

序号	名称	新符号		旧符号	序号	名称	新符号		旧符号
		单字母	双字母				单字母	双字母	
16	蓄电池	G	GB	XDC	19	自整角机	B		ZZJ
	光电池	B		GDC		测速发电机	B	BR	CSF
17	晶体管	V		BG		送话器	B		S
	电子管	V	VE	G		受话器	B		SH
18	调节器	A		T		拾声器	B		SS
	放大器	A		FD		扬声器	B		Y
	晶体管放大器	A	AD	BF		耳机	B		EJ
	电子管放大器	A	AV	GF	20	天线	W		TX
	磁放大器	A	AM	CF	21	接线柱	W		JX
19	变换器	B		BH		连接片	W	XB	LP
	压力变换器	B	BP	YB		插头	W	XP	CT
	位置变换器	B	BQ	WZB		插座	W	XS	CZ
	温度变换器	B	BT	WDB	22	测量仪表	P		CB
	速度变换器	B	BV	SDB					

2. 辅助文字符号

辅助文字符号是用以表示电气设备、装置和元器件以及线路的功能、状态和特征的，通常是由英文单词的前一个或两个字母构成。例“RD”表示红色(Red)，“F”表示快速(Fast)。

电气工程图中常用辅助文字符号及其新旧符号对照见表 12-4。

表 12-4 常用辅助文字符号及其新旧符号对照表

序号	名称	新符号	旧符号		序号	名称	新符号	旧符号	
			单组合	多组合				单组合	多组合
1	高	H	G	G	16	支流	AC	JL	J
2	低	L	D	D	17	电压	V	Y	Y
3	升	U	S	S	18	电流	A	L	L
4	降	D	J	J	19	时间	T	S	S
5	主	M	Z	Z	20	闭合	ON	BH	B
6	辅	AUX	F	F	21	断开	OFF	DK	D
7	中	M	Z	Z	22	附加	ADD	F	F
8	正	FW	Z	Z	23	异步	ASY	Y	Y
9	反	R	F	F	24	同步	SYN	T	T
10	红	RD	H	H	25	自动	A,AUT	Z	Z
11	绿	GN	L	L	26	手动	M,MAN	S	S
12	黄	YE	U	U	27	启动	ST	Q	Q
13	白	WH	B	B	28	停止	STP	T	T
14	蓝	BL	A	A	29	控制	C	K	K
15	直流	DC	ZL	Z	30	信号	S	X	X

3. 文字符号的组合

新的文字符号组合形式一般为：

基本符号+辅助符号+数字序号

例如：第一个时间继电器，其符号为 KT1；第二组熔断器，其符号为 FU2。旧的文字符号组合形式一般为：

数字序号+基本符号+辅助符号

例如：第一个时间继电器，其符号为 1JS；第 2 组熔断器，其符号为 2RD。

4. 特殊用途文字符号

电气工程图中，一些特殊用途的接线端子、导线等，通常采用一些专用文字符号。常用的一些特殊用途文字符号见表 12-5。

表 12-5 特殊用途文字符号

序号	名称	文字符号	备注(旧)	序号	名称	文字符号	备注(旧)
1	交流系统电源第 1 相	L1	A	11	接地	E	D
2	交流系统电源第 2 相	L2	B	12	保护接地	PE	
3	交流系统电源第 3 相	L3	C	13	不接地保护	PU	
4	中性线	N	O	14	保护接地线和中性线	PEN	
5	交流系统设备第 1 相	U	A	15	共用	TE	
6	交流系统设备第 2 相	V	B	16	无噪声接地	MM	
7	交流系统设备第 3 相	W	C	17	机壳和机架	CC	
8	直流系统电源正极	L+		18	等电位	AC	JL
9	直流系统电源负极	L–		19	交流电	DC	DL
10	直流系统电源中间线	M	Z		直流电		

(三)电气技术中的项目代号

《电气技术中的项目代号》(GB 5094—85)规定了在电气图和其他技术文件中关于项目代号的组成方法和应用原则，这是与电气图密切相关的一个新标准。从阅读电气工程图出发，很有必要了解项目代号的含义和组成。

1. 项目代号的含义

在图上通常用一个图形符号表示的基本件、部件、组件、功能单元、设备、系统等称为项目。项目的大小可能相差很大，电容器、端子板、发动机、电源装置、电力系统都可称为项目。

2. 项目代号的组成

一个完整的项目代号由 4 个代号段组成，分别是：

(1)高层代号段，其前缀符号为“=”；

(2)种类代号段，其前缀符号为“–”；

(3)位置代号段，其前缀符号为“+”；

(4)端子代号段，其前缀符号为“：”。

项目代号是用来识别项目的特定代码，一个项目可由一个代号段组成(较简单的电气图只标注种类代号或高层代号)，也可由几个代号段组成。

例如：S1 系统中的开关 Q4，在 H84 位置中，其中的 A 号端子，可标记为：“+H84=S1–Q4：A”

第二节　电气工程图的绘制和识读

一、电气工程图的绘制

(一)系统图与框图的绘制

(1)系统图或框图主要采用方框符号，或带有注释的框图绘制。框图的注释可以采用符号、文字或同时采用文字与符号，如图 12-1 所示。

(2)在系统图与框图中，为了便于表达功能概况，常需绘制非电过程的部分流程。因此，在绘制系统图和框图时，若能把整个图面的整体布局参照其相应的非电过程流程图的布局而作适当安排，则将更便于识读。如图 12-9 所示。

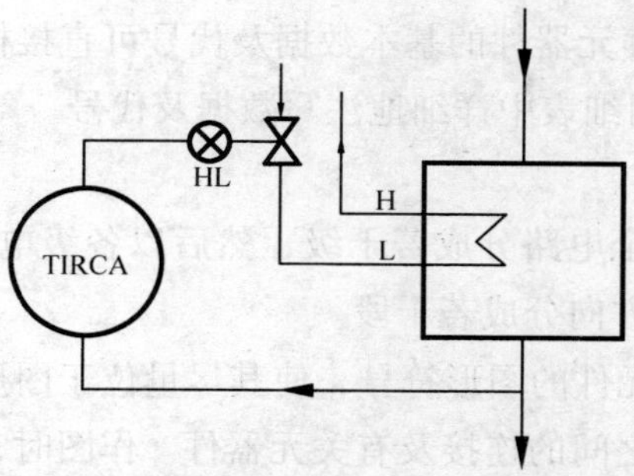

T—温度；I—指示；R—记录；C—反馈控制；A—报警；H—高限位置；L—低限位置

图 12-9　非电过程流程图

(二)电路图绘制

1. 电路图绘制要求

(1)元器件在电路图中应采用图形符号表示，所采用的图形符号应符合国标《电气图用图形符号》(GB 1728—85)的规定。若采用标准中未规定的图形符号时，应加以说明。

(2)电路图上每一个图形符号都要标注元器件的文字符号(字母)，如 R(电阻器)，C(电容器)等。每一类元器件要按照它们在图中的位置，自上而下，从左到右地注出它们的位置顺序号，如 R1，R2，R3，…。以上的代号要注写在图形符号的上方或右侧。

(3)电路的输入端画在图的左侧，输出端画在图的右侧，使电信号从左到右，从上而下流动。

(4)将同在一起工作或执行同一功能的元器件，尽可能画在一起。

(5)水平和垂直导线相交时，在相交处画一黑圆点；若导线交叉，则在交叉处不加画黑圆点，如图 12-10 所示。

(6)图中尽量避免或减少接线交叉，如图 12-11 所示。

(a) 相交　　(b) 不相关(交叉)

图 12-10　导线(或接线)相交或交叉的画法

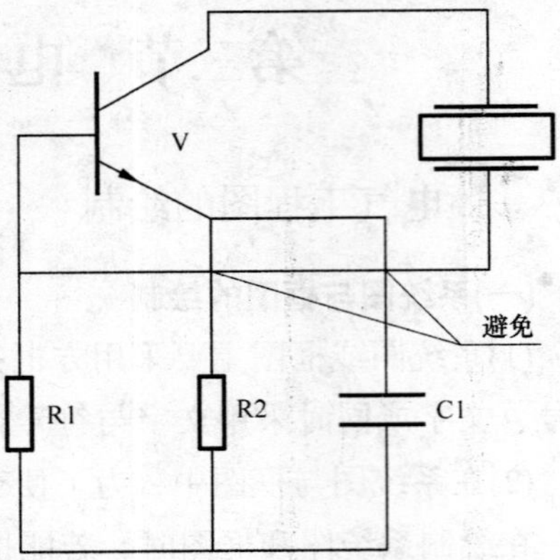

图 12-11　避免导线交叉过多

(7)为了读图方便，各种元器件的基本数据及代号可直接标注在元器件旁，或在图纸上只写元器件代号，而在明细表中详细地注写数据及代号。

2. 绘制电路的步骤

(1)按电路不同功能将全电路分成若干级，然后以各级电路中的主要元件(或耦合元件)为中心，在途中沿水平方向分成若干段。

(2)排布各级电路主要元件的图形符号，使其尽量位于图形中心水平线上。

(3)分别画出各级电路之间的连接及有关元器件。作图时，应使同类元件尽量在横向或纵向上对齐。为使全图布置得均匀、清晰，可对局部部位作适当的调整。

(4)画全其他附加电路及元器件，标注数据及代号。

(5)检查全图连接是否有误，布局是否合理，最后加深。注意区分线型的粗细。

(三)接线图绘制

接线图是用来表示各元件的相对位置和接线实际状态的略图。接线图可用来指导安装、检查、维修和故障处理等工作。绘制接线图应按下列基本要求及方法进行。

(1)按元器件在设备中的真实位置画出外形和接头。

(2)从设备背面看元器件的接头或管脚编号是顺时针方向。

(3)对图中每一根导线标号的方法有两种：①顺序法，按接线和次序进行标号。每根导线有一个编号，分别写在导线两端接头处，见图 12-12 直接式接线图。②等电位法，每一根导线用两组号码进行编号。第一组表示等电位号，第二组表示相同电位导线的序号，见图 12-13 基线式接线图。

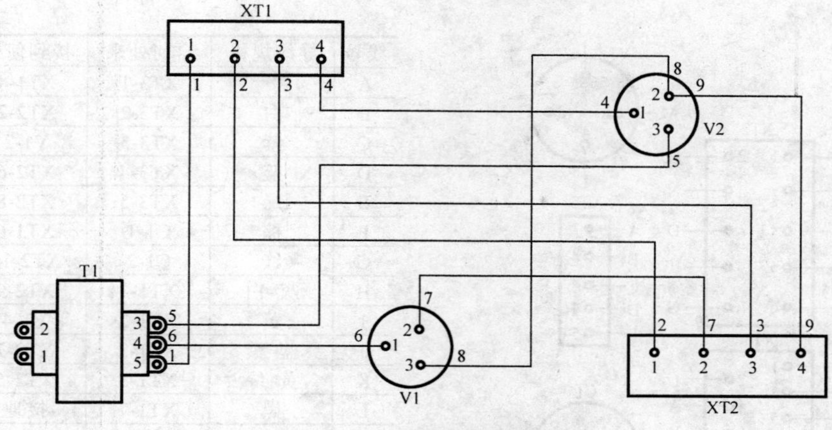

图 12-12　直接式接线图

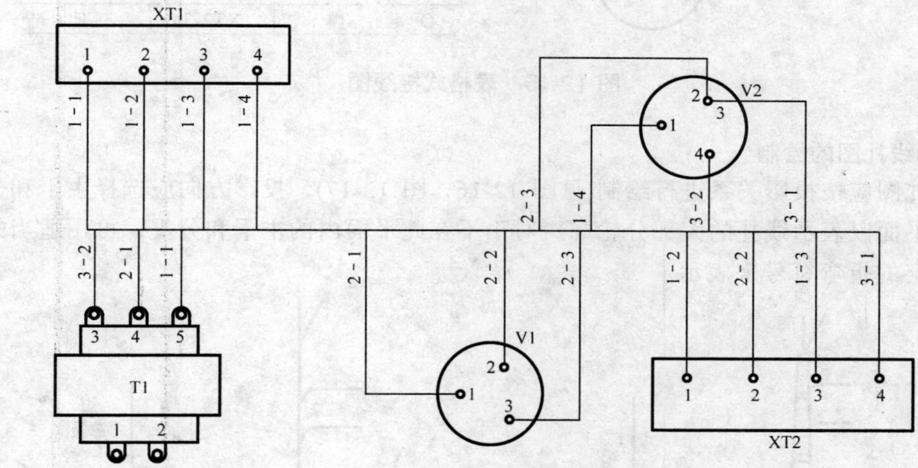

图 12-13　基线式接线图

(4)接线图必须附有接线表，以便将每根导线的资料全部列出。

(5)走线式接线图如图 12-14 所示；表格式接线图可参考图 12-15 的表示方法。

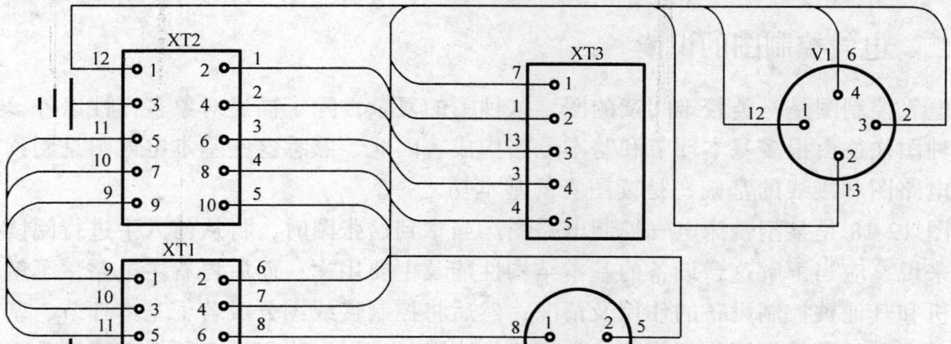

图 12-14　走线式接线图

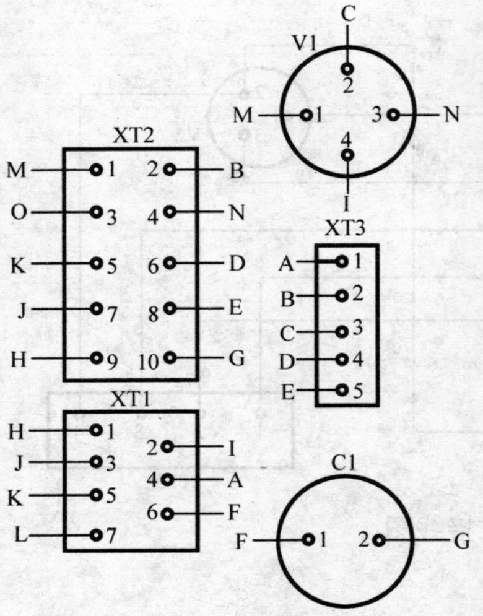

线号	导线规格	自何处来	接到何处
A	橙	XT3-1	XT1-4
B	白	XT3-2	XT2-2
C	紫	XT3-3	V1-2
D	蓝	XT3-4	XT2-6
E	绿	XT3-5	XT2-8
F	棕	C1-1	XT1-6
G	红	C1-2	XT2-10
H	灰–白	XT1-1	XT2-9
I	黄	XT1-2	V1-4
J	蓝–紫	XT1-3	XT2-7
K	黄–绿	XT1-5	XT2-5
L	黑	XT1-7	接地
M	黑–红	V1-1	XT2-1
N	灰	V1-3	XT2-4
O	黑	XT2-3	接地

图 12-15　表格式接线图

(四)线扎图的绘制

线扎图应按投影关系进行绘制(见图 12-16，图 12-17)，投影方向应选择主干和分支最多的平面以表示线扎的大部分轮廓。对于不在此平面内的主干和分支，可用适当的视图和规定的折弯符号来表示。

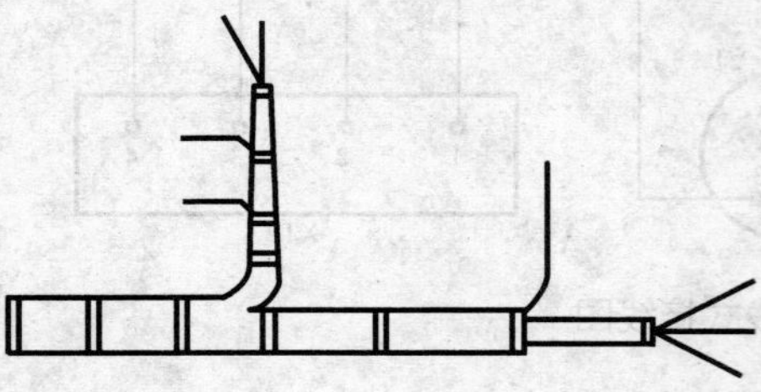

图 12-16　结构式线扎图

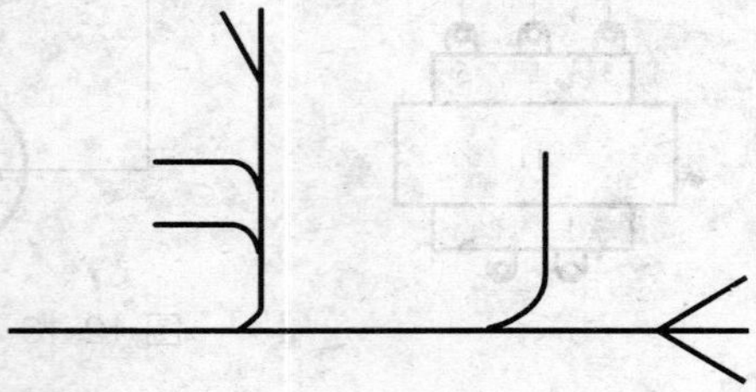

图 12-17　示意式线扎图

二、电气控制图的识读

电气控制图是一类较难阅读的图。这种图的复杂性除了描述对象多样性以外，还由于这种图往往由很多基本环节和基本电路构成。因此，熟悉这些基本电气图是阅读电气控制电路图和接线的基础，是读图者的基本功之一。

图 12-18 是某型铣床电气控制电路图。当拿到这张图时，将从何入手进行阅读呢？一般来说，应当了解这台设备的基本结构性能及主要用途；而后再看主电路，了解各台电动机和其他被控制设备的作用及情况；然后将控制接线图分成若干基本环节、基本回路、基本单元进行阅读；先粗读、后细读、边读、边画、边记，直至全部读懂。在有条件的情况下，亦可对照实物，阅读起来就更方便。具体内容须结合相关专业课进行阅读分析。

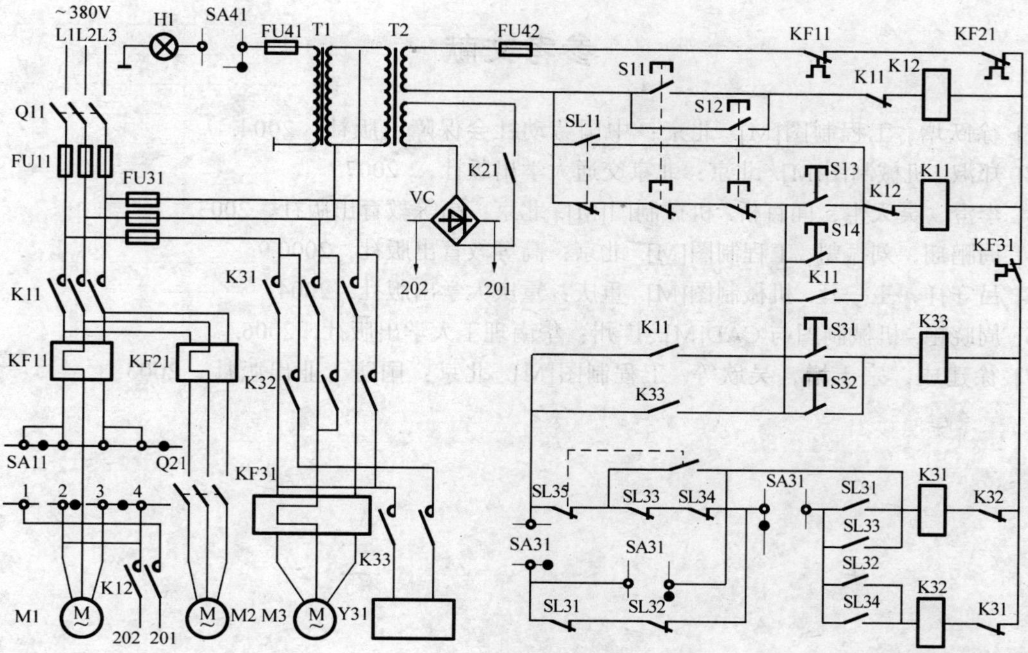

图 12-18 某型铣床控制电路图

简单读图步骤为：

(1)了解铣床的工作原理；熟悉电气控制的内容，包括元器件的名称、符号、规格及主要功能。

(2)阅读主电路图，供电电气系统部分。

(3)主轴电动机 M1 控制电路的阅读。

(4)工作台电动机 M3 控制电路的阅读。

(5)联系各部分综合理解整个控制电路图。

参考文献

[1] 徐跃增. 工程制图[M]. 北京：中国劳动社会保障出版社，2004.
[2] 郑淑. 机械制图[M]. 北京：北京交通大学出版社， 2007.
[3] 李澄，吴天生，闻百桥. 机械制图[M]. 北京：高等教育出版社，2003.
[4] 周鹏翔，刘振魁. 工程制图[M]. 北京：高等教育出版社，2000.9.
[5] 吕守祥，王一廷. 机械制图[M]. 重庆：重庆大学出版社，2004.
[6] 周晓艳. 机械制图与 CAD[M]. 广州：华南理工大学出版社，2006.
[7] 徐建成，宗士增，吴欣等. 工程制图[M]. 北京：国防工业出版社，2003.